Aprendendo a terapia cognitivo-comportamental

A Artmed é a editora oficial da FBTC

A639 Aprendendo a terapia cognitivo-comportamental : um guia ilustrado / Jesse H. Wright... [et al.] ; tradução: Mônica Giglio Armando ; revisão técnica: Paulo Knapp. – 2. ed. – Porto Alegre : Artmed, 2019.
xxii, 232 p. ; 25 cm.

ISBN 978-85-8271-541-3

1. Psicoterapia. 2. Terapia cognitivo-comportamental. I. Wright, Jesse H.

CDU 616.89

Catalogação na publicação: Karin Lorien Menoncin – CRB 10/2147

Aprendendo a terapia cognitivo--comportamental

um guia ilustrado

2ª edição

Jesse H. **Wright**
Gregory K. **Brown**
Michael E. **Thase**
Monica R. **Basco**

Tradução
Mônica Giglio Armando

Revisão técnica
Paulo Knapp
Psiquiatra. Mestre e Doutor em Psiquiatria pela Universidade Federal do Rio Grande do Sul (UFRGS).
Formação em Terapia Cognitiva no Beck Institute, Filadélfia.
Membro fundador e ex-presidente da Federação Brasileira de Terapias Cognitivas (FBTC).
Membro fundador da Academy of Cognitive Therapy (ACT).
Membro da International Association of Cognitive Psychotherapy (IACP).

Reimpressão

2019

Obra originalmente publicada sob o título *Learning cognitive-behavior therapy*, an illustrated guide, second edition.
ISBN 9781615370184

Gerente editorial: *Letícia Bispo de Lima*

Colaboraram nesta edição

Editora: *Paola Araújo de Oliveira*

Tradução e legendagem dos vídeos: *Mariana Diehl Bandarra*

Capa: *Paola Manica*

Preparação do original: *Josiane Santos Tibursky*

Leitura final: *Marquieli de Oliveira*

Editoração: *Kaéle Finalizando Ideias*

Av. Jerônimo de Ornelas, 670 – Santana
90040-340 – Porto Alegre – RS
Fone: (51) 3027-7000 Fax: (51) 3027-7070

SÃO PAULO
Rua Doutor Cesário Mota Jr., 63 – Vila Buarque
01221-020 – São Paulo – SP
Fone: (11) 3221-9033

SAC 0800 703-3444 – www.grupoa.com.br

IMPRESSO NO BRASIL
PRINTED IN BRAZIL

Autores

Jesse H. Wright, M.D., Ph.D.
Professor and Gottfried and Gisela Kolb Endowed Chair in Outpatient Psychiatry; Director, University of Louisville Depression Center, University of Louisville School of Medicine, Louisville, Kentucky.

Gregory K. Brown, Ph.D
Research Associate Professor of Clinical Psychology in Psychiatry, Perelman School of Medicine, University of Pennsylvania, Philadelphia, Pennsylvania.

Michael E. Thase, M.D.
Professor of Psychiatry, Perelman School of Medicine, University of Pennsylvania and the Corporal Michael J. Crescenz Veterans Affairs Medical Center, Philadelphia, Pennsylvania.

Monica R. Basco, Ph.D.
Associate Director Science Policy, Planning, and Analysis, National Institutes of Health, Office of Research on Women's Health, Bethesda, Maryland.

Agradecimentos

Desenvolver um livro com vídeos exigiu muito apoio de nossos colegas e amigos. Devemos um agradecimento especial àqueles que se voluntariaram para representar os papéis de terapeutas e pacientes nos vídeos: Catherine Batscha, D.N.P., Gerry-Lynn Wichmann, M.D., Meredith Birdwhistell, M.D., Eric Russ, Ph.D., Francis Smith, D.O., Donna Sudak, M.D., Millard Dunn, Ph.D., Lloyd Kevin Chapman, Ph.D., Maria Jose Lisotto, M.D., Elizabeth Hembree, Ph.D. e Delvin Barney. Essas pessoas deram uma importante contribuição a esta obra ao concordar em demonstrar as habilidades da terapia cognitivo-comportamental (TCC) a um grande público de leitores. Os vídeos foram filmados por Ron Harrison e Michael Peak, da University of Louisville, e pela Ries Video Productions, da Filadélfia. Ron Harrison editou os vídeos em colaboração com os autores.

A produção deste livro, com sua combinação de texto, vídeos, exercícios e formulários, somente foi possível com a assistência de Carol Wahl, da University of Louisville. Carol tem uma experiência impressionante na preparação de originais, e foi a nossa principal "solucionadora" de problemas durante a produção desta obra.

DECLARAÇÕES

Jesse H. Wright, M.D., Ph.D., tem participação no capital do programa de computador *Good Days Ahead*, descrito neste livro. Ele recebeu subvenções federais (R21-MH57470, R41-MH62230, RO1-MH082762 e R18-HSO24047) para desenvolver esse *software* e testar a TCC assistida por computador. Seu conflito de interesse pertinente à pesquisa no programa *Good Days Ahead* é administrado por um plano com a University of Louisville. Ele possui ações da Empower Interactive e da Mindstreet e recebe *royalties* da Simon & Schuster, da Guilford Press e da American Psychiatric Association Publishing. Gregory K. Brown, Ph.D., e Michael E. Thase, M.D., participaram com o Dr. Wright das pesquisas da TCC assistida por computador (RO1-MH082762), e Monica Ramirez Basco, Ph.D., participou das pesquisas financiadas pela subvenção R21MH57470, mas nenhum dos coautores (Drs. Brown, Thase e Basco) possui participação no capital ou qualquer outro interesse financeiro no programa *Good Days Ahead*.

Prefácio

Ao desenvolver esta 2ª edição de *Aprendendo a terapia cognitivo-comportamental: um guia ilustrado*, prestamos atenção especial ao trabalho transformador de nosso principal mentor e professor, Aaron T. Beck, M.D., que começou seus estudos sobre o processamento cognitivo há 50 anos, quando não havia tratamentos psicossociais baseados em evidências para os transtornos mentais. Hoje, as evidências da eficácia da terapia cognitivo-comportamental (TCC) para uma grande variedade de quadros psiquiátricos são abundantes, e a TCC tornou-se um método de tratamento de primeira linha, que vem trazendo alívio dos sintomas a muitos milhares de pacientes em todo o mundo. Este livro é resultado de suas contribuições ao propor os princípios básicos da TCC, liderando e inspirando pesquisas por décadas e transmitindo sua sabedoria em uma carreira que continua até uma idade avançada.

Também temos uma dívida com nossos demais professores e colegas, por suas ideias que foram incorporadas a esta 2ª edição de *Aprendendo a terapia cognitivo-comportamental: um guia ilustrado*. Os conceitos descritos neste livro são resultado do trabalho dedicado de muitos pesquisadores e terapeutas que agregaram valor ao conjunto de conhecimentos da TCC. Nossos alunos também tiveram um papel importante em nosso desenvolvimento como educadores em TCC. Esta obra baseia-se, em parte, nos cursos que ministramos na University of Louisville e na Univeristy of Pennsylvania, bem como em nossas apresentações em encontros promovidos por organizações profissionais. O *feedback* e as sugestões que recebemos de alunos e colegas enriqueceram nosso conhecimento sobre como auxiliar outras pessoas a se tornarem profissionais de TCC bem-sucedidos.

Nossas metas na elaboração deste livro foram oferecer um guia fácil de usar para o aprendizado das habilidades essenciais da TCC e auxiliar os leitores a desenvolver competência neste método de tratamento. Começamos traçando as origens do modelo de TCC e dando uma visão geral das teorias e técnicas centrais. Em seguida, descrevemos a relação terapêutica na TCC, explicamos como conceitualizar um caso com o modelo de TCC e detalhamos maneiras eficazes de estruturar as sessões. Se entender essas características fundamentais da TCC, você terá uma base sólida para aprender os procedimentos específicos voltados a modificar cognições e comportamentos descritos nos capítulos intermediários do livro (p. ex., métodos para modificar os pensamentos automáticos; estratégias comportamentais para tratar baixa energia, falta de interesse e evitação; e intervenções para revisar crenças nucleares desadaptativas). Os últimos capítulos vão além das habilidades básicas e facilitam o aprendizado das estratégias da TCC para o tratamento de transtornos complexos e graves, bem como de métodos para a redução do risco de suicídio. Desde a publicação da 1ª edição de *Aprendendo a terapia cognitivo-comportamental: um guia ilustrado*, surgiram mais evidências sobre a efetividade da TCC em pacientes suicidas. Queremos que os leitores sejam capazes de implementar esses métodos que podem salvar vidas (ver Capítulo 9).

Outra novidade desde a 1ª edição é o maior interesse em terapias relacionadas com a TCC, mas que utilizam métodos alternativos e complementares de tratamento. Tais abordagens incluem a terapia comportamental dialética, a terapia cognitiva baseada em *mindfulness* e a terapia do bem-estar. Embora não seja possível fornecer um treinamento completo nessas abordagens neste livro, o Capítulo 10 orienta os leitores a alternar os métodos à medida que forem usados para quadros como transtornos da personalidade e depressão crônica ou recorrente e traz sugestões de leituras e estudos complementares. O capítulo final deste livro é dedicado a recomendações e dicas para desenvolver competência na TCC, evitar ou enfrentar o esgotamento e dar continuidade ao aprimoramento do conhecimento e da experiência como terapeuta cognitivo-comportamental.

Competências específicas para realizar a TCC foram descritas pela American Association of Directors of Psychiatric Residency Training (AADPRT) e são discutidas no Capítulo 11. No entanto, preferimos não organizar o livro enfocando-as, pois queríamos escrever um guia que fosse útil para uma ampla gama de leitores, incluindo terapeutas em atividade e estagiários de várias áreas ligadas à saúde mental. Contudo, o livro traz informações básicas e exercícios que devem ajudar os residentes de psiquiatria, entre outros, a adquirir as habilidades descritas nas competências da AADPRT.

Descobrimos que a melhor maneira de assimilar a essência da TCC é combinando leituras e sessões didáticas com oportunidades de ver a terapia sendo conduzida – seja em vídeos, *role-plays* ou observações de sessões reais. Este livro inclui 23 vídeos de interações de terapeutas com pacientes (ver Guia de vídeos para informações sobre os vídeos e como acessá-los). O próximo passo é praticar os métodos com os pacientes, idealmente com supervisão cuidadosa de um terapeuta cognitivo-comportamental treinado. Para ajudar a desenvolver as habilidades em TCC, incluímos uma série de exercícios e guias de resolução de problemas. Os exercícios destinam-se a aprimorar sua capacidade de implementar os métodos cognitivos e comportamentais-chave, e os guias de resolução de problemas ajudarão a encontrar soluções para as situações de tratamento desafiadoras.

Ao descrever as histórias usadas nos vídeos, nós as apresentamos como se fossem casos reais. Na verdade, são simulações baseadas em experiências combinadas dos terapeutas no tratamento de pessoas com problemas semelhantes. Descrevemos os pacientes como se fossem reais ao longo de todo o livro pela facilidade de escrever e ler casos com esse estilo de comunicação. Ao utilizar material de casos reais, trocamos o sexo, as informações pessoais e outros dados, a fim de que a identidade dos pacientes tratados por nós ou por nossos colegas seja preservada. Além disso, para evitar o fraseado complicado de "ele ou ela", alternamos os gêneros quando não nos referimos a casos específicos.

A implementação da TCC pode ser otimizada pelo uso de formulários, inventários e registros de pensamento, entre outros recursos. Portanto, incluímos vários exemplos, tanto nos capítulos como no Apêndice I (disponível para *download* em http://apoio.grupoa.com.br/wright2ed), que podem ser usados no planejamento ou fornecimento de TCC.

As experiências de aprendizagem para se especializar em TCC podem ser bastante estimulantes e produtivas. Ler sobre a rica história da TCC permite que as intervenções de tratamento sejam baseadas em uma ampla estrutura filosófica, científica e cultural. Estudar as teorias que embasam a abordagem cognitivo-comportamental pode expandir sua compreensão da psicologia dos transtornos psiquiátricos e proporcionar orientação valiosa para a prática da psicoterapia. Ainda, aprender os métodos da TCC pode lhe fornecer ferramentas pragmáticas e empiricamente testadas para uma grande variedade de problemas clínicos.

Esperamos que este livro seja uma valiosa companhia em seu empenho para aprender sobre a TCC.

***Jesse H. Wright**, M.D., Ph.D.*
***Gregory K. Brown**, Ph.D.*
***Michael E. Thase**, M.D.*
***Monica R. Basco**, Ph.D.*

Guia de vídeos

A 2ª edição de *Aprendendo a terapia cognitivo-comportamental: um guia ilustrado* foi elaborada para auxiliá-lo a aprender a TCC de três maneiras principais: lendo, assistindo e fazendo. Com esse objetivo, os vídeos que acompanham este livro ilustram as principais características da TCC.

Os vídeos mostram o trabalho de terapeutas voluntários que concordaram em demonstrar os métodos mais comuns da TCC. Foram filmados em um estilo simples e natural, pois nossa intenção foi apresentar os métodos que os terapeutas provavelmente usariam em sessões reais, e não produzir vídeos bem feitos ou profissionais, com atores pagos, seguindo roteiros. Queríamos ilustrar intervenções realistas que tivessem os tipos de pontos fortes e imperfeições característicos de sessões reais de tratamento. Assim, pedimos a terapeutas de diversas disciplinas para fazer *role-plays* com base em suas experiências no tratamento de pacientes com a TCC. A enfermeira Catherine Batscha, D.N.P., faz o papel de uma paciente com transtorno de ansiedade (entrevistada pelo autor principal, J.H.W.); a residente de psiquiatria Gerry-Lynn Wichmann, M.D., representa uma mulher grávida com depressão (entrevistada por outra residente de psiquiatria, Meredith Birdwhistell, M.D.); o psicólogo Eric Russ, Ph.D., atua como um jovem com depressão que tem dificuldade para assimilar a TCC e fazer as mudanças necessárias (entrevistado por G.K.B., coautor deste livro); o residente de psiquiatria Francis Smith, D.O., faz o papel de um homem com baixa autoestima e depressão desencadeada pela mudança de sua cidade natal (entrevistado pela renomada especialista em TCC Donna Sudak, M.D.); o professor de inglês aposentado Millard Dunn, Ph.D., faz o papel de um idoso que luta contra a depressão (entrevistado por Lloyd Kevin Chapman, Ph.D., o terapeuta cognitivo-comportamental experiente que tem seu próprio consultório); Maria Jose Lisotto, M.D., outra residente de psiquiatria, representa uma mulher com transtorno obsessivo-compulsivo (entrevistada pela psicóloga Elizabeth Hembree, Ph.D.); e Delvin Barney faz o papel de um estudante com pensamento suicida (entrevistado pelo coautor G.K.B.).

Em vez de mostrar a sessão inteira para cada caso, solicitamos aos terapeutas que produzissem breves vinhetas que demonstrassem os principais métodos da TCC, como a relação terapêutica colaborativa, o estabelecimento de agenda, a identificação de pensamentos automáticos, o exame de evidências, a exposição a estímulos temidos e a modificação de crenças nucleares. Esse formato foi escolhido porque queríamos ilustrar pontos específicos nos momentos em que são citados no livro e relacionar diretamente as explicações dos métodos básicos com os vídeos.

Os vídeos devem ser assistidos na sequência em que aparecem no livro e quando você estiver lendo sobre o tema específico. Por exemplo, os dois primeiros vídeos acompanham o Capítulo 2. **Recomendamos que você leia o texto que explica os métodos demonstrados nos vídeos antes de assisti-los.**

Também sugerimos que você complemente os vídeos que acompanham este livro com outras sessões gravadas para que possa ver uma amostra diferente de técnicas e estilos. As fontes para adquirir vídeos de sessões inteiras conduzidas por mestres em terapia cognitivo-comportamental (p. ex., A. T. Beck, Christine Padesky, Jacqueline Persons) são apresentadas no Apêndice II.

Os casos clínicos retratados neste livro e os vídeos correspondentes são ficcionais. Qualquer semelhança com pessoas reais é mera coincidência. Os vídeos mostram o trabalho de voluntários que concordaram em demonstrar as técnicas de atendimento apresentadas.

COMO ACESSAR OS VÍDEOS

O ícone a seguir, apresentado ao longo dos capítulos, identifica os vídeos por nome e tempo aproximado:

VÍDEO 1
Dando início – A TCC em ação
Dr. Wright e Kate (12:17)

Os vídeos legendados em língua portuguesa estão disponíveis somente no *hotsite* da obra, em **http://apoio.grupoa.com.br/wright2ed**. Para ativar as legendas, basta clicar nas configurações e selecionar a opção "Português". A reprodução foi testada nos navegadores mais utilizados e apresentou desempenho satisfatório, inclusive em suas versões *mobile* e sistemas operacionais Android e IOS.

VÍDEOS DISCUTIDOS POR CAPÍTULO

Capítulo 2: A relação terapêutica: empirismo colaborativo em ação

Vídeo 1
Dando início – A TCC em ação
Dr. Wright e Kate (12:17)

Vídeo 2
Modificando os pensamentos automáticos
Dr. Wright e Kate (8:48)

Capítulo 4: Estruturação e educação

Vídeo 3
Estabelecendo a agenda
Dra. Wichmann e Meredith (3:16)

Vídeo 4
Dificuldade para estabelecer uma agenda
Dr. Brown e Eric (2:50)

Vídeo 1
Dando início – A TCC em ação
Dr. Wright e Kate (12:17)

Capítulo 5: Trabalhando com pensamentos automáticos

Vídeo 5
Evocando pensamentos automáticos
Dra. Sudak e Brian (9:09)

Vídeo 6
Dificuldade com o registro de pensamentos
Dr. Brown e Eric (6:31)

Vídeo 7
Uso de imagens mentais para trazer à tona pensamentos automáticos
Dr. Brown e Eric (6:44)

Vídeo 8
Examinando as evidências
Dra. Sudak e Brian (11:58)

Vídeo 2
Modificando os pensamentos automáticos
Dr. Wright e Kate (8:48)

Vídeo 9
Desenvolvendo alternativas racionais
Dra. Sudak e Brian (8:50)

Vídeo 10
Dificuldade de encontrar alternativas racionais
Dr. Brown e Eric (10:37)

Vídeo 11
Ensaio cognitivo
Dr. Wright e Kate (9:31)

Capítulo 6:
Métodos comportamentais I: melhorando o humor, aumentando a energia, concluindo tarefas e solucionando problemas

Vídeo 12
Plano de ação comportamental
Dra. Wichmann e Meredith (3:34)

Vídeo 13
Programação de atividades
Dra. Wichmann e Meredith (9:32)

Vídeo 14
Dificuldade em preencher a programação de atividades
Dr. Chapman e Charles (8:03)

Vídeo 15
Desenvolvendo uma tarefa graduada
Dr. Chapman e Charles (7:43)

Capítulo 7:
Métodos comportamentais II: reduzindo a ansiedade e rompendo os padrões de evitação

Vídeo 16
Treinamento da respiração para ataques de pânico
Dr. Wright e Kate (7:48)

Vídeo 17
Terapia de exposição para ansiedade
Dr. Wright e Kate (10:00)

Vídeo 18
Exposição à imaginação para TOC
Dra. Hembree e Mia (9:39)

Vídeo 19
Terapia de exposição *in vivo* para TOC
Dra. Hembree e Mia (8:37)

Capítulo 8:
Modificando esquemas

Vídeo 20
Revelando um esquema desadaptativo
Dra. Sudak e Brian (12:22)

Vídeo 21
Mudando um esquema desadaptativo
Dra. Sudak e Brian (12:26)

Vídeo 22
Colocando em ação um esquema revisado
Dra. Sudak e Brian (10:48)

Capítulo 9:
Terapia cognitivo-comportamental para a redução do risco de suicídio

Vídeo 23
Planejamento de segurança
Dr. Brown e David (8:37)

Lista de exercícios

Lista de guias de resolução de problemas

Lista de vídeos

Sumário

1

Princípios básicos da terapia cognitivo-comportamental

A prática clínica da terapia cognitivo-comportamental (TCC) baseia-se em um conjunto de teorias bem desenvolvidas, que são utilizadas para formular planos de tratamento e para orientar as ações do terapeuta. Este capítulo inicial tem como foco a explicação desses conceitos nucleares e ilustra como o modelo cognitivo-comportamental básico influenciou o desenvolvimento de técnicas específicas. Começamos com uma breve visão geral do histórico da TCC. Os princípios fundamentais da TCC foram associados a ideias que foram descritas pela primeira vez há milhares de anos (Beck et al., 1979; D. A. Clark et al., 1999).

ORIGENS DA TCC

A TCC é uma abordagem de senso comum que se baseia em dois princípios centrais:

1. nossas cognições têm influência controladora sobre nossas emoções e comportamento;
2. o modo como agimos ou nos comportamos pode afetar profundamente nossos padrões de pensamento e de emoções.

Os elementos cognitivos dessa perspectiva foram reconhecidos pelos filósofos estoicos Epíteto, Cícero e Sêneca, entre outros, 2 mil anos antes da introdução da TCC (Beck et al., 1979). O estoico grego Epíteto, por exemplo, escreveu em seu *Enchiridion* que "os homens não se perturbam pelas coisas que acontecem, mas sim pelas opiniões sobre as coisas" (Epictetus, 1991, p. 14). Também nas tradições filosóficas orientais, como o taoísmo e o budismo, a cognição é considerada uma força primária na determinação do comportamento humano (Beck et al., 1979; Campos, 2002). Em seu livro *Uma ética para o novo milênio,** o Dalai Lama (1999) observou que, "se pudermos reorientar nossos pensamentos e emoções e reorganizar nosso comportamento, então poderemos não só aprender a lidar com o sofrimento mais facilmente, mas, sobretudo e em primeiro lugar, evitar que muito dele surja" (p. xii).

A perspectiva de que o desenvolvimento de um estilo saudável de pensamento pode reduzir a angústia ou dar uma maior sensação de bem-estar é um tema comum entre muitas gerações e culturas. O filósofo persa da Antiguidade Zoroastro baseou seus ensinamentos em três pilares principais: pensar bem, agir bem e falar bem. Benjamin Franklin, um dos pais da constituição dos Estados Unidos, escreveu extensamente sobre o desenvolvimento de atitudes construtivas, as quais ele acreditava que influenciavam favoravelmente o comportamento (Isaacson, 2003). Durante os séculos XIX e XX, filósofos europeus – in-

*N. de T. Traduzido para a língua portuguesa pela Editora Sextante, 2000.

cluindo Kant, Heidegger, Jaspers e Frankl – continuaram a desenvolver a ideia de que os processos cognitivos conscientes têm um papel fundamental na existência humana (D. A. Clark et al., 1999; Wright et al., 2014). Frankl (1992), por exemplo, afirmou persuasivamente que encontrar uma sensação de sentido da vida ajudava a servir como um antídoto para o desespero e a desilusão.

Aaron T. Beck foi a primeira pessoa a desenvolver completamente teorias e métodos para aplicar as intervenções cognitivas e comportamentais a transtornos emocionais (Beck, 1963, 1964). Embora tenha partido de conceitos psicanalíticos, Beck observou que suas teorias cognitivas eram influenciadas pelo trabalho de vários analistas pós-freudianos, como Adler, Horney e Sullivan. O foco destes nas autoimagens distorcidas pressagiava o desenvolvimento de formulações cognitivo-comportamentais mais sistematizadas dos transtornos psiquiátricos e da estrutura da personalidade (D. A. Clark et al., 1999). A teoria dos construtos pessoais (crenças nucleares ou autoesquemas) de Kelly (1955) e a terapia racional-emotiva de Ellis também contribuíram para o desenvolvimento das teorias e dos métodos cognitivo-comportamentais (D. A. Clark et al., 1999; Raimy, 1975).

As primeiras formulações de Beck centravam-se no papel do processamento de informações desadaptativas em transtornos de depressão e de ansiedade. Em uma série de trabalhos publicados no início da década de 1960, ele descreveu uma conceitualização cognitiva da depressão, na qual os sintomas estavam relacionados com um estilo negativo de pensamento em três domínios: si mesmo, o mundo e o futuro (a "tríade cognitiva negativa"; Beck, 1963, 1964). A proposta de Beck de uma terapia cognitivamente orientada, com o objetivo de reverter cognições disfuncionais e comportamentos relacionados, foi, então, testada em um grande número de pesquisas (Cuijpers et al., 2013; Wright et al., 2014). As teorias e os métodos descritos por Beck e por muitos outros colaboradores do modelo cognitivo-comportamental estenderam-se a uma grande variedade de quadros clínicos, incluindo a depressão, os transtornos alimentares, bipolar, de ansiedade e de personalidade, a esquizofrenia, a dor crônica e o abuso de substâncias. Foram realizados centenas de estudos controlados da TCC para uma série de transtornos psiquiátricos (Bandelow et al., 2015; Butler e Beck, 2000; Cuijpers et al., 2013).

Os componentes comportamentais do modelo de TCC tiveram seu início nos anos de 1950 e 1960, quando pesquisadores clínicos começaram a aplicar as ideias de Pavlov, Skinner e outros behavioristas experimentais (Rachman, 1997). Joseph Wolpe (1958) e Hans Eysenck (1966) foram pioneiros na exploração do potencial das intervenções comportamentais, como a dessensibilização (contato gradual com situações ou objetos temidos) e o treinamento de relaxamento. Muitas das abordagens iniciais para o uso dos princípios comportamentais para a psicoterapia davam pouca atenção aos processos cognitivos envolvidos nos transtornos psiquiátricos. Pelo contrário, o foco era moldar o comportamento mensurável com reforçadores e eliminar as respostas de medo por meio de exposição.

À medida que a terapia comportamental se expandia, vários investigadores proeminentes – como Meichenbaum (1977) e Lewinsohn e colaboradores (1985) – começaram a incorporar as teorias e as estratégias cognitivas a seus tratamentos. Eles observaram que a perspectiva cognitiva acrescentava contexto, profundidade e entendimento às intervenções comportamentais. Ao aplicar a teoria comportamental de Lewinsohn, Addis e Martell (2004) observaram que os pacientes com depressão geralmente não recebem reforço positivo suficiente de seu ambiente para manter um comportamento adaptativo. À medida que se tornam menos ativos, os pacientes se deprimem ainda mais. A falta de interesse em atividades prazerosas ou nas quais são bons pode levar a mais sintomas depressivos, como tristeza, fadiga e anedonia, que, por sua vez, resultam em maior inatividade. Com o tempo, esse padrão pode criar um ciclo vicioso, que pode levar a uma espiral descendente até a depressão grave. Além disso, Beck defendeu a inclusão de métodos comportamentais desde o início de seu trabalho, pois reconhecia que essas ferramentas são eficazes para reduzir sintomas, e conceitualizou uma relação estreita entre cognição e comportamento. Desde a década de 1960, houve uma unificação das formulações cognitivas e comportamentais na psicoterapia. Embora ainda existam alguns puristas que possam argumentar sobre os méritos de se utilizar uma abordagem cognitiva ou comportamental isolada, os terapeutas mais pragmáticos consideram os métodos cognitivos e comportamentais como parceiros eficazes tanto na teoria quanto na prática.

Um bom exemplo da combinação das teorias cognitivas e comportamentais pode ser encontrado no trabalho de D. M. Clark (1986; D. M. Clark et al., 1994) e de Barlow (Barlow e Cerney, 1988; Barlow et al., 1989) em seus protocolos de tratamento para o transtorno de pânico. Eles observaram que esses pacientes normalmente apresentam uma constelação de sintomas cognitivos (p. ex., medos catastróficos de calamidades físicas ou de perda de controle) e comportamentais (p. ex., fuga ou esquiva). Pesquisas extensivas demonstraram a eficácia de uma abordagem combinada que utiliza técnicas cognitivas (para modificar as cognições de medo) juntamente com métodos comportamentais, incluindo a terapia de exposição, o treinamento da respiração e o relaxamento (Barlow et al., 1989; D. M. Clark et al., 1994; Wright et al., 2014).

O MODELO COGNITIVO-COMPORTAMENTAL

Os principais elementos do modelo cognitivo-comportamental estão esquematizados na **Figura 1.1**. O processamento cognitivo recebe um papel central nesse modelo, uma vez que o ser humano avalia a relevância dos acontecimentos internamente e no ambiente que o circunda (p. ex., eventos estressantes, comentários dos outros – ou a sua ausência –, memórias de eventos do passado, sensações corporais), estando as cognições frequentemente associadas às reações emocionais. Por exemplo, Richard, um homem com um transtorno de ansiedade social, teve os seguintes pensamentos enquanto se preparava para participar de uma festa em seu bairro: "Não vou saber o que dizer... Todo mundo vai ver que estou nervoso... Vou parecer um desajustado... Vou travar e querer ir embora imediatamente". As emoções e as respostas fisiológicas estimuladas por essas cognições desadaptativas eram previsíveis: ansiedade severa, tensão física e excitação autônoma. Ele começou a suar, sen-

FIGURA 1.1 Modelo cognitivo-comportamental básico.

tia "frio na barriga" e ficou com a boca seca. Sua resposta comportamental também foi problemática. Em vez de enfrentar a situação e tentar adquirir habilidades para dominar as situações sociais, ele telefonou para a pessoa que o convidou e disse que estava gripado.

A esquiva da situação temida reforçou o pensamento negativo de Richard e se tornou parte de um ciclo vicioso de pensamentos, emoções e comportamentos, o que aprofundou o seu problema com a ansiedade social. Cada vez que fazia uma manobra para fugir de situações sociais, suas crenças sobre ser incapaz e vulnerável se fortaleciam. Essas cognições de medo, então, amplificaram seu desconforto emocional e tornaram menos provável que ele se envolvesse em atividades sociais. As cognições, emoções e atitudes de Richard estão esquematizadas na **Figura 1.2**.

Ao tratar problemas como os de Richard, o terapeuta cognitivo-comportamental pode partir de uma série de métodos voltados para todas as três áreas de funcionamento patológico identificadas no modelo básico de TCC: cognições, emoções e comportamentos. Por exemplo, Richard poderia ser ensinado a reconhecer e mudar seus pensamentos motivados pela ansiedade, a utilizar o relaxamento ou a geração de imagens mentais para reduzir as emoções ansiosas ou a implementar uma hierarquia gradual para romper o padrão de esquiva e desenvolver habilidades sociais.

Antes de descrever teorias e métodos da TCC mais detalhadamente, queremos explicar como o modelo descrito na Figura 1.1 é usado na prática clínica e como ele se relaciona com conceitos mais amplos da etiologia e do tratamento de transtornos psiquiátricos. O modelo básico de TCC é um construto usado para ajudar os terapeutas a conceitualizar problemas clínicos e a implementar métodos da TCC específicos. Como um modelo de trabalho, ele é propositalmente simplificado para voltar a atenção do terapeuta para as relações entre pensamentos, emoções e comportamentos e para orientar as intervenções de tratamento.

Os terapeutas cognitivo-comportamentais também reconhecem que há interações complexas entre processos biológicos (p. ex., genética, funcionamento de neurotransmissores, estrutura cerebral e sistemas neuroendócrinos), influências ambientais e interpessoais e elementos cognitivo-comportamentais na gênese e no tratamento de transtornos psiquiátricos (Wright, 2004; Wright e Thase, 1992). O modelo da TCC pressupõe que as mudanças cognitivas e comportamentais são moduladas por meio de processos biológicos e que as medicações psicotrópicas e outros tratamentos biológicos influenciam as cognições (Wright et

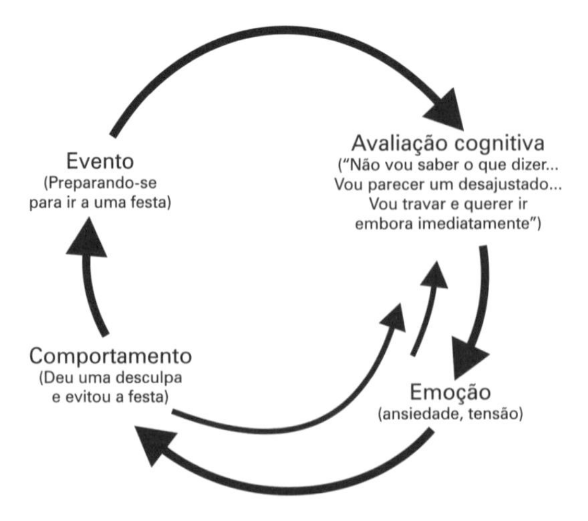

FIGURA 1.2 Modelo cognitivo-comportamental básico: exemplo de um paciente com fobia social.

al., 2014). Pesquisas recentes confirmam esses dados ao demonstrar que a farmacoterapia e a TCC podem ter como alvo regiões diferentes no cérebro e, quando eficazes, podem ter efeitos complementares nos circuitos cerebrais (p. ex., ver McGrath et al., 2013).

Pesquisas sobre farmacoterapia e psicoterapia combinadas corroboraram as ideias sobre as influências biológicas na implementação do modelo da TCC. O tratamento combinado de TCC e medicação pode melhorar a eficácia, principalmente para quadros mais graves, como depressão crônica ou resistente ao tratamento, esquizofrenia e transtorno bipolar (Hollon et al., 2014; Lam et al., 2003; Rector e Beck, 2001). No entanto, benzodiazepínicos de alta potência, como alprazolam, podem comprometer a eficácia da TCC (Marks et al., 1993).

Para direcionar o tratamento, é extremamente recomendada uma formulação integrada e bastante detalhada que inclua considerações cognitivo-comportamentais, biológicas, sociais e interpessoais. Métodos para desenvolver conceitualizações multidimensionais de caso são discutidos e ilustrados no Capítulo 3. O restante deste capítulo é dedicado à introdução das teorias e dos métodos centrais da TCC.

CONCEITOS BÁSICOS

Níveis de processamento cognitivo

Foram identificados três níveis básicos de processamento cognitivo por Beck e colaboradores (Beck et al., 1979; D. A. Clark et al., 1999; Dobson e Shaw, 1986). O nível mais alto da cognição é a *consciência*, um estado de atenção no qual decisões podem ser tomadas racionalmente. A atenção consciente nos permite:

1. monitorar e avaliar as interações com o meio ambiente;
2. ligar memórias passadas às experiências presentes;
3. controlar e planejar ações futuras (Sternberg, 1996).

Na TCC, os terapeutas incentivam o desenvolvimento e a aplicação de processos conscientes adaptativos de pensamento, como o pensamento racional e a solução de problemas. O terapeuta também dedica bastante esforço para ajudar os pacientes a reconhecer e mudar o pensamento desadaptativo em dois outros níveis de cognição: *pensamentos automáticos* e *esquemas* (Beck et al., 1979; D. A. Clark et al., 1999; Wright et al., 2014), ambos caracterizados pelo processamento de informações relativamente autônomo:

- *Pensamentos automáticos* são cognições que passam rapidamente por nossas mentes quando estamos em meio a situações (ou relembrando acontecimentos). Embora possamos estar subliminarmente conscientes da presença de pensamentos automáticos, normalmente essas cognições não estão sujeitas à análise racional cuidadosa.
- *Esquemas* são crenças nucleares que agem como matrizes ou regras subjacentes para o processamento de informações. Eles servem a uma função crucial aos seres humanos, que lhes permite selecionar, filtrar, codificar e atribuir significado às informações vindas do meio ambiente.

Ao contrário da terapia de orientação psicodinâmica, a TCC não postula estruturas ou defesas específicas que bloqueiam os pensamentos da consciência (D. A. Clark et al., 1999). Em vez disso, a TCC enfatiza técnicas destinadas a ajudar os pacientes a detectar e modificar seus pensamentos profundos, principalmente aqueles associados com sintomas emocionais, como depressão, ansiedade ou raiva. A TCC ensina os pacientes a "pensar sobre o pensamento" para atingir a meta de trazer as cognições autônomas conscientes à atenção e ao controle.

Pensamentos automáticos

Um grande número dos pensamentos que temos a cada dia faz parte de um fluxo de processamento cognitivo que se encontra logo abaixo da superfície da mente totalmente consciente. Esses pensamentos automáticos normalmente são privativos ou não declarados, e ocorrem de forma rápida à medida que avaliamos o significado de acontecimentos em nossas vidas. D. A. Clark e colaboradores (1999) usaram o termo *pré-consciente* ao descrever os pensamentos automáticos, pois essas cognições podem ser reconhecidas e entendidas se nossa atenção for voltada para eles. Pessoas com transtornos psiquiátricos, como depressão ou ansiedade, frequentemente vivenciam inundações de pensamentos automáticos que são desadaptativos ou distorcidos, os quais podem gerar reações emocionais dolorosas e comportamento disfuncional.

Um dos indícios mais importantes de que os pensamentos automáticos podem estar ocorrendo é a presença de emoções fortes. A relação entre eventos, pensamentos automáticos e emoções é ilustrada por um exemplo do tratamento de Martha, uma mulher com depressão maior (**Figura 1.3**).

Nesse exemplo, os pensamentos automáticos de Martha demonstram o achado comum de cognições negativamente tendenciosas na depressão. Embora estivesse deprimida e tendo problemas com sua família e seu trabalho, ela estava funcionando, na verdade, muito melhor do que aparentavam os seus pensamentos automáticos excessivamente críticos. Um grande número de pesquisas confirmou que as pessoas com depressão, transtornos de ansiedade e outros quadros psiquiátricos têm uma alta frequência de pensamentos automáticos distorcidos (Blackburn et al., 1986; Haaga et al., 1991; Hollon et al., 1986). Na depressão, os pensamentos automáticos muitas vezes se centram em temas de desesperança, baixa autoestima e fracasso. Já as pessoas com transtornos de ansiedade normalmente têm pensamentos automáticos, os quais incluem previsões de perigo, prejuízo, falta de controle ou incapacidade de lidar com ameaças (D. A. Clark et al., 1990; Ingram e Kendall, 1987; Kendall e Hollon, 1989).

Todas as pessoas têm pensamentos automáticos; eles não ocorrem exclusivamente em pessoas com depressão, ansiedade ou outros transtornos emocionais. Ao reconhecer seus próprios pensamentos automáticos e empregar outros processos cognitivo-comportamentais, os terapeutas podem aprimorar seu entendimento de conceitos básicos, aumentar sua empatia com os pacientes e aprofundar a consciência de seus padrões cognitivos e comportamentais que poderiam influenciar a relação terapêutica.

Ao longo deste livro, sugerimos exercícios que acreditamos que o ajudarão a aprender os princípios centrais da TCC. A maioria deles

Situação	Pensamentos automáticos	Emoções
Minha mãe telefona e pergunta por que eu esqueci o aniversário de minha irmã.	*"Fiz besteira de novo. Não tem jeito, nunca vou conseguir agradá-la. Não consigo fazer nada direito. O que adianta?"*	*Tristeza, raiva*
Pensando sobre um grande projeto a entregar no trabalho.	*"É muita coisa para mim. Não vou conseguir entregar a tempo. Não vou conseguir encarar meu chefe. Vou perder meu emprego e tudo o mais na minha vida."*	*Ansiedade*
Meu marido se queixa de que estou irritada o tempo todo.	*"Ele está realmente decepcionado comigo. Estou fracassando como esposa. Não gosto de nada. Por que alguém iria querer estar perto de mim?"*	*Tristeza, ansiedade*

FIGURA 1.3 Pensamentos automáticos de Martha.

envolve praticar intervenções de TCC com pacientes ou fazer *role-play* com um colega, porém, em alguns, você será solicitado a examinar seus próprios pensamentos e sentimentos. O primeiro exercício é colocar no papel um exemplo de pensamentos automáticos. Tente fazer isso para uma situação de sua própria vida. Se um exemplo pessoal não lhe vier à mente, você pode usar uma vinheta de um paciente que tenha entrevistado.

Exercício 1.1
Reconhecimento dos pensamentos automáticos: um registro de pensamento em três colunas

1. Desenhe três colunas em uma folha de papel e escreva em cada uma delas "situação", "pensamentos automáticos" e "emoções".
2. Agora, lembre-se de uma situação recente (ou uma lembrança de um evento) que pareceu mexer com as suas emoções, como ansiedade, raiva, tristeza, tensão física ou alegria.
3. Tente se imaginar estando de volta na situação, exatamente como aconteceu.
4. Quais foram os pensamentos automáticos que lhe ocorreram? Escreva a situação, os pensamentos automáticos e as emoções nas três colunas do registro de pensamento.

Às vezes, os pensamentos automáticos podem ser logicamente verdadeiros e podem ser uma percepção adequada da realidade da situação. Por exemplo, poderia ser verdade que Martha estivesse em risco de perder seu emprego ou que seu marido estivesse fazendo comentários críticos sobre o seu comportamento. A TCC não quer encobrir problemas reais. Se uma pessoa estiver passando por dificuldades substanciais, métodos cognitivos e comportamentais são usados para ajudá-la a enfrentar a situação. Contudo, em pessoas com transtornos psiquiátricos, normalmente há oportunidades excelentes de apontar erros no raciocínio e outras distorções cognitivas que podem ser modificadas com as intervenções da TCC.

Erros cognitivos

Em suas formulações iniciais, Beck (1963, 1964; Beck et al., 1979) teorizou que existem equívocos característicos na lógica dos pensamentos automáticos e outras cognições de pessoas com transtornos emocionais. Pesquisas subsequentes confirmaram a importância de erros cognitivos em estilos patológicos de processamento de informações. Por exemplo, foram encontrados erros cognitivos com muito mais frequência em pessoas deprimidas do que em indivíduos não deprimidos (LeFebvre, 1981; Watkins e Rush, 1983). Beck e colaboradores (1979; D. A. Clark et al., 1999) descreveram seis categorias principais de erros cognitivos: abstração seletiva, inferência arbitrária, supergeneralização, maximização e minimização, personalização e pensamento absolutista (dicotômico ou do tipo "tudo ou nada"). O **Quadro 1.1** traz definições e exemplos de cada um desses erros cognitivos.

Como você provavelmente notará nos exemplos do Quadro 1.1, pode haver grande sobreposição entre os erros cognitivos. David, a pessoa que estava utilizando pensamento absolutista, também estava ignorando as evidências de seus próprios pontos fortes e minimizando os problemas de seu amigo Fred. O homem que se tornou vítima da abstração seletiva por não receber um cartão de boas-festas tinha outros erros cognitivos, como o pensamento do tipo tudo ou nada ("ninguém se importa comigo mais"). Ao implementar métodos de TCC para reduzir erros cognitivos, os terapeutas normalmente ensinam aos pacientes que o objetivo mais importante é simplesmente reconhecer que se está cometendo erros cognitivos – e não identificar todo e qualquer erro de lógica que esteja ocorrendo.

Esquemas

Na teoria cognitivo-comportamental, os esquemas são definidos como matrizes ou regras fundamentais para o processamento de informações que estão abaixo da camada mais superficial dos pensamentos automáticos

QUADRO 1.1 ERROS COGNITIVOS

Abstração seletiva (às vezes chamada de *ignorar as evidências* ou *filtro mental*)

Definição: chega-se a uma conclusão depois de examinar apenas uma pequena porção das informações disponíveis. Os dados importantes são descartados ou ignorados, a fim de confirmar a visão tendenciosa que a pessoa tem da situação.

Exemplo: um homem deprimido com baixa autoestima não recebe um cartão de boas-festas de um velho amigo. Ele pensa: "Estou perdendo todos os meus amigos; ninguém se importa mais comigo". Ele ignora as evidências de que recebeu cartões de vários outros amigos, de que seu velho amigo tem lhe enviado cartões todos os anos nos últimos 15 anos, de que seu amigo esteve muito ocupado no ano passado com uma mudança e um novo emprego e que ele ainda tem bons relacionamentos com outros amigos.

Inferência arbitrária

Definição: chega-se a uma conclusão a partir de evidências contraditórias ou na ausência de evidências.

Exemplo: uma mulher com medo de elevador é solicitada a prever as chances de um elevador cair com ela dentro. Ela responde que as chances são de 10% ou mais de o elevador cair até o chão e ela se machucar. Muitas pessoas tentaram convencê-la de que as chances de um acidente catastrófico com um elevador são desprezíveis.

Supergeneralização

Definição: chega-se a uma conclusão sobre um acontecimento isolado e, então, a conclusão é estendida de maneira ilógica a amplas áreas do funcionamento.

Exemplo: um universitário deprimido tira nota B em uma prova. Ele considera insatisfatório e supergeneraliza quando tem pensamentos automáticos como: "Estou com problemas nessa aula; estou ficando para trás em todas as áreas da minha vida; não consigo fazer nada direito".

Maximização e minimização

Definição: a relevância de um atributo, evento ou sensação é exagerada ou minimizada.

Exemplo: uma mulher com transtorno de pânico começa a sentir tonturas durante o início de um ataque de pânico. Ela pensa: "Vou desmaiar; posso ter um ataque cardíaco ou um derrame".

Personalização

Definição: eventos externos são associados a si próprio quando há pouco ou nenhum fundamento para isso. Assume-se responsabilidade excessiva ou culpa por eventos negativos.

Exemplo: houve um revés econômico e um negócio anteriormente de sucesso passa por dificuldades para cumprir o orçamento anual. Pensa-se em fazer demissões. Uma série de fatores levou à crise no orçamento, mas um dos gerentes pensa: "É tudo culpa minha; eu deveria saber que isso iria acontecer e ter feito alguma coisa; falhei com todos na empresa".

Pensamento absolutista (dicotômico ou do tipo tudo ou nada)

Definição: os julgamentos sobre si mesmo, as experiências pessoais ou com os outros são separados em duas categorias (p. ex., totalmente mau ou totalmente bom, fracasso total ou sucesso, cheio de defeitos ou completamente perfeito).

Exemplo: David, um homem com depressão, compara-se com Ted, um amigo que parece ter um bom casamento e cujos filhos estão indo bem na escola. Embora o amigo seja muito feliz em sua casa, sua vida está longe do ideal. Ted tem problemas no trabalho, restrições financeiras e dores físicas, entre outras dificuldades. David está se envolvendo em pensamento absolutista quando diz para si mesmo: "Tudo vai bem para Ted; para mim, nada vai bem".

(D. Clark et al., 1999; Wright et al., 2014). Esquemas são princípios duradouros de pensamento que começam a tomar forma no início da infância e são influenciados por uma infinidade de experiências de vida, incluindo os ensinamentos e o modelo dos pais, as atividades educativas formais e informais, as experiências de seus pares, os traumas e os sucessos.

Bowlby (1985) e outros observaram que os seres humanos precisam desenvolver esquemas para lidar com as grandes quantidades de informações com as quais se deparam a cada dia e para tomar decisões oportunas e apropriadas. Por exemplo, se uma pessoa tiver uma regra básica de "sempre planejar com antecedência", é improvável que ela passe muito tempo debatendo os méritos de entrar em uma nova situação sem prévia preparação. Ao contrário, ela automaticamente começará a preparar o terreno para lidar com a situação.

Foi sugerido por D. A. Clark e colaboradores (1999) que existem três grupos principais de esquemas:

1. **Esquemas simples**
   Definição: regras sobre a natureza física do ambiente, gerenciamento prático das atividades cotidianas ou leis da natureza que podem ter pouco ou nenhum efeito sobre a psicopatologia.
   Exemplos: "Seja um motorista defensivo"; "uma boa educação é o que vale"; "abrigue-se durante uma tempestade".
2. **Crenças e pressupostos intermediários**
   Definição: regras condicionais, como afirmações do tipo *se-então*, que influenciam a autoestima e a regulação emocional.
   Exemplos: "Tenho de ser perfeito para ser aceito"; "se eu não agradar aos outros o tempo todo, eles me rejeitarão"; "se eu trabalhar duro, conseguirei ter sucesso".
3. **Crenças nucleares sobre si mesmo**
   Definição: regras globais e absolutas para interpretar as informações ambientais relativas à autoestima.
   Exemplos: "Não sou digna de amor"; "sou burra"; "sou um fracasso"; "sou uma boa amiga"; "posso confiar nos outros".

Em nossa prática clínica, normalmente não tentamos explicar os diferentes níveis de esquemas (p. ex., pressupostos intermediários *versus* crenças nucleares) aos pacientes. Descobrimos que a maioria dos pacientes obtém maior benefício ao reconhecer o conceito geral de que esquemas ou crenças nucleares (utilizamos esses termos alternadamente) têm uma forte influência na autoestima e no comportamento. Também ensinamos a eles que todas as pessoas têm uma mistura de esquemas adaptativos (saudáveis) e crenças nucleares desadaptativas. Nosso objetivo é identificar e desenvolver os esquemas adaptativos e, ao mesmo tempo, tentar modificar ou reduzir a influência dos desadaptativos. O **Quadro 1.2** traz uma pequena lista de esquemas adaptativos e desadaptativos.

A relação entre esquemas e pensamentos automáticos foi detalhada na *hipótese diátese-estresse*. Beck e colaboradores sugeriram que, na depressão e em outros quadros, esquemas desadaptativos podem permanecer adorme-

QUADRO 1.2 ESQUEMAS ADAPTATIVOS E DESADAPTATIVOS

Esquemas adaptativos	Esquemas desadaptativos
• Não importa o que aconteça, consigo lidar com isso de alguma forma.	• Se decidir fazer alguma coisa, *tenho* de ter sucesso.
• Se eu trabalhar com alguma coisa, posso fazê-lo bem.	• Sou burro.
• Sou um sobrevivente.	• Sou uma farsa.
• Os outros podem confiar em mim.	• Nunca me sinto confortável com os outros.
• Sou digno de amor.	• Sem um homem (mulher), não sou ninguém.
• As pessoas me respeitam.	• Tenho de ser perfeito para ser aceito.
• Se me preparar antes, normalmente faço melhor.	• Não importa o que eu faça, não vou ter sucesso.
• Pouca coisa me assusta.	• O mundo é assustador demais para mim.

Fonte: adaptado de Wright et al., 2014.

cidos até que um evento estressante da vida ocorra e ative a crença nuclear (Beck et al., 1979; D. A. Clark et al., 1999; Miranda, 1992). O esquema desadaptativo é, então, fortalecido ao ponto no qual estimula e impulsiona o fluxo mais superficial de pensamentos automáticos negativos. Esse fenômeno é ilustrado por meio do tratamento de Mark, um homem de meia-idade que ficou deprimido depois de ter sido demitido de seu emprego.

Mark não estava deprimido antes de perder seu emprego, mas começou a ter muitas dúvidas sobre si mesmo depois de ter dificuldades em encontrar outro trabalho. Quando Mark olhava a seção de empregos do jornal local, era invadido por pensamentos automáticos como: "Eles não vão me querer"; "nunca vou conseguir um emprego tão bom quanto o último"; "mesmo se conseguir uma entrevista, vou travar e não vou saber o que dizer". Depois de iniciar a TCC, o terapeuta pôde ajudar Mark a trazer à tona vários esquemas profundamente arraigados sobre competência, os quais pairavam sob a superfície por muitos anos. Um deles era "nunca sou suficientemente bom", uma crença nuclear que esteve inerte em tempos melhores, mas que agora estimulava uma cascata de pensamentos automáticos negativos toda vez que tentava encontrar um emprego.

PROCESSAMENTO DE INFORMAÇÕES NA DEPRESSÃO E EM TRANSTORNOS DE ANSIEDADE

Além das teorias e dos métodos de pensamentos automáticos, dos esquemas e dos erros cognitivos, várias outras contribuições importantes influenciaram o desenvolvimento de intervenções de tratamento cognitivamente orientadas. Descrevemos rapidamente alguns desses resultados de pesquisas sobre depressão e transtornos de ansiedade para dar uma base teórica ampla para os métodos de tratamento detalhados nos capítulos posteriores. As principais características do processamento de informações patológico na depressão e em transtornos de ansiedade estão resumidas no **Quadro 1.3**.

A ligação entre desesperança e suicídio

Um dos achados clínicos mais relevantes provenientes de pesquisas sobre depressão é a associação entre desesperança e suicídio. Vários

QUADRO 1.3 PROCESSAMENTO PATOLÓGICO DE INFORMAÇÕES NA DEPRESSÃO E NOS TRANSTORNOS DE ANSIEDADE

Predominante na depressão	Predominante nos transtornos de ansiedade	Comum à depressão e aos transtornos de ansiedade
• Desesperança • Baixa autoestima • Visão negativa do ambiente • Pensamentos automáticos com temas negativos • Atribuições errôneas • Superestimações de *feedback* negativo • Desempenho comprometido nas tarefas cognitivas que requeiram esforço ou pensamento abstrato	• Medo de ferir-se ou de perigo • Maior atenção a informações sobre ameaças em potencial • Superestimações de risco nas situações • Pensamentos automáticos associados a perigo, risco, falta de controle, incapacidade • Subestimações da capacidade de enfrentar as situações temidas • Interpretações errôneas dos estímulos corporais	• Processamento automático de informações aumentado • Esquemas desadaptativos • Maior frequência de erros cognitivos • Capacidade cognitiva reduzida para solução de problemas • Maior atenção a si mesmo, principalmente déficits ou problemas

Fonte: adaptado de Wright et al., 2014.

estudos demonstraram que pessoas deprimidas têm probabilidade de ter altos graus de desesperança, e que a falta de esperança aumenta o risco de suicídio (Beck et al., 1975, 1985, 1990; Fawcett et al., 1987). Descobriu-se que a desesperança é o fator preditivo mais importante de suicídio em pacientes deprimidos internados que foram acompanhados por 10 anos após a alta médica (Beck et al., 1985). Achados semelhantes foram descritos em um estudo relacionado com pacientes ambulatoriais (Beck et al., 1990). Considerando essas observações, Brown e colaboradores (2005) demonstraram que a terapia cognitiva resultava em uma taxa menor de tentativas de suicídio em comparação com o tratamento clínico habitual. Esse tratamento incluiu estratégias específicas de prevenção de suicídio, como conduzir uma entrevista narrativa das crises suicidas recentes, a fim de ajudar a guiar o tratamento, desenvolver um plano de segurança, identificar motivos para viver, preparar um "*kit* de esperança" e engajar o paciente em uma tarefa guiada de geração de imagens mentais para praticar o uso de suas habilidades durante as crises suicidas. Como acreditamos que os métodos da TCC para reduzir o risco de suicídio deveriam ser uma habilidade clínica básica, incluímos um capítulo sobre esse tema mais adiante (ver Capítulo 9).

Estilo atributivo na depressão

Abramson e colaboradores (1978), além de outros, propuseram que as pessoas deprimidas colocam significados (atribuições) aos eventos da vida que são negativamente distorcidos em três domínios:

1. **Interno *versus* externo.** A depressão é associada a uma tendência de fazer atribuições aos eventos da vida que são enviesadas em sua própria direção interna. Assim, indivíduos deprimidos comumente assumem culpa excessiva pelos eventos negativos. Por sua vez, pessoas não deprimidas têm maior probabilidade de ver acontecimentos nocivos como provenientes de fontes externas, como má sorte, destino ou as atitudes dos outros.
2. **Global *versus* específico.** Em vez de ver os eventos negativos somente com uma relevância isolada ou limitada, pessoas com depressão podem concluir que essas ocorrências têm implicações de longo alcance, globais ou totalmente abrangentes. Pessoas que não são deprimidas têm uma capacidade melhor de isolar eventos negativos e evitar que tenham um efeito extensivo sobre a autoestima e as respostas comportamentais.
3. **Fixo *versus* mutável.** Na depressão, situações negativas ou problemáticas são vistas como imutáveis e improváveis de melhorar no futuro. Um estilo mais saudável de pensamento é observado em pessoas não deprimidas, que acreditam, mais frequentemente, que as condições ou circunstâncias negativas regredirão com o tempo (p. ex., "isso também vai passar").

As pesquisas sobre os estilos atributivos na depressão têm sido criticadas, pois os primeiros estudos foram realizados com estudantes e populações não clínicas, e outros estudos produziram resultados inconsistentes. No entanto, o peso das evidências dá suporte ao conceito de que as atribuições podem ser distorcidas na depressão e que os métodos de TCC podem ser úteis para reverter esse tipo de processamento cognitivo tendencioso. Em nosso trabalho clínico, constatamos que muitos pacientes deprimidos conseguem assimilar prontamente o conceito de que seu estilo de pensamento está tendencioso na direção de atribuições internas, globais e fixas.

Distorções na resposta ao *feedback*

Uma série de pesquisas sobre como as pessoas respondem ao *feedback* revelou diferenças entre pessoas deprimidas e não deprimidas, as quais têm implicações significativas para a terapia. Descobriu-se que indivíduos deprimidos subestimam a quantidade de *feedback* positivo recebido e dedicam menos esforço nas tarefas depois de lhes dizerem que seu desempenho é ruim, ao passo que os não deprimidos apresentam padrões que podem indicar um *viés positivo que serve a si mesmos* – eles podem ouvir *feedback* mais positivo do que aquele realmente dado ou minimizar a relevância de *feedback* negativo (Alloy e Ahrens, 1987).

Como um dos objetivos da TCC é ajudar os pacientes a desenvolver um estilo acurado e racional de processamento de informações, o terapeuta precisa reconhecer e abordar possíveis distorções de *feedback*. Um dos principais métodos para fazer isso – dar e solicitar *feedback* detalhado em sessões de terapia – é descrito nos Capítulos 2 e 4. Essas técnicas utilizam a experiência da terapia como uma oportunidade para aprender a ouvir, reagir e dar *feedback* de maneira apropriada.

Estilo de pensamento em transtornos de ansiedade

Pessoas que apresentam transtornos de ansiedade demonstraram ter vários vieses característicos no processamento de informações (ver Quadro 1.3). Uma dessas áreas de disfunção é um nível elevado de atenção a informações no ambiente sobre ameaças em potencial. A mulher com fobia de elevador descrita no Quadro 1.1, por exemplo, pode ouvir sons em um elevador que a deixam preocupada com sua segurança. Uma pessoa que não tenha esse medo provavelmente prestará menos ou nenhuma atenção a esses estímulos. Pessoas com transtornos de ansiedade também costumam ver os ativadores de seu medo como sendo perigosos de maneira não realista ou com potencial para feri-las. Muitos indivíduos com transtorno de pânico têm medo de que os ataques de pânico – ou as situações que os induzem – possam causar danos catastróficos, talvez até mesmo ataque cardíaco, derrame e morte.

Outros estudos de processamento de informações demonstraram que pacientes com transtornos de ansiedade frequentemente fazem uma estimativa reduzida de sua capacidade de enfrentar ou lidar com situações carregadas de medo, têm uma sensação de falta de controle, uma alta frequência de autoafirmações negativas, interpretações errôneas dos estímulos corporais e estimativas exageradas do risco de calamidades futuras. Ter consciência desses diferentes tipos de processamento tendencioso de informações pode ajudar os terapeutas a planejar e implementar o tratamento para transtornos de ansiedade.

Aprendizagem, memória e capacidade cognitiva

A depressão geralmente é associada a comprometimentos substanciais na capacidade de se concentrar e no desempenho das funções de aprendizagem e memória, que exigem esforço ou abstração ou que sejam desafiadoras (Weingartner et al., 1981). Também foram observadas reduções na capacidade de resolver problemas e de realizar tarefas tanto na depressão como nos transtornos de ansiedade (D. A. Clark et al., 1990). Na TCC, esses déficits de desempenho cognitivo são abordados com intervenções específicas (p. ex., estruturação, métodos psicoeducativos e ensaio), destinadas a melhorar a aprendizagem e a auxiliar os pacientes a aprimorar suas habilidades de solução de problemas (ver Capítulo 4).

VISÃO GERAL DOS MÉTODOS TERAPÊUTICOS

Quando começam a aprender sobre a TCC, os terapeutas às vezes cometem o erro de ver essa abordagem como apenas um conjunto de técnicas ou intervenções. Assim, eles passam rapidamente por alguns dos ingredientes mais importantes da TCC e partem diretamente para a implementação de técnicas, como o registro de pensamentos, a programação de atividades ou a dessensibilização. É fácil cair nessa armadilha, já que a TCC é conhecida por suas intervenções eficazes e pelo fato de os pacientes geralmente gostarem de se envolver em exercícios específicos. Todavia, se você se focar de modo prematuro ou muito fortemente na implementação das técnicas, perderá a essência da TCC.

Antes de escolher e aplicar técnicas, é preciso desenvolver uma conceitualização individualizada que conecte diretamente as teorias cognitivo-comportamentais à estrutura psicológica única do paciente e à sua constelação de problemas (ver Capítulo 3). A conceitualização de caso é um guia essencial para o trabalho dos terapeutas cognitivo-comportamentais. Outras características centrais da TCC incluem uma relação terapêutica altamente colaborativa, aplicação hábil de métodos de questionamento socrático e estruturação e psicoeducação eficazes (conforme **Quadro 1.4**). Este livro é destinado a ajudá-lo a adquirir as habilidades gerais cruciais na TCC, além de aprender intervenções específicas para quadros psiquiátricos comuns. Como introdução às descrições detalhadas em capítulos posteriores, fornecemos aqui uma breve visão geral dos métodos de tratamento.

Duração e formato da terapia

A TCC é uma terapia voltada para o problema geralmente aplicada em um formato de curto prazo. O tratamento para depressão ou transtornos de ansiedade descomplicados normalmente dura de 5 a 20 sessões. Entretanto, cursos mais longos de TCC podem ser necessários se houver condições comórbidas ou se o paciente possuir sintomas crônicos ou resistentes ao tratamento. A TCC para transtornos de personalidade, psicoses ou transtorno bipolar pode precisar ser estendida para além das 20 sessões. Além disso, os pacientes com doenças crônicas ou recorrentes podem se beneficiar com um desenho de terapia no qual a maior parte da TCC seja mais intensa nos primeiros meses de tratamento (i.e., com consultas uma ou duas vezes por semana), mas depois o terapeuta continua a atender o paciente em sessões de reforço intermitentes por períodos mais longos. Psiquiatras experientes nesse método podem usar a TCC em combinação com a farmacoterapia em sessões curtas durante a fase de manutenção de depressão recorrente, transtorno bipolar ou outras doenças crônicas.

Em seu formato tradicional, a TCC normalmente é aplicada em sessões de 45 a 50 minutos. No entanto, há oportunidades de individualizar a duração das sessões para atender às necessidades do paciente, melhorar a eficiência do tratamento e/ou o resultado. Por exemplo, sessões mais longas, com duração de 90 minutos ou mais, têm sido implementadas com sucesso para o rápido tratamento de pacientes com transtornos de ansiedade (Öst et al., 2001) e podem ser úteis para aqueles com transtorno de estresse pós-traumático (McLean e Foa, 2011) ou transtorno obsessivo-compulsivo (Foa, 2010). Sessões de menos de 50 minutos normalmente são recomendadas para pacientes internados, pessoas com psicose e outros com sintomas graves que interferem substancialmente na concentração (Kingdon e Turkington, 2004; Stuart et al.,

QUADRO 1.4 MÉTODOS PRINCIPAIS DE TERAPIA COGNITIVO-COMPORTAMENTAL

- Foco voltado para o problema
- Conceitualização de caso individualizada
- Relação terapêutica empírica colaborativa
- Questionamento socrático
- Uso de estruturação, psicoeducação e ensaio para melhorar a aprendizagem
- Evocação e modificação de pensamentos automáticos
- Descoberta e modificação de esquemas
- Métodos comportamentais para reverter padrões de desamparo, comportamento autodestrutivo e evitação
- Desenvolvimento de habilidades de TCC para ajudar a evitar a recaída

1997; Wright et al., 2009). Além disso, como será detalhado no Capítulo 4, sessões curtas de 25 minutos provaram ser eficazes para o tratamento de depressão se combinadas com um programa de computador de construção de habilidades para TCC (Thase et al., 2017; Wright, 2016; Wright et al., 2005).

Psiquiatras ou profissionais de enfermagem experientes na TCC podem usar outro formato de sessões abreviadas de terapia. Podem ser empregadas sessões curtas, com medicações e auxiliares de tratamento, como a terapia assistida por computador e livros de autoajuda, como alternativa à tradicional "hora de 50 minutos". Os dois psiquiatras (J.H.W. e M.E.T.) que são autores deste volume utilizam o formato de sessões abreviadas com parte de seus pacientes. Eles também são coautores de outro livro, intitulado *Terapia cognitivo-comportamental de alto rendimento para sessões breves: guia ilustrado* (Wright et al., 2010), para clínicos que desejam aprender métodos alternativos. Recomendamos que aqueles em treinamento e outros estudantes de TCC aprendam primeiro como implementar o tratamento no formato tradicional de 45 a 50 minutos. É preciso uma base sólida nos métodos básicos antes de tentar reduzir a duração das sessões.

Foco no "aqui e agora"

A abordagem orientada pelo problema do "aqui e agora" é enfatizada porque a atenção às questões atuais ajuda a estimular o desenvolvimento de planos de ação para combater sintomas, como desesperança, desamparo, evitação e procrastinação. Além disso, as respostas cognitivas e comportamentais a eventos recentes são mais acessíveis e verificáveis do que as reações a ocorrências no passado distante. Um benefício adicional de trabalhar primordialmente no funcionamento atual é uma redução da dependência e da regressão na relação terapêutica. Embora as intervenções de TCC normalmente se concentrem nos eventos, nos pensamentos, nas emoções e nos comportamentos presentes, ter uma perspectiva longitudinal – incluindo a consideração do desenvolvimento na primeira infância, histórico familiar, traumas, experiências evolutivas positivas e negativas, educação, história de trabalho e influências sociais – auxilia para entender melhor o paciente e planejar o tratamento.

Conceitualização de caso

Quando estamos em sessões de TCC e fazemos um bom trabalho, sentimos que a conceitualização do caso norteia diretamente cada pergunta, resposta não verbal e intervenção e o conjunto de ajustes que fazemos no estilo terapêutico para aprimorar a comunicação com o paciente. Em outras palavras, temos uma estratégia cuidadosamente pensada e não fazemos terapia pela nossa cabeça, jogando com um conjunto de técnicas. Para aprender a se tornar um terapeuta cognitivo-comportamental eficaz, é preciso praticar e desenvolver formulações que reúnam informações da avaliação diagnóstica, das observações sobre o histórico específico do paciente e da teoria cognitivo-comportamental em um plano de tratamento detalhado. Os métodos de conceitualização de caso são abordados no Capítulo 3.

Relação terapêutica

Várias das características das relações terapêuticas adequadas são compartilhadas pela TCC, pela terapia psicodinâmica, pelas terapias não dirigidas e por outras formas comuns de psicoterapia. Esses atributos incluem compreensão, gentileza e empatia. Como todos os bons terapeutas, os da TCC também devem ter a capacidade de gerar confiança e demonstrar serenidade quando sob pressão. Contudo, em comparação com outras terapias conhecidas, a relação terapêutica na TCC difere por ser orientada para um alto grau de colaboração, por seu foco fortemente empírico e pelo uso de intervenções direcionadas para a ação.

Beck e colaboradores (1979) cunharam o termo *empirismo colaborativo* para descrever a relação entre paciente e terapeuta na TCC, os quais trabalham juntos como uma equipe investigativa, desenvolvendo hipóteses sobre a acurácia ou o valor de enfrentamento de uma série de cognições e comportamentos. Eles, então, colaboram no desenvolvimento de um estilo mais saudável de pensamento e de habilidades de enfrentamento e na reversão de padrões improdutivos de comportamento. Os terapeutas cognitivo-comportamentais são normalmente mais ativos do que aqueles de outras formas de terapia. Eles ajudam a estruturar as sessões, dão *feedback* e orientam os pacientes sobre como usar os métodos da TCC.

Os pacientes também são incentivados a assumir responsabilidade na relação terapêutica. São solicitados a dar *feedback* ao terapeuta, a ajudar a estabelecer a programação para as sessões de terapia e a trabalhar na prática das intervenções da TCC em situações da vida cotidiana. De modo geral, a relação terapêutica na TCC se caracteriza pela abertura na comunicação e por uma abordagem focada para o trabalho, pragmática e voltada para o senso de equipe no manejo dos problemas.

Questionamento socrático

O estilo de questionamento usado na TCC baseia-se em uma relação empírica colaborativa e tem o objetivo de ajudar os pacientes a reconhecer e modificar o pensamento desadaptativo. O *questionamento socrático* consiste em fazer perguntas ao paciente que estimulem a curiosidade e o desejo de inquirir. Em vez de uma apresentação didática dos conceitos da terapia, o terapeuta tenta fazer o paciente se envolver no processo de aprendizagem. Uma forma especial de questionamento socrático é a *descoberta guiada*, por meio da qual o terapeuta faz uma série de perguntas indutivas para revelar padrões disfuncionais de pensamento ou comportamento.

Estruturação e psicoeducação

A TCC utiliza métodos de estruturação, como o estabelecimento de agenda e *feedback*, para maximizar a eficiência das sessões de tratamento, ajudar os pacientes a organizar seus esforços em direção à recuperação e intensificar o aprendizado. A agenda da sessão é feita de forma a dar um direcionamento claro à sessão e permitir a mensuração do progresso. Por exemplo, itens bem articulados da agenda podem ser "desenvolver um plano para voltar ao trabalho", "reduzir a tensão no relacionamento com meu filho" ou "encontrar maneiras de superar o divórcio".

Durante a sessão, o terapeuta orienta o paciente no uso da agenda para explorar produtivamente tópicos importantes e tenta evitar digressões que têm pouca chance de ajudar a atingir os objetivos do tratamento. Contudo, os terapeutas têm bastante espaço para desviar-se da agenda se novos tópicos ou ideias importantes forem identificados ou se o fato de permanecer na agenda atual não estiver produzindo os resultados desejados. Tanto o paciente quanto o terapeuta dão e recebem *feedback* para confirmar a compreensão e para moldar o direcionamento da sessão.

São utilizados vários métodos psicoeducativos na TCC. As experiências de ensino nas sessões normalmente envolvem usar situações da vida do paciente para ilustrar os conceitos. Comumente, o terapeuta dá breves explicações e as acompanha com perguntas que promovam o envolvimento do paciente no processo de aprendizagem. Várias ferramentas estão disponíveis para auxiliar os terapeutas a promover a psicoeducação. Alguns exemplos são a leitura de livros de autoajuda, apostilas, questionários de avaliação e programas de computador. O Capítulo 4 traz uma descrição completa dessas ferramentas.

Reestruturação cognitiva

Uma grande parte da TCC é dedicada a ajudar o paciente a reconhecer e modificar esquemas e pensamentos automáticos desadaptativos. O método mais frequentemente utilizado é o questionamento socrático. Registros de pensamento também são bastante utilizados na

TCC. Identificar pensamentos automáticos sob a forma escrita pode, muitas vezes, incitar um estilo mais racional de pensamento.

Outros métodos comumente usados incluem identificar erros cognitivos, examinar as evidências (análise dos prós e contras), reatribuição (modificar o estilo atributivo), listar alternativas racionais e ensaio cognitivo. Este último consiste em praticar uma nova maneira de pensar por meio da geração de imagens mentais ou de *role-play*, o que pode ser feito em sessões durante o tratamento, com a ajuda do terapeuta. Ou, depois de ganhar experiência no uso de métodos de ensaio, o paciente pode ter como tarefa praticar sozinho em casa.

A estratégia geral de reestruturação cognitiva é identificar pensamentos automáticos e esquemas nas sessões de terapia, ensinar habilidades para mudar cognições e, depois, fazer os pacientes realizarem uma série de exercícios entre as sessões, os quais são planejados para expandir os aprendizados da terapia às situações do mundo real. Normalmente, é necessária a prática repetitiva até que os pacientes possam modificar prontamente cognições desadaptativas arraigadas.

Métodos comportamentais

O modelo de TCC enfatiza que a relação entre cognição e comportamento é uma via de mão dupla. As intervenções cognitivas descritas até aqui, se implementadas com sucesso, têm probabilidade de ter efeitos salutares no comportamento. Da mesma forma, mudanças positivas no comportamento normalmente estão associadas a uma melhor perspectiva ou a outras modificações cognitivas desejadas.

A maioria das técnicas comportamentais usadas na TCC destina-se a ajudar as pessoas a:

1. aumentar a participação em atividades que melhorem o humor;
2. mudar os padrões de esquiva ou desamparo;
3. enfrentar gradualmente as situações temidas;
4. desenvolver habilidades de enfrentamento;
5. reduzir emoções dolorosas ou excitação autônoma.

Nos Capítulos 6 e 7, detalhamos métodos comportamentais eficazes para a depressão e os transtornos de ansiedade. Algumas das intervenções mais importantes que você aprenderá são: ativação comportamental, exposição hierárquica (dessensibilização sistemática), prescrição gradual de tarefas, programação de atividades e eventos prazerosos, treinamento de respiração e treinamento de relaxamento. Essas técnicas podem servir como ferramentas poderosas para ajudar a reduzir sintomas e promover mudanças positivas.

Desenvolvimento de habilidades de TCC para ajudar a prevenir a recaída

Uma das vantagens da abordagem da TCC é a aquisição de habilidades que podem reduzir o risco de recaída. Aprender como reconhecer e mudar pensamentos automáticos, utilizar métodos comportamentais comuns e implementar as outras intervenções descritas anteriormente neste capítulo podem ajudar os pacientes a lidar futuramente com ativadores dos sintomas. Por exemplo, uma pessoa que aprende a reconhecer erros cognitivos nos pensamentos automáticos pode ser mais capaz de evitar o pensamento catastrófico em situações estressantes com as quais poderá se deparar após o término da terapia. Durante as fases finais da TCC, em geral, o terapeuta se concentra especificamente na prevenção da recaída, ao ajudar o paciente a identificar problemas em potencial, os quais têm uma alta probabilidade de causar dificuldades. Depois, são utilizadas técnicas de treinamento para praticar maneiras eficazes de enfrentamento.

Para ilustrar a abordagem da TCC à prevenção da recaída, pense no caso de uma pessoa que está recebendo alta de uma unidade hospitalar após uma tentativa de suicídio. Embora o indivíduo possa estar bem melhor e não esteja apresentando ideação suicida, um bom plano de tratamento cognitivo-comportamental incluiria a discussão dos possíveis desafios de retornar para casa e ao trabalho, seguida de orientação sobre maneiras de lidar com esses desafios. A TCC com esse paciente também incluiria o desenvolvimento de um plano de segurança específico.

RESUMO

A TCC é uma das formas mais amplamente praticadas de psicoterapia para transtornos psiquiátricos. Essa abordagem de tratamento se baseia em preceitos sobre o papel da cognição no controle das emoções e comportamentos humanos identificados desde os escritos de filósofos da Antiguidade até os dias de hoje. Os construtos que definem a TCC foram desenvolvidos por Aaron T. Beck e outros psiquiatras e psicólogos influentes a partir dos anos de 1960. A TCC distingue-se por uma grande quantidade de pesquisas que examinaram suas teorias básicas e demonstraram a eficácia do tratamento.

O processo de aprendizagem para se tornar um terapeuta cognitivo-comportamental qualificado envolve estudar as teorias e os métodos básicos, examinar exemplos de intervenções de TCC e praticar essa abordagem de tratamento com pacientes. Neste capítulo, introduzimos os conceitos centrais da TCC, como o modelo cognitivo-comportamental, a importância de reconhecer e modificar pensamentos automáticos, a influência dos esquemas no processamento de informações e na psicopatologia e a função-chave dos princípios comportamentais no planejamento das intervenções de tratamento. Os capítulos seguintes trazem explicações detalhadas e ilustrações a respeito de como colocar os princípios básicos da TCC em prática.

REFERÊNCIAS

Abramson LY, Seligman MEP, Teasdale JD: Learned helplessness in humans: critique and reformulation. J Abnorm Psychol 87(1):49–74, 1978 649856

Addis ME, Martell CR: Overcoming Depression One Step at a Time: The New Behavioral Activation Approach to Getting Your Life Back. Oakland, CA, New Harbinger, 2004

Alloy LB, Ahrens AH: Depression and pessimism for the future: biased use of statistically relevant information in predictions for self versus others. J Pers Soc Psychol 52(2):366–378, 1987 3559896

Bandelow B, Reitt M, Röver C, et al: Efficacy of treatments for anxiety disorders: a meta-analysis. Int Clin Psychopharmacol 30(4):183–192, 2015 25932596

Barlow DH, Cerney JA: Psychological Treatment of Panic. New York, Guilford, 1988

Barlow DH, Craske MG, Cerney JA, et al: Behavioral treatment of panic disorder. Behav Ther 20:261–268, 1989

Beck AT: Thinking and depression. Arch Gen Psychiatry 9:324–333, 1963 14045261

Beck AT: Thinking and depression, II: theory and therapy. Arch Gen Psychiatry 10:561–571, 1964 14159256

Beck AT, Kovacs M, Weissman A: Hopelessness and suicidal behavior: an overview. JAMA 234(11):1146–1149, 1975 1242427

Beck AT, Rush AJ, Shaw BF, et al: Cognitive Therapy of Depression. New York, Guilford, 1979

Beck AT, Steer RA, Kovacs M, Garrison B: Hopelessness and eventual suicide: a 10-year prospective study of patients hospitalized with suicidal ideation. Am J Psychiatry 142(5):559–563, 1985 3985195

Beck AT, Brown G, Berchick RJ, et al: Relationship between hopelessness and ultimate suicide: a replication with psychiatric outpatients. Am J Psychiatry 147(2):190–195, 1990 2278535

Blackburn IM, Jones S, Lewin RJP: Cognitive style in depression. Br J Clin Psychol 25 (Pt 4):241–251, 1986 3801730

Bowlby J: The role of childhood experience in cognitive disturbance, in Cognition and Psychotherapy. Edited by Mahoney MJ, Freeman A. New York, Plenum, 1985, pp. 181–200

Brown GK, Ten Have T, Henriques GR, et al: Cognitive therapy for the prevention of suicide attempts: a randomized controlled trial. JAMA 294(5):563–570, 2005 16077050

Butler AC, Beck JS: Cognitive therapy outcomes: a review of meta-analyses. Journal of the Norwegian Psychological Association 37:1–9, 2000

Campos PE: Special series: integrating Buddhist philosophy with cognitive and behavioral practice. Cogn Behav Pract 9:38–40, 2002

Clark DA, Beck AT, Stewart B: Cognitive specificity and positive-negative affectivity: complementary or contradictory views on anxiety and depression? J Abnorm Psychol 99(2):148–155, 1990 2348008

Clark DA, Beck AT, Alford BA: Scientific Foundations of Cognitive Theory and Therapy of Depression. New York, Wiley, 1999

Clark DM: A cognitive approach to panic. Behav Res Ther 24(4):461–470, 1986 3741311

Clark DM, Salkovskis PM, Hackmann A, et al: A comparison of cognitive therapy, applied relaxation and imipramine in the treatment of panic disorder. Br J Psychiatry 164(6):759–769, 1994 7952982

Cuijpers P, Berking M, Andersson G, et al: A meta-analysis of cognitive-behavioural therapy for adult depression, alone and in comparison with other treatments. Can J Psychiatry 58:376–385, 2013 23870719

Dalai Lama: Ethics for the New Millennium. New York, Riverhead Books, 1999

Dobson KS, Shaw BF: Cognitive assessment with major depressive disorders. Cognit Ther Res 10:13–29, 1986

Epictetus: Enchiridion. Translated by George Long. Amherst, NY, Prometheus Books, 1991

Eysenck HJ: The Effects of Psychotherapy. New York, International Science Press, 1966

Fawcett J, Scheftner W, Clark D, et al: Clinical predictors of suicide in patients with major affective disorders: a controlled prospective study. Am J Psychiatry 144(1): 35–40, 1987 3799837

Foa EB: Cognitive behavioral therapy of obsessive-compulsive disorder. Dialogues Clin Neurosci 12:199–207, 2010 20623924

Frankl VE: Man's Search for Meaning: An Introduction to Logotherapy. Boston, MA, Beacon Press, 1992

Haaga DA, Dyck MJ, Ernst D: Empirical status of cognitive theory of depression. Psychol Bull 110(2):215–236, 1991 1946867

Hollon SD, Kendall PC, Lumry A: Specificity of depressotypic cognitions in clinical depression. J Abnorm Psychol 95(1):52–59, 1986 3700847

Hollon SD, DeRubeis RJ, Fawcett J, et al: Effect of cognitive therapy with antidepressant medications vs antidepressants alone on the rate of recovery in major depressive disorder: a randomized clinical trial. JAMA Psychiatry 71(10):1157–1164, 2014 25142196

Ingram RE, Kendall PC: The cognitive side of anxiety. Cognit Ther Res 11:523–536, 1987

Isaacson W: Benjamin Franklin: An American Life. New York, Simon & Schuster, 2003

Kelly G: The Psychology of Personal Constructs. New York, WW Norton, 1955

Kendall PC, Hollon SD: Anxious self-talk: development of the Anxious Self-Statements Questionnaire (ASSQ). Cognit Ther Res 13:81–93, 1989

Kingdon DG, Turkington D: Cognitive Therapy of Schizophrenia. New York, Guilford, 2004

Lam DH, Watkins ER, Hayward P, et al: A randomized controlled study of cognitive therapy for relapse prevention for bipolar affective disorder: outcome of the first year. Arch Gen Psychiatry 60(2):145–152, 2003 12578431

Lefebvre MF: Cognitive distortion and cognitive errors in depressed psychiatric and low back pain patients. J Consult Clin Psychol 49(4):517–525, 1981 6455451

Lewinsohn PM, Hoberman HM, Teri L, et al: An integrative theory of depression, in Theoretical Issues in Behavior Therapy. Editado por Reiss S, Bootzin R. New York, Academic Press, 1985, pp. 331–359

Marks IM, Swinson RP, Basoglu M, et al: Alprazolam and exposure alone and combined in panic disorder with agoraphobia: a controlled study in London and Toronto. Br J Psychiatry 162:776–787, 1993 8101126

McGrath CL, Kelley ME, Holtzheimer PE, et al: Toward a neuroimaging treatment selection biomarker for major depressive disorder. JAMA Psychiatry 70(8):821–829, 2013 23760393

McLean CP, Foa EB: Prolonged exposure therapy for post-traumatic stress disorder: a review of evidence and dissemination. Expert Rev Neurother 11(8):1151–1163, 2011 21797656

Meichenbaum DH: Cognitive-Behavior Modification: An Integrative Approach. New York, Plenum, 1977

Miranda J: Dysfunctional thinking is activated by stressful life events. Cognit Ther Res 16:473–483, 1992

Öst LG, Alm T, Brandberg M, Breitholtz E: One vs five sessions of exposure and five sessions of cognitive therapy in the treatment of claustrophobia. Behav Res Ther 39(2):167–183, 2001 11153971

Rachman S: The evolution of cognitive behavior therapy, in Science and Practice of Cognitive Behavior Therapy. Editado por Clark DM, Fairburn CG. New York, Oxford University Press, 1997, pp. 3–26

Raimy V: Misunderstandings of the Self. San Francisco, CA, Jossey-Bass, 1975

Rector NA, Beck AT: Cognitive behavioral therapy for schizophrenia: an empirical review. J Nerv Ment Dis 189(5):278–287, 2001 11379970

Sternberg RJ: Cognitive Psychology. Fort Worth, TX, Harcourt Brace, 1996

Stuart S, Wright JH, Thase ME, Beck AT: Cognitive therapy with inpatients. Gen Hosp Psychiatry 19(1):42–50, 1997 9034811

Thase ME, Wright JH, Eells TD, et al: Improving efficiency and reducing cost of psychotherapy for depression: computer-assisted cognitive-behavior therapy versus standard cognitive-behavior therapy. Unpublished paper submitted for publication; data available on request from authors. Philadelphia, PA, January 2017

Watkins JT, Rush AJ: Cognitive Response Test. Cognit Ther Res 7:125–126, 1983

Weingartner H, Cohen RM, Murphy DL, et al: Cognitive processes in depression. Arch Gen Psychiatry 38(1): 42–47, 1981 7458568

Wolpe J: Psychotherapy by Reciprocal Inhibition. Stanford, CA, Stanford University Press, 1958

Wright JH: Integrating cognitive-behavioral therapy and pharmacotherapy, in Contemporary Cognitive Therapy:

Theory, Research, and Practice. Editado por Leahy RL. New York, Guilford, 2004, pp. 341–366

Wright JH: Computer-assisted cognitive-behavior therapy for depression: progress and opportunities. Presented at National Network of Depression Centers Annual Conference, Denver, Colorado, September, 2016

Wright JH, Thase ME: Cognitive and biological therapies: a synthesis. Psychiatr Ann 22:451–458, 1992

Wright JH, Wright AS, Albano AM, et al: Computer-assisted cognitive therapy for depression: maintaining efficacy while reducing therapist time. Am J Psychiatry 162(6):1158–1164, 2005 15930065

Wright JH, Turkington D, Kingdon DG, Basco MR: Cognitive-Behavior Therapy for Severe Mental Illness: An Illustrated Guide. Washington, DC, American Psychiatric Publishing, 2009

Wright JH, Sudak DM, Turkington D, Thase ME: High-Yield Cognitive-Behavior Therapy for Brief Sessions: An Illustrated Guide. Washington, DC, American Psychiatric Publishing, 2010

Wright JH, Thase ME, Beck AT: Cognitive-behavior therapy, in The American Psychiatric Publishing Textbook of Psychiatry, 6th Edition. Edited by Hales RE, Yudofsky SC, Roberts L. Washington, DC, American Psychiatric Publishing, 2014, pp. 1119-1160

2

A relação terapêutica:
empirismo colaborativo em ação

Uma das características atraentes da terapia cognitivo-comportamental (TCC) é o emprego de um estilo de relação terapêutica colaborativa, simples e voltada para a ação. Embora a relação entre terapeuta e paciente não seja considerada o mecanismo principal para a mudança, como em algumas outras formas de psicoterapia, uma boa aliança de trabalho é uma parte essencialmente importante do tratamento (Beck et al., 1979). Assim como terapeutas de outras escolas importantes de psicoterapia, os terapeutas cognitivo-comportamentais buscam propiciar um ambiente de tratamento com um alto grau de autenticidade, afeto, consideração positiva e empatia – qualidades em comum em todas as terapias eficazes (Beck et al., 1979; Keijsers et al., 2000; Rogers, 1957). Além dessas características inespecíficas da relação terapêutica, a TCC caracteriza-se por um tipo específico de aliança de trabalho, o *empirismo colaborativo*, que é direcionado para a promoção da mudança cognitiva e comportamental.

As pesquisas sobre a relação terapêutica em vários tipos de psicoterapia têm mostrado repetidamente uma poderosa associação entre o resultado do tratamento e a força do vínculo entre terapeuta e paciente (Beitman et al., 1989; Klein et al., 2003; Wright e Davis, 1994). Uma revisão das pesquisas da relação terapêutica na TCC também revelou que a qualidade da aliança terapêutica cognitivo-comportamental influencia os resultados do tratamento (Keijsers et al., 2000). Assim, há fortes evidências de pesquisa de que os esforços para construir boas relações terapêuticas na TCC têm um forte impacto no curso de tratamento.

Aprender a construir relações mais eficazes entre terapeuta e paciente é um desafio para toda a vida profissional. Todos os terapeutas começam o processo com os blocos de construção básicos de suas experiências em relações anteriores. Entre as razões mais comuns para as pessoas escolherem a terapia como profissão é que elas têm a capacidade inata de entender os outros e de discutir tópicos emocionalmente carregados com sensibilidade, gentileza e serenidade consideráveis. Entretanto, aprender a maximizar esses talentos geralmente requer grande experiência clínica, juntamente com a supervisão clínica e a introspecção pessoal. Como uma introdução à relação terapêutica na TCC, discutimos brevemente as características inespecíficas de tratamento e, depois, voltamo-nos para o foco principal deste capítulo: a aliança de trabalho empírico-colaborativa.

EMPATIA, AFETO E AUTENTICIDADE

Do ponto de vista cognitivo-comportamental, a empatia envolve a capacidade de colocar-se no lugar do paciente de modo a ser capaz de intuir o que ele está sentindo e pensando e, ao mesmo tempo, manter a objetividade para discernir possíveis distorções, raciocínio ilógico ou comportamento desadaptativo que possam estar contribuindo para o problema. Beck e colaboradores (1979) enfatizaram que é crucial regular adequadamente a quantidade de empatia e o afeto pessoal associado. Se o terapeuta é visto como sendo distante, frio e despreocupado, as perspectivas de um bom resultado do tratamento diminuirão, porém um esforço exagerado para ser afetuoso e empático também pode ser contraproducente. Uma pessoa com baixa autoestima ou falta de confiança básica por muito tempo, por exemplo, poderia compreender as tentativas do terapeuta excessivamente zeloso sob uma ótica negativa (p. ex., "Por que ela se importaria com um fracassado como eu? Se a terapeuta está se esforçando tanto para me conhecer, ela própria deve ser uma solitária. O que a terapeuta quer de mim?").

O momento oportuno para fazer comentários empáticos também é muito importante. Um erro comum é dar muito peso às tentativas de empatia antes de o paciente sentir que você entendeu adequadamente sua difícil situação. Todavia, se uma demonstração importante de dor emocional for ignorada, mesmo nas primeiras fases da terapia, corre-se o risco de ser visto como não conectado ou não responsivo. A seguir, estão algumas boas perguntas para fazer a si mesmo ao se pensar em fazer comentários empáticos: "Estou entendendo bem as circunstâncias de vida e o estilo de pensamento dessa pessoa?", "Esta é uma boa hora para mostrar empatia?", "Quanta empatia devo demonstrar agora?", "Existe algum risco em ser empático neste momento com este paciente?".

Embora os comentários empáticos bem colocados normalmente ajudem a fortalecer a relação e a aliviar a tensão emocional, há momentos em que as tentativas de ser compreensivo podem reforçar cognições negativamente distorcidas. Se, por exemplo, forem feitas continuamente afirmações como "consigo entender como você se sente" a pacientes que acreditam que fracassaram ou que sua vida é impossível de administrar, pode-se inadvertidamente validar suas atitudes de autocondenação e desesperança. Se você estiver ouvindo ativamente e balançar a cabeça afirmativamente repetidas vezes enquanto a paciente expressa uma ladainha de cognições desadaptativas, ela pode pensar que você concorda com suas conclusões. Ou, ainda, se você tiver um paciente com agorafobia e sentir muita empatia pela dor emocional do transtorno, pode esquecer de usar os métodos comportamentais para romper padrões de esquiva, e a eficácia da terapia pode ficar comprometida.

Uma das chaves mais importantes para mostrar empatia é a autenticidade. Terapeutas que exibem autenticidade são capazes de se comunicar verbal ou não verbalmente de uma maneira honesta, natural e emocionalmente conectada para mostrar aos pacientes que verdadeiramente entendem a situação. O terapeuta autêntico é diplomático ao dar *feedback* construtivo aos pacientes, mas não tenta esconder a verdade. Os eventos e resultados negativos reais são reconhecidos como tal, mas o terapeuta está sempre tentando encontrar nos pacientes os pontos fortes que os ajudarão a enfrentar melhor as vicissitudes da vida. Assim, uma das características pessoais desejáveis de terapeutas cognitivo-comportamentais é um autêntico senso de otimismo, com crença na resiliência e no potencial de crescimento dos pacientes.

A completa expressão de empatia na TCC inclui uma vigorosa busca por soluções. Não basta demonstrar preocupação, o terapeuta precisa convertê-la em ações que reduzam o sofrimento e ajudem o paciente a lidar com os problemas da vida. Portanto, ele deve mesclar comentários empáticos apropriados com questões socráticas e outros métodos de TCC que incentivem o pensamento racional e o desenvolvimento de comportamentos de enfrentamento saudáveis. Muitas vezes, a forma empática mais eficaz é fazer perguntas que ajudem o paciente a enxergar novas perspectivas, em vez de simplesmente seguir o fluxo disfuncional de pensamento.

EMPIRISMO COLABORATIVO

O termo mais usado para descrever a relação terapêutica na TCC é *empirismo colaborativo*. Essas duas palavras captam bem a essência da aliança de trabalho. O terapeuta envolve o paciente em um processo altamente colaborativo, no qual existe uma responsabilidade compartilhada pelo estabelecimento de metas e agendas, por dar e receber *feedback* e por colocar em prática os métodos de TCC na vida cotidiana. Juntos, focam pensamentos e comportamentos problemáticos, que são, então, explorados empiricamente quanto à sua validade ou utilidade. Quando são detectados defeitos ou déficits reais, são planejadas e praticadas estratégias de enfrentamento para essas dificuldades. No entanto, a principal função da relação terapêutica é enxergar as distorções cognitivas e os padrões comportamentais improdutivos por meio de uma lente empírica que pode revelar oportunidades para o desenvolvimento de mais racionalidade, alívio dos sintomas e melhor eficácia pessoal.

O estilo empírico-colaborativo na relação durante o tratamento é ilustrado ao longo deste livro por meio de uma série de vídeos curtos que demonstram os métodos centrais da TCC. Sugerimos assistir agora a duas dessas vinhetas que mostram o tratamento de Kate, uma mulher com transtorno de ansiedade, com o Dr. Wright. O primeiro exemplo é de uma das primeiras sessões, na qual o Dr. Wright está ajudando Kate a entender como a TCC pode ajudá-la a reverter um padrão de pensamentos de medo, emoções ansiosas e esquiva dos ativadores da ansiedade. Terapeuta e paciente estão desenvolvendo uma relação sólida, que lhes permitirá progredir em direção à redução dos sintomas. No segundo exemplo, Kate está sendo incentivada a abordar de forma empírica a modificação de um conjunto de cognições desadaptativas. Uma boa aliança terapêutica é um requisito essencial para realizar esse tipo de trabalho terapêutico.

Antes de você assistir ao primeiro vídeo, queremos fazer algumas sugestões sobre como extrair o máximo dessas demonstrações. Como observado no Prefácio, nosso objetivo, ao produzir o vídeo, foi oferecer exemplos de como os terapeutas poderiam implementar a TCC em sessões reais. Os vídeos não são roteirizados ou elaborados para serem perfeitas ilustrações da única maneira possível de tratar cada situação. Embora tenhamos pedido aos terapeutas que dessem o melhor de si na intervenção e acreditemos que os vídeos representem, de modo geral, intervenções genuínas de TCC, você pode pensar em métodos alternativos ou variações no estilo de terapia que podem funcionar melhor.

Quando apresentamos vídeos em nossas aulas, mesmo quando são sessões conduzidas por mestres como Aaron T. Beck, comumente encontramos tanto pontos fortes quanto oportunidades para fazer as coisas de modo diferente. Portanto, recomendamos que faça a si mesmo esses tipos de perguntas ao assistir as demonstrações em vídeo neste livro: "De que modo essa vinheta demonstra os princípios-chave da TCC?"; "O que me agrada no estilo do terapeuta?"; "Caso fizesse algo diferente, como seria?". Também pode ser útil assistir aos vídeos com um colega ou supervisor, para comparar anotações e gerar outras ideias para intervenções em terapia. Finalmente, queremos lembrar-lhe de que os vídeos foram elaborados para serem assistidos em sequência, a partir do ponto do livro em que você estiver lendo sobre o método específico demonstrado no vídeo.

Vídeo 1
Dando início – A TCC em ação
Dr. Wright e Kate (12:17)

Vídeo 2
Modificando os pensamentos automáticos
Dr. Wright e Kate (8:48)

Grau de atividade do terapeuta na TCC

Além das qualidades inespecíficas da relação que são comuns a todos os terapeutas eficazes, os terapeutas cognitivo-comportamentais precisam se tornar hábeis em demonstrar alto grau de atividade nas sessões de tratamento. Estes normalmente trabalham com a intenção de estruturar a terapia, dar compasso às sessões, para aproveitar ao máximo o tempo disponível, desenvolver uma formulação de caso sempre em evolução e implementar os métodos da TCC.

O grau de atividade dos terapeutas normalmente é maior nas primeiras fases do tratamento, quando os pacientes estão mais sintomáticos e estão se familiarizando com o modelo cognitivo-comportamental. Durante esse período, o terapeuta normalmente assume a maior parte da responsabilidade, por direcionar o fluxo das sessões, e passa um tempo considerável explicando e ilustrando os conceitos básicos da TCC (ver Capítulo 4). Ele também pode precisar aplicar energia, animação e um senso de esperança na terapia, sobretudo quando o paciente está severamente deprimido e exibindo forte anedonia ou lentidão psicomotora. A vinheta do caso clínico a seguir, do tratamento de um homem deprimido, demonstra como o terapeuta pode, às vezes, precisar ser bastante ativo para ajudar o paciente a assimilar e utilizar os métodos da TCC.

CASO CLÍNICO

Foi pedido a Matt que fizesse um registro de pensamentos como tarefa após a sua segunda sessão, porém ele teve problemas para concluir a tarefa.

Terapeuta: Dissemos que passaríamos algum tempo revisando sua tarefa da semana passada. Como foi?

Matt: Não sei. Eu tentei, mas estava muito cansado quando chegava em casa à noite. Parecia que eu nunca tinha tempo para trabalhar nisso. (*Abre seu caderno de terapia e tira a tarefa.*)

Terapeuta: Podemos dar uma olhada no que você escreveu no papel?

Matt: Claro, mas acho que não fiz um bom trabalho.

O terapeuta e Matt examinam o registro de pensamentos deste. A primeira coluna tem uma situação ("Minha esposa me disse que eu não era mais divertido"), a segunda coluna (Pensamentos) está em branco, e a terceira coluna inclui uma classificação de seus sentimentos ("Triste, 100%").

Terapeuta: Matt, acho que você está se menosprezando em relação à sua tarefa. Às vezes, quando as pessoas estão deprimidas, é difícil fazer esse tipo de coisa. Mas você fez uma boa tentativa, e realmente identificou uma situação que mexeu com muitos sentimentos. Se você não se importar, podemos trabalhar para completar as outras colunas aqui.

Matt (*parecendo aliviado*)*:* Fiquei com medo de fazer errado e você achar que eu não estava tentando.

Terapeuta: Não, não vou julgá-lo. Só quero ajudá-lo a usar esse tipo de exercício para melhorar. Você está pronto para falar sobre o que aconteceu, quando sua esposa fez essa observação?

Matt: Sim.

Terapeuta: Notei que você escreveu a situação e os sentimentos de tristeza que ocorreram. Mas você não colocou nada na coluna de pensamentos. Você pode relembrar quando sua esposa disse que você não era mais divertido, e tentar lembrar o que pode ter passado por sua cabeça?

Matt: Foi um banho de água fria. Tinha sido um dia difícil no trabalho. Então, quando cheguei em casa, me joguei na cadeira e comecei a ler o jornal. Então, ela realmente pegou no meu pé. Acho que isso me aborreceu tanto que não quis escrever o que estava pensando.

Terapeuta: É compreensível. Dá para ver que isso realmente aborreceu você. Mas se pudermos descobrir o que você estava pensando, talvez pudéssemos encontrar algumas pistas para combater sua depressão.

Matt: Posso falar sobre isso agora.

Terapeuta: Vamos usar esse registro para escrever alguns dos pensamentos que você teve naquele momento. (*Pega o registro de pensamentos e se posiciona para escrever.*)

Matt: Bom, acho que o primeiro pensamento foi "ela está cansada de mim". Depois, comecei a ver todas as coisas importantes em minha vida escorrerem pelos meus dedos.

Terapeuta: O que você achava que iria perder?

Matt: Estava pensando: "Ela está prestes a me deixar. Vou perder minha família e meus filhos. Toda a minha família vai desmoronar".

Terapeuta: Estes são pensamentos angustiantes. Você acha que são totalmente precisos? Será que a depressão pode estar influenciando seu modo de pensar?

O terapeuta, então, explicou a natureza dos pensamentos automáticos e ajudou Matt a examinar as evidências para esse fluxo de cognições negativas. Em consequência da intervenção, Matt concluiu que era altamente provável que sua esposa estivesse determinada a manter o relacionamento, mas estava cada vez mais frustrada com a depressão dele. O grau de tristeza e tensão de Matt reduziu-se assim que o caráter absolutista de suas cognições atenuou, e um plano comportamental foi desenvolvido para atender às preocupações de sua esposa. Esse exemplo demonstra como o terapeuta pode precisar assumir um papel muito ativo ao explicar conceitos, demonstrar princípios centrais da TCC e auxiliar os pacientes a se envolverem completamente no processo de tratamento.

Você deve ter observado que o terapeuta falou mais do que Matt durante boa parte dessa conversa. Embora haja uma grande variabilidade de paciente para paciente e de sessão para sessão a respeito do quanto o terapeuta precisará falar na TCC, as primeiras sessões podem ser marcadas por segmentos com um grau relativamente alto de atividade verbal por parte do terapeuta. Geralmente, à medida que a terapia progride e os pacientes aprendem a usar os conceitos da TCC, o terapeuta é capaz de só observar, demonstrar empatia e seguir adiante com a terapia com menos palavras e menos esforço.

O terapeuta como professor-*coach*

Você gosta de ensinar? Já teve experiência de orientar pessoas ou ser orientado? Em virtude da importância significativa da aprendizagem na TCC, a relação no tratamento tem mais uma qualidade de professor e aluno do que na maioria das outras terapias. Bons professores-*coaches* na TCC transmitem conhecimento de uma maneira altamente colaborativa, utilizando o método socrático para incentivar o paciente a se envolver completamente no processo de aprendizagem. Os seguintes atributos da relação terapêutica podem promover o ensino e o treinamento efetivos:

- **Amigável.** Os pacientes normalmente percebem os bons terapeutas-professores como pessoas amigáveis e simpáticas que não intimidam, reprovam ou admoestam excessivamente. Eles transmitem informações de uma maneira positiva e construtiva.
- **Engajado.** Para ser especialmente eficaz no papel de professor na TCC, é preciso criar um ambiente de aprendizagem estimulante. Engajar o paciente com questionamento socrático e exercícios de aprendizagem que proporcionem energia à terapia, sem sobrecarregá-lo com mais material ou complexidade do que pode lidar. Enfatizar o trabalho em equipe e o processo colaborativo na aprendizagem.
- **Criativo.** Como os pacientes geralmente vêm para a terapia com um estilo monocular fixo de pensamento, os terapeutas podem precisar de modelos e de modos mais criativos de enxergar a situação e buscar soluções. Tente utilizar métodos de aprendizagem que suscitem a própria criatividade do paciente e coloque esses pontos fortes para trabalhar no enfrentamento dos problemas.
- **Capacitante.** O bom ensino normalmente envolve oferecer aos pacientes ideias e ferramentas que lhes permitam operar mudanças significativas em suas vidas. O caráter de capacitação da TCC depende muito da natureza educativa da relação terapêutica.
- **Orientado para a ação.** A aprendizagem na TCC não é um processo passivo, do tipo "sentado na poltrona". Terapeuta e paciente trabalham juntos para adquirir conhecimento, que é posto em ação em situações da vida real.

O uso do humor na TCC

Por que se deve levar em consideração o uso do humor na TCC? Afinal de contas, a maioria de nossos pacientes está enfrentando sérios problemas, como a morte de um ente querido, o casamento desfeito, doenças médicas e as devastações de doenças mentais. Será que as tentativas de inserir humor podem ser mal interpretadas, como se você estivesse tentando banalizar, negar ou ignorar a gravidade dos problemas do paciente? Será que ele perceberá seu esforço em demonstrar humor como uma desvalorização? Será que pensará que você está rindo *dele*, em vez de *com* ele?

Obviamente, utilizar o humor na terapia traz riscos. É preciso ter muito cuidado para reconhecer as armadilhas e medir a capacidade do paciente de se beneficiar com uma injeção de humor na relação. Contudo, ele pode ter muitos efeitos positivos na capacidade do paciente de reconhecer suas distorções cognitivas, expressar emoções saudáveis e sentir prazer. Para muitas pessoas, o humor é uma estratégia de enfrentamento altamente adaptativa. Ele traz liberação emocional, risadas e divertimento para suas vidas (Kuhn, 2002). Contudo, quando vêm para a terapia, os pacientes geralmente já perderam, pelo menos em grande parte, seu senso de humor.

Há três razões principais para se utilizar o humor na TCC. Primeiro, o humor pode normalizar e humanizar a aliança terapêutica. Por ser uma parte tão importante da vida, e sendo ele geralmente um componente dos bons relacionamentos, comentários adequados e bem colocados podem ajudar a promover o caráter amigável e colaborativo da TCC. A segunda razão para utilizá-lo é auxiliar os pacientes a romper padrões rígidos de pensamento e comportamento. Se o terapeuta e o paciente conseguirem rir juntos das falhas dos modos extremos de enxergar as situações, será mais provável que o paciente pondere e adote mudanças cognitivas. A terceira razão é a possibilidade de que as habilidades para o humor sejam reveladas, fortalecidas e intensificadas como um importante recurso para combater os sintomas e para lidar com o estresse.

O humor na TCC raramente envolve terapeuta e paciente contando piadas. Um cenário muito mais provável envolve o uso de hipérbole na descrição do impacto de manter crenças desadaptativas ou de persistir em um padrão comportamental rígido e ineficaz. Os elementos-chave característicos desse tipo de humor são:

1. espontâneo e genuíno;
2. construtivo;
3. focado em um problema externo ou em um modo de pensamento incongruente, em vez de em uma fraqueza pessoal.

O humor que segue essas diretrizes pode aliviar o peso de um conjunto rígido e disfuncional de cognições e comportamentos. O Vídeo 2 inclui vários modelos de uso terapêutico do humor na TCC. O Dr. Wright e Kate conseguiram rir juntos à medida que progrediam no uso do modelo da TCC para atacar os sintomas de ansiedade da paciente.

Alguns terapeutas são naturalmente adeptos do uso delicado do humor nas sessões, ao passo que outros acham esse aspecto da terapia constrangedor ou difícil. O humor é, sem dúvida, uma parte essencial da TCC. Portanto, se você não gosta de empregá-lo ou não tem essas habilidades, pode tirar a ênfase desse aspecto da terapia e se concentrar em outros elementos da relação empírico-colaborativa. Contudo, ainda assim recomendamos que pergunte aos pacientes se o senso de humor é um de seus pontos fortes e os ajude a utilizá-lo como uma estratégia positiva de enfrentamento.

Flexibilidade e sensibilidade

Os pacientes vêm para a terapia com uma grande variedade de expectativas, experiências de vida, sintomas e traços de personalidade, por isso os terapeutas precisam estar em sintonia com as diferenças individuais, à medida que tentam desenvolver relações de trabalho eficazes. Deve-se evitar um tipo de relação terapêutica monolítica, que se encaixa a qualquer situação, em favor de um estilo flexível e personalizado, que seja sensível às características únicas de cada paciente. Sugerimos considerar as influências de três domínios principais de interesse clínico ao personalizar alianças terapêuticas:

1. questões situacionais;
2. histórico sociocultural;
3. diagnóstico e sintomas (Wright e Davis, 1994).

Questões situacionais

Tensões atuais da vida, como luto após a morte de um ente querido, separação ou divórcio, perda de emprego, problemas financeiros ou enfermidades, podem exigir ajustes na relação terapêutica. Um exemplo de nossa prática clínica é o tratamento de uma mulher deprimida que vivenciara recentemente a morte de seu filho adolescente por suicídio. Devido ao profundo luto da paciente, o terapeuta precisava concentrar esforços para ser empático, compreensivo e dar apoio. Intervenções cognitivo-comportamentais típicas, como o registro de pensamentos e o exame das evidências, não foram aplicadas na parte inicial desse tratamento, pois o terapeuta podia corresponder melhor às dores da paciente empregando empatia e calor humano, ouvindo e usando intervenções comportamentais para ajudá-la a recuperar seu funcionamento no dia a dia.

Influências ambientais ou estressores podem, às vezes, levar os pacientes a fazerem solicitações especiais. Um paciente que está tendo problemas no relacionamento conjugal pode pedir para que os pagamentos pela terapia não sejam enviados para a sua casa, para que sua esposa não saiba que ele está fazendo terapia. Uma pessoa que teve uma complicação cirúrgica e está pensando em processar seu médico pode estipular que o cirurgião não seja contatado para fornecer os prontuários médicos. Uma mulher que esteja envolvida em um embate judicial pela custódia de um filho pode pedir ao terapeuta para servir de testemunha de defesa no tribunal. Nossa regra geral para lidar com tais solicitações logo no início da terapia é aceitá-las como se apresentam e tentar atender às expectativas do paciente, a menos que haja um conflito ético ou limites profissionais a se considerar. No entanto, alguns pacientes podem ter expectativas irreais ou potencialmente danosas. Solicitações, sejam diretas ou implícitas, de maior amizade ou intimidade física, precisam ser reconhecidas e manejadas por meio de diretrizes firmes e eticamente responsáveis (Gutheil e Gabbard, 1993; Wright e Davis, 1994). Algumas solicitações – tais como sessões mais longas para além do tempo normal ou uma abundância de ligações telefônicas do paciente – podem ter um impacto negativo na aliança. Ainda que os pacientes possam, às vezes, citar questões situacionais extraordinárias para justificar essas demandas, o terapeuta experiente estará ciente dos perigos de ultrapassar os limites ao conceder favores especiais.

Questões socioculturais

A sensibilidade às questões socioculturais é um componente essencial na formação de alianças de trabalho autênticas e altamente funcionais. Entre outras variáveis pessoais, o sexo, a etnia, a idade, a situação socioeconômica, a religião, a orientação sexual, as deficiências físicas e o grau de escolaridade podem influenciar tanto o terapeuta como o paciente à medida que tentam construir uma relação terapêutica. Embora os terapeutas costumem buscar ser imparciais e respeitosos em relação às diferentes histórias de vida, às crenças e ao comportamento, podemos ter pontos-cegos ou falta de conhecimento capazes de interferir no vínculo de tratamento ou mesmo de fazer com que fiquemos completamente perdidos em nossos esforços para nos relacionarmos com o paciente. Além disso, os vieses dos pacientes podem comprometer a sua capacidade de se beneficiar com o trabalho dos terapeutas, cujas características pessoais não combinam com as expectativas do paciente.

Existem várias estratégias úteis para se sintonizar com o impacto das influências socioculturais na aliança terapêutica. Nossa primeira recomendação é ser reflexivo em seu trabalho com pacientes com diversas histórias de vida. Não presuma que você seja totalmente sensível e tolerante com a diversidade de seus pacientes. Preste muita atenção a reações negativas aos pacientes ou às evidências de que fatores socioculturais estão limitando seu trabalho terapêutico. Você está tendo dificuldades para expressar empatia com um determinado paciente? Você se sente "duro" e artificial nas sessões de tratamento? Está temendo o atendimento com esse paciente? Essas reações podem estar relacionadas as suas tendências e atitudes pessoais? Se você perceber tais reações, faça um plano para modificar suas percepções negativas, a fim de ser mais compreensivo e aceitar o paciente.

A segunda estratégia é fazer um esforço orquestrado para melhorar seu conhecimento sobre as diferenças socioculturais que podem influenciar a relação terapêutica. Por exemplo, um terapeuta heterossexual com treinamento limitado sobre a cultura LGBT (*gays*, lésbicas, bissexuais e transexuais) e que esteja percebendo uma aversão por trabalhar com pacientes de orientação LGBT poderia ler livros sobre a experiência LGBT, participar de *workshops* destinados a melhorar a sensibilidade e assistir a filmes que visem aumentar a compreensão de questões relacionadas com a orientação sexual (Austin e Craig, 2015; Graham et al., 2013; Safren e Rogers, 2001; Wright e Davis, 1994). Além disso, é possível formar alianças mais eficazes se o terapeuta estudar uma ampla gama de tradições religiosas e filosofias de vida. Apesar de uma quantidade limitada de pesquisas ter demonstrado que os pacientes com certas crenças religiosas terão afinidade com terapeutas com históricos espirituais semelhantes (Propst et al., 1992), nossas experiências com o uso da TCC com pacientes de várias religiões (ou sem uma inclinação religiosa específica) sugerem que a compreensão, a tolerância e o respeito pelas diferentes estruturas religiosas costumam promover boas alianças terapêuticas.

Os terapeutas também devem ter bom conhecimento das questões étnicas e de gênero que possam influenciar o processo de tratamento (Graham et al., 2013; Wright e Davis, 1994). Além das leituras e do treinamento da sensibilidade, sugerimos que tais questões sejam discutidas com especialistas em diversidade cultural e com colegas e amigos, a fim de adquirir uma ampla perspectiva dessas influências em potencial na relação terapêutica. Temos valorizado especialmente as informações vindas de colegas e amigos que fazem comentários sobre nossas atitudes. Eles têm nos ajudado a aprofundar nossa consciência de como a etnia, o sexo e outros fatores socioculturais podem afetar o processo terapêutico.

À medida que for aprendendo mais sobre as influências socioculturais na relação terapêutica, também recomendamos que você dispense algum tempo para examinar o seu ambiente no consultório quanto a possíveis influências que possam deixar os pacientes desconfortáveis. A sala de espera é planejada para acomodar pessoas com deficiências físicas ou muito acima do peso? As revistas na sala de espera transmitem algum tipo de preconceito? Os funcionários que trabalham no consultório tratam todos os pacientes com o mesmo respeito e atenção? A decoração do consultório transmite algum significado não intencional que possa humilhar as pessoas de certas etnias ou culturas? Se você reconhecer qualquer característica de seu consultório que possa ter um impacto negativo nas alianças terapêuticas, trabalhe para corrigir e melhorar o ambiente de tratamento.

Diagnóstico e sintomas

A doença, o tipo de personalidade e o conjunto de sintomas de cada paciente podem ter uma influência substancial na relação terapêutica. Um paciente maníaco pode ser intrusivo e irritante ou pode ser extremamente charmoso e sedutor. Pacientes com transtornos por uso de substâncias geralmente apresentam padrões cognitivos e comportamentais que os estimulam a enganar o terapeuta e a si mesmos. Uma pessoa com um transtorno alimentar pode fazer um grande esforço para convencer o terapeuta da validade de suas atitudes desadaptativas.

Transtornos e traços de personalidade também podem ter um efeito altamente significativo na função do terapeuta de estabelecer uma aliança de trabalho eficaz. O paciente dependente pode querer criar dependência no terapeuta. Uma pessoa com transtorno de personalidade obsessivo-compulsivo pode ter dificuldades para expressar emoção na inter-relação terapêutica. Um paciente esquizoide pode ser muito defensivo e ter problemas para confiar no terapeuta. E, claro, uma pessoa com transtorno de personalidade *borderline* provavelmente haverá passado por relacionamentos caóticos e instáveis, o que pode ser levado para o cenário terapêutico.

Modificações nos métodos da TCC para quadros clínicos específicos, inclusive transtornos de personalidade, são detalhadas no Capítulo 10. Aqui, relacionamos três estratégias gerais para lidar com o impacto da doença e da estrutura de personalidade do paciente na aliança terapêutica:

1. **Identificar problemas em potencial.** Esteja atento para as possíveis influências de sintomas e diferentes aspectos da personalidade, e esteja pronto para adaptar o seu plano de tratamento para lidar com essas diferenças. Por exemplo, pode ser necessário prestar atenção especial no desenvolvimento da confiança com uma pessoa traumatizada e que esteja passando por um transtorno de estresse pós-traumático. Ou talvez seja recomendável amenizar a tensão, utilizar o humor e tentar abordagens criativas para romper a rigidez de uma pessoa com traços obsessivo-compulsivos. Se estiver tratando uma mulher com um transtorno alimentar que você suspeita não estar sendo totalmente honesta com você sobre a extensão de seu comportamento não saudável (p. ex., está comendo compulsivamente, purgando, abusando de laxantes, exercitando-se demasiadamente), pode ser necessário discutir abertamente sobre suas preocupações.
2. **Não rotule o paciente.** O rótulo ocorre quando o terapeuta acaba usando termos diagnósticos como *borderline*, *alcoólatra* ou *dependente* de uma maneira pejorativa. Atitudes negativas em relação a esses comportamentos podem ser sutis, subliminares ou abertas. Uma vez que tenha ocorrido a rotulação, a relação torna-se mais distante ou tensa, o terapeuta pode se esforçar menos para trabalhar com os sintomas e é provável que a qualidade da terapia se deteriore.
3. **Empenhe-se pela serenidade.** Tente ficar calmo no olho do furacão. Seja objetivo e dê uma direção firme para a terapia, mesmo quando estiver lidando com situações emocionalmente carregadas ou sendo desafiado por um paciente exigente. Trabalhe para desenvolver a capacidade de lidar com uma ampla variedade de situações clínicas e tipos de personalidade, ao mesmo tempo evitando reações exageradas, comportamento raivoso ou respostas defensivas. Seu temperamento já pode conter uma dose saudável de serenidade, no entanto, esse atributo pode ser praticado e fortalecido. Uma das maneiras mais valiosas de aumentar a sua capacidade de serenidade é desenvolver habilidades para reconhecer e lidar com as reações de transferência e contratransferência, como discutido a seguir.

A TRANSFERÊNCIA NA TERAPIA COGNITIVO-COMPORTAMENTAL

O conceito de transferência é derivado da psicanálise e da psicoterapia psicodinâmica, mas é substancialmente revisado na TCC para ser consistente com as teorias e métodos cognitivo-comportamentais (Beck et al., 1979; Sanders e Wills, 1999; Wright e Davis, 1994). Como em outras terapias, os fenômenos de transferência são vistos como uma reedição, na relação terapêutica, de elementos-chave de relacionamentos prévios importantes (p. ex., pais, avós, professores, chefes, amigos). Entretanto, na TCC, o foco não está nos componentes inconscientes da transferência ou nos mecanismos de defesa, e sim nas maneiras habituais de pensar e agir que são repetidas no ambiente terapêutico. Por exemplo, se um homem tem uma crença nuclear profunda de que "deve estar no controle" e padrões de comportamento arraigados de controlar os outros, ele pode reproduzir essas mesmas cognições e comportamentos na relação terapêutica.

Como a TCC é geralmente um tratamento de curto prazo, com uma aliança entre paciente e terapeuta altamente colaborativa e direta, a intensidade da transferência normalmente é muito mais baixa do que na psicoterapia de orientação psicodinâmica de longo prazo. Além disso, a transferência não é vista como um mecanismo necessário ou primordial para a aprendizagem ou a mudança. No entanto, estar ciente da presença de transferência nos pacientes e ser capaz de usar esse conhecimento para melhorar a relação terapêutica e modificar os padrões disfuncionais de pensamento são questões importantes da TCC.

Ao avaliar a transferência na TCC, o terapeuta observa os esquemas e os padrões associados de comportamento que provavelmente foram desenvolvidos no contexto de relacionamentos importantes do passado. Essa avaliação serve a duas funções primordiais. A primeira é a capacidade do terapeuta de analisar a relação terapêutica para identificar as crenças nucleares do paciente e examinar *in vivo* os efeitos dessas cognições no comportamento do paciente em relacionamentos importantes. A segunda é a possibilidade de o terapeuta planejar intervenções para reduzir os efeitos negativos da transferência no vínculo terapêutico ou no resultado da terapia.

Se houver evidências de que uma crença nuclear está influenciando a relação entre terapeuta e paciente, o terapeuta precisa levar em consideração as seguintes perguntas:

1. **A transferência é um fenômeno saudável ou produtivo?** Em caso positivo, o terapeuta pode escolher omitir qualquer comentário sobre a transferência e permitir que ela continue como está.
2. **Você acha que há potencial para efeitos negativos da transferência?** Talvez a situação atual da transferência seja neutra ou benigna, mas haja uma perspectiva de complicações na relação terapêutica. Quando você identificar reações de transferência, tente pensar no que pode acontecer se a terapia continuar e a relação se intensificar. Ações preventivas (p. ex., estabelecer limites mais restritos, detalhar diretrizes apropriadas para a aliança terapêutica) podem ajudar a evitar problemas futuros.
3. **Há uma reação transferencial que exige atenção agora?** Quando houver uma reação transferencial interferindo na colaboração, bloqueando o progresso ou tendo um efeito destrutivo na terapia, o terapeuta precisa tomar medidas imediatas para abordar o problema. As intervenções podem incluir psicoeducação sobre o fenômeno da transferência, o uso de técnicas-padrão de TCC para modificar pensamentos automáticos e esquemas envolvidos na transferência, ensaios comportamentais (a prática de comportamentos alternativos mais saudáveis nas sessões de terapia) e o comprometimento em limitar ou eliminar certos comportamentos.

CASO CLÍNICO

O tratamento de Carla, uma mulher de 25 anos de idade com depressão severa, com uma terapeuta de meia-idade incluiu o trabalho de trazer à luz uma reação transferencial e usá-la para ajudar a paciente a mudar. As crenças nucleares da paciente (p. ex., "nunca vou conseguir ser uma pessoa competente"; "nunca vou conseguir agradar meus pais"; "sou um fracasso") estavam afetando negativamente a relação, uma vez que a paciente se comparava com a terapeuta, uma profissional bem-sucedida. Carla também tinha pensamentos automáticos de que a terapeuta a estava julgando e pensando que ela era preguiçosa ou burra, pois ela nem sempre conseguia mostrar sucesso na implementação de métodos de autoajuda da TCC. Como consequência, Carla sentia-se distante da terapeuta e a via como uma pessoa exigente que não gostava muito dela.

A terapeuta reconheceu que as experiências de Carla com os pais extremamente críticos e o fato de sempre acreditar ser inferior aos outros levou-a a ter uma relação terapêutica tensa. Portanto, a terapeuta discutiu abertamente a reação transferencial e, depois, utilizou métodos para corrigir distorções que estavam prejudicando o vínculo colaborativo.

Algumas das cognições específicas acerca da terapeuta que foram objeto de mudança eram as seguintes: "Ela tem tudo – eu não tenho nada" (um pensamento automático com um erro cognitivo: maximizar os pontos positivos dos outros e minimizar seus próprios pontos fortes); "se realmente me conhecer, ela vai perceber que sou uma farsa" (um esquema desadaptativo que estava levantando uma barreira entre a paciente e a terapeuta) e "nunca poderia chegar a seus pés" (uma transferência de crenças sobre os pais para a terapeuta).

Depois de explicitar essas cognições, a terapeuta explicou como os pensamentos automáticos, as crenças nucleares e os comportamentos observados em outros relacionamentos podem ser reproduzidos na terapia e em outras situações interpessoais atuais. Ela, então, reafirmou a Carla que a entendia e a respeitava, mas queria ajudá-la a desenvolver sua autoestima. Elas concordaram que uma maneira de melhorar a autoimagem de Carla seria conversar regularmente sobre a aliança terapêutica e testar seus pressupostos sobre as atitudes e expectativas da terapeuta. Conforme o tratamento foi progredindo, a relação terapêutica tornou-se um mecanismo saudável para Carla ver-se de maneira precisa e desenvolver atitudes mais funcionais e realistas.

A CONTRATRANSFERÊNCIA

Outra responsabilidade dos terapeutas cognitivo-comportamentais é buscar possíveis reações de contratransferência que possam estar interferindo no desenvolvimento de relações terapêuticas colaborativas. Ela ocorre na TCC quando a relação com o paciente ativa no terapeuta pensamentos automáticos e esquemas, e essas cognições têm o potencial de influenciar o processo de terapia. Como os pensamentos automáticos e os esquemas podem operar fora de sua plena consciência, uma boa maneira de identificar possíveis reações de contratransferência é reconhecer emoções, sensações físicas ou respostas comportamentais que possam ser estimuladas por suas cognições. Os indicadores comuns de que pode estar ocorrendo contratransferência são: ficar com raiva, tenso ou frustrado com o paciente; sentir-se entediado no atendimento; aliviado quando o paciente se atrasa ou cancela a sessão; repetidamente encontra dificuldades para trabalhar com um determinado tipo de doença, conjunto de sintomas ou dimensão de personalidade, ou começa a se sentir especialmente atraído ou inclinado por um determinado paciente.

Ao suspeitar de que pode estar se desenvolvendo contratransferência, pode-se aplicar as teorias e os métodos da TCC descritos ao longo de todo este livro para entender melhor e lidar com a reação. Comece por tentar identificar os seus pensamentos automáticos e esquemas. Depois, se for clinicamente indicado e viável, você pode trabalhar na modificação das cognições. Por exemplo, se você tiver pensamentos automáticos como "este paciente não tem motivação... tudo o que ele faz é se lamentar durante toda a sessão... essa terapia não está indo a lugar algum", pode tentar identificar os seus próprios erros cognitivos (p. ex., pensamento do tipo tudo ou nada, ignorar as evidências, tirar conclusões apressadas) e mudar o seu modo de pensar para refletir uma visão mais equilibrada dos esforços e do potencial do paciente.

RESUMO

Uma aliança eficaz entre terapeuta e paciente é uma condição essencial para a implementação dos métodos específicos da TCC. À medida que envolve o paciente no processo da TCC, o terapeuta precisa demonstrar compreensão, empatia e afeto pessoal adequados e flexibilidade ao reagir às características singulares dos sintomas, das crenças e das influências socioculturais de cada pessoa. A boa relação terapêutica na TCC caracteriza-se por um alto grau de colaboração e um estilo empírico de questionamento e aprendizagem. A aliança de tratamento colaborativa empírica une terapeuta e paciente em um esforço conjunto para definir problemas e buscar soluções.

REFERÊNCIAS

Austin A, Craig SL: Transgender affirmative cognitive behavioral therapy: clinical considerations and applications. Prof Psychol Res Pr 46(1):21–29, 2015

Beck AT, Rush AJ, Shaw BF, et al: Cognitive Therapy of Depression. New York, Guilford, 1979

Beitman BD, Goldfried MR, Norcross JC: The movement toward integrating the psychotherapies: an overview. Am J Psychiatry 146(2):138–147, 1989 2643360

Graham JR, Sorenson S, Hayes-Skelton SA: Enhancing the Cultural Sensitivity of Cognitive Behavioral Interventions for Anxiety in Diverse Populations. Behav Ther (N Y N Y) 36(5):101–108, 2013 25392598

Gutheil TG, Gabbard GO: The concept of boundaries in clinical practice: theoretical and risk-management dimensions. Am J Psychiatry 150(2):188–196, 1993 8422069

Keijsers GP, Schaap CP, Hoogduin CAL: The impact of interpersonal patient and therapist behavior on outcome in cognitive-behavior therapy: a review of empirical studies. Behav Modif 24(2):264–297, 2000 10804683

Klein DN, Schwartz JE, Santiago NJ, et al: Therapeutic alliance in depression treatment: controlling for prior change and patient characteristics. J Consult Clin Psychol 71(6):997–1006, 2003 14622075

Kuhn C: The Fun Factor: Unleashing the Power of Humor at Home and on the Job. Louisville, KY, Minerva Books, 2002

Propst LR, Ostrom R, Watkins P, et al: Comparative efficacy of religious and nonreligious cognitive-behavioral therapy for the treatment of clinical depression in religious individuals. J Consult Clin Psychol 60(1):94–103, 1992 1556292

Rogers CR: The necessary and sufficient conditions of therapeutic personality change. J Consult Psychol 21(2):95–103, 1957 13416422

Safren SA, Rogers T: Cognitive-behavioral therapy with gay, lesbian, and bisexual clients. J Clin Psychol 57(5):629–643, 2001 11304703

Sanders D, Wills F: The therapeutic relationship in cognitive therapy, in Understanding the Counselling Relationship: Professional Skills for Counsellors. Editado por Feltham C. Thousand Oaks, CA, Sage, 1999, pp. 120–138

Wright JH, Davis D: The therapeutic relationship in cognitive-behavioral therapy: patient perceptions and therapist responses. Cogn Behav Pract 1:25–45, 1994

3

Avaliação e formulação

O processo de avaliação dos pacientes para a terapia cognitivo-comportamental (TCC) e de realização de conceitualizações de caso baseia-se em um modelo abrangente de tratamento. Embora os elementos cognitivos e comportamentais para a compreensão do transtorno do paciente recebam a maior ênfase, as influências biológicas e sociais também são consideradas características essenciais da avaliação e da formulação. Neste capítulo, discutiremos as indicações para a TCC, as características dos pacientes que são associadas a uma afinidade com essa abordagem e elementos principais que avaliam a adequação para a terapia. Também apresentaremos um método pragmático para organizar as conceitualizações de caso e desenvolver planos de tratamento.

AVALIAÇÃO

A avaliação na TCC começa com os aspectos fundamentais utilizados em qualquer forma de psicoterapia: uma anamnese completa e um exame do estado mental. Deve-se estar atento aos sintomas atuais do paciente, às suas relações interpessoais, à sua base sociocultural e aos seus pontos fortes pessoais, além de levar em consideração o impacto da história de seu desenvolvimento, da genética, dos fatores biológicos e das doenças médicas. A avaliação detalhada das influências desses múltiplos domínios permitirá produzir uma formulação de caso multidimensional, como detalhado no próximo tópico, "Conceitualização de caso na terapia cognitivo-comportamental".*

A realização de uma entrevista-padrão e de um diagnóstico fornecerá muitas das informações necessárias para avaliar a adequação do paciente para a TCC. Desde a década de 1980, a TCC vem sendo adaptada e modificada para uma grande variedade de quadros clínicos, ampliando significativamente a sua abrangência para além do tratamento de transtornos depressivos e de ansiedade leves ou moderados (Wright et al., 2014). No Capítulo 10, por exemplo, examinamos as modificações da TCC para os transtornos bipolar e de personalidade *borderline* e a esquizofrenia, além de outros quadros de difícil tratamento. Sugerimos, portanto, que a maioria dos pacientes avaliados para o tratamento psiquiátrico será candidata em potencial para a TCC, seja isoladamente ou combinada com a farmacoterapia adequada.

Existem poucas contraindicações para o uso da TCC (p. ex., demência avançada, outros transtornos amnésicos severos e estados de confusão mais transitórios, como delírio ou intoxicação por drogas). Pessoas com transtorno

---

*A ficha de formulação de caso mencionada neste capítulo, encontrada no Apêndice I, também está disponível para *download* em um formato maior em http://apoio.grupoa.com.br/wright2ed.

de personalidade antissocial grave, de simulação ou outros quadros clínicos que comprometem marcadamente o desenvolvimento de uma relação terapêutica colaborativa e baseada na confiança também não são bons candidatos para a TCC. Os fatores que limitam o uso da TCC nesses quadros também se aplicam a outras formas de psicoterapia.

Discutiremos o uso de modelos de TCC mais prolongada no Capítulo 10. O enfoque deste capítulo é a identificação de tipos de pacientes para os quais se pode esperar que a TCC funcione dentro de um período de 2 a 4 meses. Para tanto, partimos das primeiras contribuições da psicoterapia psicodinâmica breve (Davanloo, 1978; Malan, 1973; Sifneos, 1972) e do trabalho cuidadoso de Safran e Segal (1990). Safran e Segal desenvolveram uma entrevista semiestruturada para avaliar a adequação dos pacientes à TCC de tempo limitado. Embora essa entrevista tenha excelentes características psicométricas, a aplicação do método de Safran e Segal é impraticável fora dos locais de pesquisa, pois o questionário leva de 1 a 2 horas para ser preenchido. As recomendações que fazemos aqui se derivam, parcialmente, das contribuições de Safran e Segal, mas são pensadas para integrar a avaliação inicial como parte do exame psiquiátrico padrão.

Quem são os candidatos ideais para serem tratados somente com TCC? Até certo ponto, a TCC com tempo limitado é mais adequada para pessoas que buscam terapia para um transtorno agudo e simples de ansiedade ou depressão. A esses indicadores genéricos de bom prognóstico, adicionaríamos fatores como habilidades verbais, recursos financeiros adequados, moradia segura e o apoio de familiares ou amigos. Felizmente, há boas evidências de que a utilidade da TCC *não* se limita àqueles casos fáceis de tratar ou a pacientes ideais para essa psicoterapia. Várias outras dimensões de adequação para a terapia de tempo limitado são apresentadas no Quadro 3.1 e discutidas a seguir.

A primeira dimensão observada no **Quadro 3.1** é um indicador de prognóstico geral: a *cronicidade* e a *complexidade* dos problemas do paciente. Deve-se seguir a sabedoria popular de que problemas presentes há muito tempo normalmente demandam cursos mais longos de terapia; o mesmo pode ser dito sobre o tratamento de transtornos depressivos ou de ansiedade que são complicados por abuso de substâncias, transtornos de personalidade importantes, uma história de trauma ou negligência precoce ou outros quadros comórbidos. A história de tratamento do paciente pode fornecer pistas importantes sobre a tratabilidade de seu quadro clínico. Se você for o décimo segundo terapeuta em 25 anos ou estiver sendo solicitado a tentar uma nova abordagem depois do fracasso de longos períodos de farmacoterapia e psicoterapia, pode ser necessário um programa de tratamento mais longo e abrangente do que o programa convencional de 12 ou 16 semanas.

A segunda dimensão, *otimismo em relação às chances de sucesso na terapia*, também é um indicador prognóstico global em diversas formas de ajudar nas relações (Frank, 1973). Altos níveis de pessimismo podem reduzir a capacidade de um paciente de responder à terapia. O pessimismo pode refletir a avaliação válida de um paciente de que tem sérias dificuldades, principalmente quando há uma

QUADRO 3.1 DIMENSÕES A SE CONSIDERAR AO AVALIAR PACIENTES PARA A TERAPIA COGNITIVO-COMPORTAMENTAL

- Cronicidade e complexidade
- Otimismo em relação às chances de sucesso na terapia
- Aceitação de responsabilidade pela mudança
- Compatibilidade com a linha de raciocínio cognitivo-comportamental
- Capacidade de acessar pensamentos automáticos e identificar as emoções que os acompanham
- Disposição de envolver-se em uma aliança terapêutica
- Habilidade de manter e trabalhar com um foco orientado para o problema

história de tratamentos anteriores malsucedidos. A depressão realmente tende a remover a visão de "um mundo cor-de-rosa" do bem-estar (ou seja, a tendência das pessoas de minimizar seus problemas e supervalorizar seus pontos fortes). Contudo, a desmoralização pode minar a capacidade do paciente de se engajar em exercícios terapêuticos ou, graças a uma profecia autorrealizável, pode desprezar as evidências de progresso. Como o pessimismo está associado tanto à desesperança como à ideação suicida, deve-se ficar atento à possibilidade de que, em alguns pacientes, um grau marcado de pessimismo possa determinar a mudança de tratamento ou hospitalização. No sentido mais extremo, o pessimismo pode esconder delírios niilistas, o que indica a necessidade de medicação antipsicótica.

A terceira dimensão, *aceitação de responsabilidade pela mudança*, está ligada ao modelo de motivação descrito por Prochaska e DiClemente (1992) e mais detalhadamente elaborada como um componente central da entrevista motivacional por Miller e colaboradores (2004). Essa abordagem incentiva a discussão sobre as expectativas e apreensões da pessoa em busca de tratamento em relação à terapia. A entrevista pode extrair a compreensão geral do indivíduo sobre a sua doença e o seu tratamento, além das expectativas e conhecimentos mais específicos sobre a TCC. Pessoas que expressam fortes preferências por um modelo médico de tratamento podem precisar ser mais preparadas antes de iniciar a psicoterapia do que aquelas que expressam um interesse genuíno na TCC.

A quarta dimensão, *compatibilidade com a linha de raciocínio cognitivo-comportamental*, diz respeito às impressões específicas tanto do paciente como do terapeuta sobre a adequação da TCC. Assim como na vida cotidiana, as primeiras impressões são importantes. As pessoas que dão notas altas para a TCC antes de iniciar a terapia tendem a responder melhor do que aquelas que tinham impressões iniciais mais negativas. Estar disposto a fazer exercícios de autoajuda ou tarefa de casa é outro aspecto-chave da compatibilidade. Como enfatizamos ao longo de todo este livro, a tarefa de casa é um componente determinante da TCC. Há muitas evidências de que os pacientes que não fazem as tarefas de casa de modo regular têm significativamente menor probabilidade de responder à terapia do que aqueles que as fazem (Thase e Callan, 2006).

Embora o pessimismo extremo possa ter implicações prognósticas potencialmente negativas, a quinta dimensão, *capacidade de acessar pensamentos automáticos e identificar as emoções que os acompanham*, reflete uma aptidão real para a TCC. Ao manter o ponto de vista de que a terapia se constrói sobre os pontos fortes, você descobrirá que os pacientes que conseguem identificar e expressar seus pensamentos automáticos negativos durante os períodos de humor depressivo ou ansioso normalmente são capazes de começar a utilizar os exercícios de três e cinco colunas mais cedo no curso da terapia. Como um meio para ajudar a trazer à tona pensamentos automáticos negativos, pode ser bom perguntar ao paciente, na avaliação inicial, quais pensamentos e sentimentos associados ele teve enquanto ia para a sessão ou aguardava na sala de espera. Perguntas para sondar ainda mais a capacidade do paciente de identificar e expressar pensamentos automáticos negativos (p. ex., "O que você estava pensando durante essa situação?" ou "Que pensamentos passaram pela sua cabeça quando você estava se sentindo tão triste?") também costumam ser utilizadas para avaliar a adequação para a TCC. A dificuldade para identificar flutuações nos estados emocionais é uma desvantagem na TCC, pois o paciente perderá oportunidades de identificar *pensamentos quentes* (i.e., pensamentos negativos automáticos ocorridos em consonância com fortes estados emocionais) e praticar maneiras de melhorar o humor com métodos de reestruturação cognitiva.

A sexta dimensão relevante ao avaliar a adequação do paciente para a terapia de curto prazo trata-se da *capacidade para envolver-se em uma aliança terapêutica.* Safran e Segal (1990) sugerem que a observação do comportamento nas sessões e as perguntas sobre a história de relacionamentos íntimos do paciente podem fornecer pistas importantes de sua capacidade de desenvolver uma relação terapêutica eficaz. Durante a sessão inicial, a solicitação direta de *feedback* (p. ex., "Como você se sente em relação à sessão de hoje?") e a observação da capacidade do paciente de se conectar (p. ex., contato visual, postura e grau de conforto em relação ao terapeuta) são utilizadas para medir a capacidade de se engajar em uma aliança de trabalho. Perguntas sobre a história pertinentes à qualidade dos relacionamentos com os pais, irmãos, professores, *coaches* e parceiros conjugais podem fornecer informações úteis – principalmente quando são revelados padrões repetitivos de decepção, rejeição ou exploração. Do mesmo modo, se o paciente tiver experiências anteriores com psicoterapia, suas impressões sobre a qualidade daquela díade provavelmente transmitirão algumas informações sobre o que o futuro possivelmente reserva.

A sétima e última dimensão a ser considerada é a *capacidade do paciente de manter e trabalhar com um foco orientado para o problema.* Do ponto de vista de Safran e Segal (1990), essa dimensão tem dois componentes: *operações de segurança* e *foco.* O primeiro refere-se ao uso, pelo paciente, de comportamentos potencialmente disruptivos na terapia para restaurar uma sensação de segurança emocional quando psicologicamente ameaçado. O foco, por outro lado, refere-se à capacidade de trabalhar dentro da estrutura das sessões de TCC e de manter a atenção em um tópico relevante do começo ao fim.

Além de obter a história, o exame do estado mental e a avaliação da adequação para a TCC, recomendamos que você leve em consideração a utilização de escalas padronizadas de avaliação para medir sintomas e acompanhar o progresso do tratamento. Estudos já demonstraram sólidos benefícios do "tratamento melhorado por medições", no qual a severidade dos sintomas é medida a cada sessão (Forney et al., 2016; Guo et al., 2015). Podem ser utilizadas várias escalas de autoavaliação que requerem pouco tempo e esforço dos pacientes. Costumamos usar o Questionário de Saúde do Paciente-9 (PHQ-9, do inglês Patient Health Questionnaire-9; Kroenke et al., 2001; Spitzer et al., 1999) para medir a depressão, e a Generalized Anxiety Disorder-7 (GAD-7; Spitzer et al., 2006) para medir a ansiedade. Ambos são gratuitos e estão disponíveis na internet (www.phqscreeners.com), em inglês. Outras opções incluem o Inventário de Depressão de Beck (Beck, 1961), a Escala de Avaliação da Depressão do Centro de Estudos Epidemiológicos (CES-D, do inglês Center for Epidemiologic Studies Depression Rating Scale; Radloff, 1977) e o Questionário de Preocupação do Estado da Pensilvânia (PSWQ, do inglês Penn State Worry Questionnaire; Meyer et al., 1990).

CONCEITUALIZAÇÃO DE CASO NA TERAPIA COGNITIVO-COMPORTAMENTAL

A conceitualização de caso, ou formulação, é um mapa de orientação para o seu trabalho com o paciente. Ela reúne informações de sete domínios principais (**Figura 3.1**):

1. diagnósticos e sintomas;
2. contribuições das experiências da infância e outras influências do desenvolvimento;
3. questões situacionais e interpessoais;
4. fatores biológicos, genéticos e médicos;
5. pontos fortes e recursos;
6. padrões típicos de pensamentos automáticos, emoções e comportamentos;
7. esquemas subjacentes.

Em suma, todos os achados importantes de sua avaliação do paciente são considerados no desenvolvimento de uma formulação de caso.

À primeira vista, pode parecer uma tarefa desalentadora ter de sintetizar todas essas informações ao elaborar um plano específi-

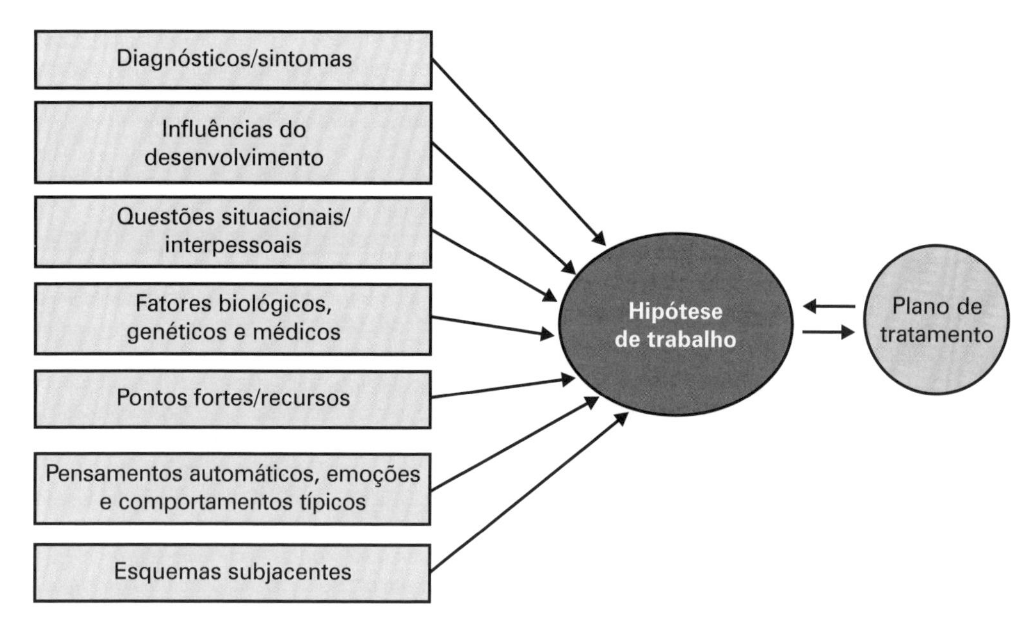

FIGURA 3.1 Fluxograma da conceitualização de caso.

co para um paciente. No entanto, o sistema que descrevemos neste capítulo fornecerá um método pragmático e fácil para organizar formulações de caso. O passo fundamental na conceitualização de caso é a formação de uma hipótese de trabalho (ver Figura 3.1). O terapeuta utiliza construtos cognitivo-comportamentais para desenvolver uma formulação teórica individualizada referente à combinação de sintomas, problemas e recursos de um determinado paciente. Essa hipótese de trabalho é, então, utilizada para direcionar as intervenções de tratamento.

No início da terapia, a conceitualização de caso pode ser apenas um esboço ou rascunho. Talvez você não tenha certeza do diagnóstico ou ainda esteja coletando partes cruciais dos dados. Talvez você também esteja apenas começando a tentar algumas intervenções da TCC. Entretanto, é vital começar a pensar sobre a formulação desde os primeiros momentos do tratamento. À medida que aprende a conhecer melhor o paciente, mais observações e níveis de complexidade podem ser acrescentadas à formulação. Você poderá testar as suas teorias para ver se são acuradas e descobrirá se os seus métodos de tratamento estão corretamente direcionados. Caso contrário, a formulação precisará ser revisada. Por exemplo, se começar a reconhecer características de dependência arraigadas que estão impedindo o progresso, você precisará considerar alterar o plano de tratamento. Se pontos fortes não reconhecidos anteriormente se tornarem visíveis, o curso de terapia pode ser mudado para aproveitar esses recursos.

Até as fases intermediária e final da TCC, a conceitualização de caso deve amadurecer em um plano bem orquestrado, que confira um direcionamento coerente e eficaz para cada intervenção da terapia. Se examinasse uma sessão gravada dessa parte da psicoterapia e parasse a fita em um ponto crucial, você deveria ser capaz de explicar a sua linha de raciocínio para seguir o caminho que está tomando no momento e por todo o seu curso. Idealmente, você também seria capaz de descrever os obstáculos a serem enfrentados para obter os melhores resultados e um plano para superá-los.

O sistema que recomendamos tem base em diretrizes estabelecidas pela Academy of Cognitive Therapy. O *site* dessa organização (www.academyofct.org) traz instruções detalhadas para construir formulações que atendam aos padrões para a certificação em terapia cognitiva. Também são apresentadas vinhetas de casos clínicos. Condensamos os principais aspectos das diretrizes para conceitualização de caso da Academy of Cognitive Therapy em uma Ficha de formulação de caso (Figura 3.2; ver também Apêndice I para cópias em branco).

Para preencher a ficha de formulação de caso, será preciso ser capaz de realizar uma avaliação detalhada, conforme descrita neste capítulo, e conhecer as teorias e os métodos centrais da TCC. Como talvez você ainda não tenha todas as informações e habilidades necessárias para desenvolver conceitualizações de caso totalmente prontas, nosso objetivo neste ponto do livro é modesto. Queremos apresentar métodos de formulação e dar alguns exemplos que demonstrarão como os construtos da TCC podem ser usados no planejamento do tratamento. Conforme for evoluindo ao longo deste livro e ganhando mais experiência na TCC, você poderá se especializar na elaboração de conceitualizações de caso.

A **Figura 3.2** traz uma ficha de formulação de caso que o Dr. Wright desenvolveu para o tratamento de Kate, a mulher com transtorno de ansiedade apresentada nos Vídeos 1 e 2.

CASO CLÍNICO

Kate descreveu uma série de sintomas relacionados com a ansiedade, incluindo ataques de pânico, hiperventilação, excitação fisiológica e esquiva das situações vividas ao dirigir, como atravessar pontes, pegar congestionamentos e ir longe demais (para além da restrita "zona de segurança"). Ela apresentou uma história de alguns ataques de pânico há vários anos, os quais levaram a consultas ao pronto-socorro em duas ocasiões. Todos os seus exames, inclusive os eletrocardiogramas, estavam normais. Uma consulta com um cardiologista confirmou que ela não apresentava evidências de uma doença cardíaca. Kate começou a ter ataques de pânico mais frequentes (2-3 por semana) quando lhe ofereceram uma promoção para gerente do escritório em um novo local da empresa de placas de vidro, onde trabalhava como assistente administrativo. As novas instalações, localizadas do outro lado de um grande rio, serão inauguradas em cerca de dois meses. À medida que a data da mudança se aproximava, ela começou a pensar que poderia ter de pedir demissão do emprego que tinha lutado para conquistar.

Várias influências durante o desenvolvimento de Kate em seus primeiros anos de vida pareciam ter moldado sua vulnerabilidade a sintomas de ansiedade. Kate era a segunda de dois filhos, criados em um ambiente familiar amoroso, com ambos os pais presentes em casa. Embora nunca tenha recebido tratamento para ansiedade, sua mãe é uma mulher tensa, que parece se preocupar demais com o perigo, e passou para seus filhos a mensagem de que o mundo é um lugar perigoso.

Sua mãe ficou especialmente preocupada quando Kate estava aprendendo a dirigir. Como a maioria dos pais, ela lhe dizia repetidamente para tomar cuidado devido ao alto risco de acidente entre motoristas adolescentes. Quando um dos colegas de classe de Kate morreu em um acidente de carro, sua mãe ficou tão ansiosa e angustiada que proibiu Kate de dirigir por mais de 6 meses.

Outra experiência traumática contribuiu para os ataques de pânico e a esquiva de dirigir de Kate. Quando ela tinha vinte e poucos anos, seu pai morreu repentinamente de infarto. A perda foi devastadora para ela e desencadeou um medo de ter o mesmo destino de morrer jovem.

Felizmente, Kate tinha vários pontos fortes que podiam ser incluídos no processo de TCC. Ela estava genuinamente interessada em aprender sobre a TCC e disposta a se engajar na terapia de exposição – um elemento-chave da TCC para transtornos de ansiedade. Ela era articulada e inteligente e tinha um bom senso de humor. Também não apresentava transtornos de personalidade e tinha excelente apoio de sua família e colegas de trabalho. No entanto, tinha sintomas de ansiedade há muito tempo instalados, com padrões de evitação muito arraigados com relação a dirigir sobre uma ponte e por longas distâncias, para além da zona de segurança das conhecidas ruas perto de sua casa, das lojas onde sempre ia e de seu antigo local de trabalho. Além disso, parecia que sua família, amigos e colegas de trabalho estavam, sem saber, reforçando sua ansiedade, ao participarem de seus elaborados métodos de evitação (p. ex., dirigindo para ela sobre as pontes ou no tráfego pesado, protegendo-a de fazer viagens que exigiam ultrapassar sua zona de segurança, fazendo pequenas tarefas na rua para ela).

Nome do paciente: Kate

Diagnósticos/Sintomas: transtorno de pânico com agorafobia (medo de dirigir). Os sintomas primários são ataques de pânico, hiperventilação e evitação.
Escore na GAD-7 = 16 (ansiedade geral moderada)

Influências do desenvolvimento: —

Questões situacionais: seu novo local de trabalho requer atravessar uma ponte sobre um rio largo com tráfego pesado; seu filho mudou-se e agora mora a duas horas de distância de carro; seu marido quer viajar de carro com ela para a Flórida nas férias.

Fatores biológicos, genéticos e médicos: sua mãe tem história de ansiedade não tratada. Seu pai morreu repentinamente de infarto quando tinha por volta de 50 anos de idade. Kate tem hipotireoidismo e baixos níveis de vitamina D; ambos corrigidos com tratamento.

Pontos fortes/Recursos: inteligente, articulada, bom senso de humor, apoio da família e dos colegas de trabalho.

Objetivos do tratamento:
1. reduzir os ataques de pânico para um por mês ou menos;
2. adquirir habilidades para reduzir a ansiedade e o pânico;
3. conseguir dirigir sobre a ponte para chegar ao trabalho;
4. ir visitar seu filho dirigindo seu carro e sair em férias com seu marido (dirigir ela mesma pelo menos parte do caminho).

Evento 1	**Evento 2**	**Evento 3**
Dirigir até a farmácia para buscar a medicação da filha.	Dirigir para buscar materiais de escritório.	Pensar em atravessar a ponte dirigindo com os colegas de trabalho até o novo escritório.
Pensamentos automáticos	**Pensamentos automáticos**	**Pensamentos automáticos**
• "E se alguém bater em mim?" • "E se eu ficar presa na ponte?" • "Não consigo fazer isso." • "E se eu não conseguir voltar para casa?"	• "Não consigo fazer isso." • "Posso pedir para alguém fazer isso?" • "Vou desmaiar." • "Vão bater no meu carro."	• "Posso ter um infarto, como aconteceu com meu pai." • "Vou ter de sair do carro." • "Não consigo fazer isso."
Emoções	**Emoções**	**Emoções**
Ansiedade, coração acelerado, atordoamento, tontura, dificuldade para respirar.	Ansiedade	Ansiedade
Comportamentos	**Comportamentos**	**Comportamentos**
Dirigiu até a farmácia por falta de opção, mas agarrou a direção com tanta força que podia ter ficado com "marcas permanentes". Normalmente, se possível, evita situações semelhantes.	Dirigiu para buscar suprimentos, mas queria evitar a viagem. Procurou opções para escapar.	Planejando maneiras de evitar passar sobre a ponte.

FIGURA 3.2 Ficha de formulação de caso de Kate. (*Continua*)

Esquemas: "É certo que vou me ferir"; "É preciso estar sempre alerta, pois o mundo é um lugar muito perigoso"; "Vou morrer cedo como meu pai".

Hipótese de trabalho:
1. Kate tem temores irreais de dirigir, subestima a sua capacidade de se controlar ou lidar com o trânsito e evita os estímulos temidos.
2. Seu histórico familiar (p. ex., morte repentina do pai, tensão e hipervigilância da mãe) contribuiu para o desenvolvimento de esquemas norteados pela ansiedade e a esquiva.
3. Fatores situacionais atuais (novo local de trabalho e pressão para dirigir) tiveram um papel na ativação dos sintomas.

Plano de tratamento:
1. Reestruturação cognitiva (p. ex., exame das evidências, identificação de erros cognitivos, uso de registros de pensamentos e ensaio cognitivo) para ensinar a Kate que seus temores são irreais e que é possível aprender a enfrentar as suas ansiedades.
2. Treinamento da respiração, geração de imagens mentais e relaxamento profundo dos músculos para equipá-la com ferramentas para controlar a ansiedade.
3. Exposição gradual às situações relativas a dirigir.
4. Mais adiante na terapia, concentrar-se na revisão dos esquemas desadaptativos.

FIGURA 3.2 Ficha de formulação de caso de Kate. (*Continuação*)

Como mostrado nos Vídeos 1 e 2 (ver Capítulo 2), Kate era capaz de colaborar efetivamente no trabalho direcionado a seus objetivos (Figura 3.2) de:

1. reduzir os ataques de pânico para um por mês ou menos;
2. adquirir habilidades para reduzir a ansiedade e o pânico;
3. conseguir dirigir sobre a ponte para chegar ao trabalho;
4. ir visitar seu filho dirigindo seu carro e sair em férias com seu marido (dirigir ela mesma pelo menos parte do caminho).

Em suas diretrizes para a conceitualização de caso, a Academy of Cognitive Therapy recomenda que os terapeutas adotem um ponto de vista tanto *transversal* como *longitudinal* dos fatores cognitivos e comportamentais que possam estar influenciando a expressão dos sintomas. A parte transversal da formulação envolve observar os padrões atuais pelos quais os principais precipitantes (p. ex., grandes estressores, como um rompimento de relacionamento, perda de emprego ou recaída de uma doença grave) e situações ativadoras (p. ex., eventos que costumam ocorrer, como discussões com o cônjuge, pressões no trabalho, ser exposto a um gatilho para a recorrência dos sintomas de ansiedade) estimulam os pensamentos automáticos, as emoções e os comportamentos. O ponto de vista longitudinal leva em conta eventos e outras influências durante o desenvolvimento, principalmente as que pertencem à moldagem de crenças nucleares ou esquemas.

A formulação de caso na Figura 3.2 traz uma análise transversal de três eventos típicos no ambiente atual de Kate que estão associados às cognições, às emoções e aos comportamentos desadaptativos. Em reação ao primeiro evento, dirigir até a farmácia para buscar os antibióticos de sua filha, ela tem pensamentos automáticos como: "E se alguém bater em mim? E se eu ficar presa na ponte? Não consigo fazer isso. E se eu não conseguir voltar para casa?". As emoções e sensações físicas associadas a essas cognições são ansiedade, aumento da frequência cardíaca, atordoamento, tontura e respiração acelerada e irregular. Embora, neste caso, tenha conseguido dirigir até a farmácia, Kate somente o fez sob forte coação. Ela agarrou a direção com tanta força que podia ter ficado com "marcas permanentes". Normalmente, Kate evitava situações desse tipo, contribuindo, assim, para um ciclo vicioso de ansiedade crônica e comportamentos de fuga. O segundo e o terceiro exemplos de situações que acionam os pensamentos automáticos e a ansiedade (dirigir para buscar materiais de escritório e pensar em dirigir sobre a ponte com os colegas de trabalho até o novo escritório) têm os mesmos resultados. Kate tem muitos pensamentos automáticos intensos (p. ex., "Vou desmaiar", "Não consigo fazer isso", "Posso ter um infarto, como aconteceu com meu pai") e evita dirigir ou tenta evitar.

Do ponto de vista longitudinal, Kate teve, enquanto crescia, experiências que parecem ter contribuído para o desenvolvimento de crenças nucleares desadaptativas sobre a periculosidade do mundo a seu redor e sobre sua vulnerabilidade para sofrer um acidente (p. ex., "Vou me ferir", "Esteja sempre alerta, porque o mundo é um lugar muito perigoso", "Vou morrer cedo como meu pai").

Reunindo todas essas observações, o Dr. Wright desenvolveu uma hipótese de trabalho que incluía as seguintes características-chave:

1. Kate exibia as clássicas características cognitivo-comportamentais dos transtornos de ansiedade: temores irreais de situações, subestimação de sua capacidade de controlar essas situações ou lidar com elas, excitação emocional e autônoma intensa e esquiva da situação temida;
2. um histórico familiar evolutivo de tensão, vigilância contra o perigo e morte repentina de um ente querido – e uma história familiar de possível transtorno de ansiedade em sua mãe – provavelmente contribuíam para o transtorno;
3. o trauma de um acidente de carro fatal sofrido por um colega da escola somou-se a seus temores e os concentrou nos riscos ao dirigir;
4. fatores situacionais atuais (a promoção para um cargo que exigia atravessar de carro uma ponte sobre um rio largo) provavelmente tiveram um papel na ativação dos sintomas.

O plano de tratamento organizado pelo Dr. Wright estava diretamente ligado a essa hipótese de trabalho. Ele decidiu se concentrar na modificação dos pensamentos automáticos catastróficos de Kate por meio de questionamento socrático, exame das evidências, registro de pensamentos e ensaio cognitivo. Ele também planejou treinar a respiração da paciente para reduzir ou resolver a hiperventilação que ela sentia durante os ataques de pânico. A parte mais importante do programa era a dessensibilização aos estímulos temidos por meio do desenvolvimento de uma hierarquia para a exposição gradual. Esses métodos são explicados detalhadamente e ilustrados nos vídeos dos Capítulos 5 e 7.

Embora acreditasse que as experiências de Kate enquanto crescia a tenham preparado para ter crenças nucleares baseadas na ansiedade, o Dr. Wright optou por concentrar a maior parte de seus esforços de tratamento na utilização de técnicas cognitivas, a fim de identificar e modificar os pensamentos automáticos e implementar estratégias comportamentais para romper o padrão de evitação de sua paciente. Esses métodos são consistentes com o modelo cognitivo-comportamental para o tratamento de ansiedade. Em uma sessão inicial (mostrada no Vídeo 2), os dois trabalharam na crença nuclear de que ela morreria jovem. Mais adiante, na terapia, ele conseguiu ajudar Kate a entender e modificar os seus esquemas sobre vulnerabilidade ao perigo.

Outro caso apresentado nos vídeos que acompanham este livro demonstra como desenvolver uma conceitualização para uma pessoa com depressão. Os Capítulos 5 e 8 trazem vídeos do tratamento de Brian, um jovem que ficou deprimido quando teve problemas para fazer a transição ao mudar-se para uma nova cidade e um novo emprego. Recomendamos que você espere até os Capítulos 5 e 8 para assistir aos vídeos do tratamento de Brian pela Dra. Sudak, pois serão dados exemplos específicos de como conduzir as técnicas descritas nessas seções do livro. Contudo, descrevemos brevemente o caso aqui como mais um exemplo de formulação de caso na TCC. Esta conceitualização (Figura 3.3) deve ajudá-lo a entender melhor os métodos escolhidos pela Dra. Sudak neste exemplo de TCC para depressão.

CASO CLÍNICO

Brian é um jovem de 25 anos de idade que se mudou recentemente para a Filadélfia depois que a empresa de tecnologia da informação onde trabalhava foi comprada por uma empresa maior. Desde que se mudou, ele se sente cada vez mais solitário e deprimido. É sua primeira vez fora de casa. Seus sintomas de depressão incluem desânimo, dormir mal, menor apetite, com uma perda de aproximadamente 5 quilos, muitos pensamentos autocondenatórios e menor interesse e gratifação nas atividades. A concentração está boa e seu desempenho como engenheiro de computação não parece estar sendo afetado. Ele não tem pensamentos ou intenções suicidas. Seu escore no PHQ-9 é de 18.

Brian descreve-se como "perdido" desde que se mudou. Embora considere voltar para casa, não existem bons empregos para ele lá. Disse que ele seria um "fracasso" se voltasse a morar com sua mãe. Antes de se mudar, ele cantava em um coral, corria e gostava de sair com seus amigos. Contudo, parou com todas essas atividades. Nos últimos três meses, ele sai do trabalho e volta para seu apartamento, passando o resto do tempo sozinho.

Não há história anterior de tratamento para depressão, porém Brian percebe que sempre lhe faltou confiança e se lembra dos longos períodos de tristeza quando era criança, sobretudo depois das visitas esporádicas de seu pai. Apesar das longas ausências, seu pai aparecia sem aviso com presentes e desculpas. Em poucos dias, ele "sumia como o vento". O rompimento com a namorada que tinha desde os tempos de escola foi devastador para Brian. Pensando retrospectivamente, ele diz que deveria ter buscado tratamento naquele momento. Nunca pensou em suicídio e não tem história de problemas médicos.

Filho único, Brian foi criado em uma região quase rural, no norte do estado de Nova York. Seus pais se separaram quando ele tinha 18 meses de idade. A história familiar é positiva para abuso de álcool por parte de seu pai. Nenhum membro da família foi tratado para doenças psiquiátricas, mas Brian acredita que sua mãe tem uma leve depressão crônica. Ela começou a trabalhar limpando casas depois que seu marido a deixou e agora é supervisora de serviços de limpeza para um pequeno grupo de motéis e restaurantes em sua cidade. O relacionamento de Brian com sua mãe é muito forte. Ele a descreve como "sempre ao meu lado."

Em função das restrições financeiras, Brian trabalhava meio-período enquanto era estudante. Ele se descreve como "tímido". Ainda assim, tinha amigos próximos e uma namorada firme desde o começo do ensino médio até o segundo ano da faculdade. Ela terminou o relacionamento quando Brian descobriu que ela se encontrava secretamente com outro homem. Desde então, ele namorou poucas vezes.

Como mostra a **Figura 3.3**, a conceitualização de caso reúne as principais observações da Dra. Sudak sobre a história de Brian e sua patologia cognitivo-comportamental para desenvolver uma hipótese de trabalho e um plano para implementar a TCC. Como você verá, a Dra. Sudak decidiu acrescentar um antidepressivo ao plano de tratamento. Com sintomas de nível moderado a grave, Brian podia ter sido tratado somente com TCC. No entanto, havia a possibilidade de uma história de depressão anterior em sua vida, a probabilidade de uma história familiar de depressão e sintomas suficientes para sugerir que uma abordagem combinada poderia trazer vantagens. Os elementos cognitivo-comportamentais do plano terapêutico eram voltados para efetuar a reversão dos pensamentos automáticos de autopunição, ajudar Brian a voltar a se envolver em atividades positivas, romper seu padrão de isolamento social e revisar as crenças nucleares desadaptativas há muito tempo instaladas.

Os dois exemplos de formulação de caso apresentados aqui demonstram conceitualizações típicas da TCC para o tratamento de transtornos de ansiedade e depressão. Em cada exemplo, o terapeuta reúne observações do funcionamento atual do paciente, sua história durante o desenvolvimento e seu histórico biomédico, articulando uma hipótese consistente com o modelo cognitivo-comportamental. Os planos de tratamento decorrem diretamente da hipótese de trabalho e fundamentam-se em construtos específicos da TCC para o tratamento de ansiedade e depressão. Recomendamos que você comece a utilizar a ficha de conceitualização de caso de TCC agora, fazendo o Exercício 3.1, e que continue a desenvolver habilidades na realização de conceitualizações à medida que for ganhando

Nome do paciente: Brian

Diagnósticos/Sintomas: depressão maior. Escore no PHQ-9 no início do tratamento = 18 (depressão moderadamente alta). Os sintomas primários são tristeza profunda, baixa autoestima, com pensamentos autocondenatórios, perda de energia e de interesse e isolamento social.

Influências do desenvolvimento: o pai é alcoolista e abandonou a família quando Brian tinha 18 meses de idade, mas esporadicamente tenta fazer contato com Brian e sua mãe. Havia restrições financeiras, e sua mãe tinha de "estar sempre trabalhando" em várias casas para sustentá-los. Ela é muito amorosa e um apoio sólido para Brian, que morou com ela até recentemente, quando se mudou para a Filadélfia. Brian foi um adolescente tímido e não namorava muito. Quando sua única namorada estável terminou com ele, ele ficou devastado. Desde então, ele não namorou ninguém e tem sido especialmente solitário desde que se mudou, há cerca de seis meses.

Questões situacionais: mudança de uma cidade pequena para trabalhar em um novo emprego na cidade grande, dificuldade para fazer novos amigos e construir relacionamentos, rompimento com a namorada.

Fatores biológicos, genéticos e médicos: mãe provavelmente deprimida cronicamente, mas nunca tratada. Pai alcoolista. Nenhuma história de doenças médicas.

Pontos fortes/Recursos: educação universitária; boas habilidades profissionais como engenheiro de computação; apoio da mãe e amigos do sexo masculino na cidade natal; leal aos amigos; interesse anterior em cantar em corais, correr e fazer trilhas; sem abuso de substâncias.

Objetivos do tratamento:
1. reduzir os sintomas depressivos (PHQ-9 abaixo de 5);
2. desenvolver a autoconfiança nos relacionamentos para sentir que "eu me encaixo";
3. retomar a participação em atividades e *hobbies* positivos;
4. conseguir sair com garotas regularmente (pelo menos duas vezes por mês).

Evento 1	**Evento 2**	**Evento 3**
Sentado no carro. Não consigo entrar no restaurante com as pessoas do trabalho.	Sozinho em casa depois de faltar ao *happy-hour* com os colegas de trabalho.	Notei uma mulher atraente no trabalho.
Pensamentos automáticos	**Pensamentos automáticos**	**Pensamentos automáticos**
• "Nunca vou me encaixar com essas pessoas." • "Nunca vou ser um deles." • "Não entendo por que eles iriam me querer aqui." • "Não sou ninguém para eles."	• "Estou tão só." • "Nunca vou me encaixar." • "Nunca vou conseguir fazer a vida aqui." • "Nunca vou conseguir fazer isso."	• "Ela nunca iria querer sair comigo." • "Ela deve me achar um fracassado." • "Eu deveria ter ficado em algum lugar onde eu tivesse uma chance de encontrar alguém."
Emoções	**Emoções**	**Emoções**
Triste	Triste	Triste, ansioso
Comportamentos	**Comportamentos**	**Comportamentos**
Não fui à festa. Fui para casa e passei o final de semana inteiro na frente da televisão.	Fiquei sozinho no apartamento.	Virei o rosto e fingi que não a tinha visto.

FIGURA 3.3 Ficha de formulação de caso para Brian. (*Continua*)

Esquemas: "Não dá para contar com as pessoas"; "Preciso estar sempre alerta, vou me machucar"; "Não sou bom o bastante"; "Nunca vou encontrar uma mulher que me ame".

Hipótese de trabalho:
1. As experiências de Brian com o pai não confiável e com a rejeição de sua única namorada firme moldaram crenças nucleares, como "Não dá para contar com as pessoas" e "Não sou bom o bastante."
2. Sua recente mudança de sua cidade natal para uma cidade maior foi um precipitante importante da depressão permeada por pensamentos automáticos com temas de nunca se encaixar e de não ser aceito.
3. Esses pensamentos estão associados a uma tristeza profunda e à esquiva dos contatos sociais.
4. Seu isolamento social e a ausência de atividades prazerosas tornaram-se parte de um ciclo vicioso de pensar negativo e de apresentar comportamento depressivo.

Plano de tratamento:
1. Identificar os pensamentos automáticos recorrentes relativos ao humor deprimido e ao isolamento social.
2. Ensinar habilidades para modificar os pensamentos automáticos (exame de evidências, reconhecimento de erros cognitivos e registro de pensamentos).
3. Utilizar programação de atividades e outros métodos de ativação comportamental para aumentar o envolvimento em atividades prazerosas e construir contatos sociais.
4. Elevar a autoestima e a eficácia pessoal pela identificação e a modificação de esquemas (exame de evidências, ensaio de TCC para esquemas modificados, experimentos comportamentais com relacionamentos sociais).
5. Adotar farmacoterapia com um antidepressivo.

FIGURA 3.3 Ficha de formulação de caso para Brian. (*Continuação*)

mais experiência. O Capítulo 11 inclui exercícios para redigir toda a conceitualização de caso e realizar autoavaliações de sua capacidade de desempenhar essa importante função.

Exercício 3.1
Ficha de formulação de caso em TCC

1. Use a Ficha de formulação de caso em TCC (ver Apêndice I) para desenvolver uma conceitualização para um paciente que você esteja tratando.
2. Tente preencher a ficha o máximo possível. Todavia, se você nunca fez conceitualizações de caso ou se não tem experiência na TCC, não se preocupe se a conceitualização não estiver completa. Se possível, identifique pelo menos uma situação que acione pensamentos automáticos, emoções e uma resposta comportamental. Também tente identificar pelo menos um esquema subjacente. Se o paciente ainda não tiver relatado nenhum esquema, você pode teorizar sobre esquemas que podem estar presentes.
3. Faça um rascunho de uma hipótese de trabalho preliminar e um plano de tratamento fundamentado em seu conhecimento atual do paciente e dos conceitos básicos da TCC que você já aprendeu.
4. Continue a usar a ficha de formulação de caso conforme trata outros pacientes com a TCC.

RESUMO

A avaliação para a TCC inclui todas as tarefas habituais para realizar uma avaliação inicial, abarcando obter uma história detalhada, perceber os pontos fortes do paciente e realizar um exame do estado mental. No entanto, é dada atenção especial à evocação dos padrões típicos de pensamentos automáticos, esquemas e comportamentos de enfrentamento e ao discernimento da adequação do paciente para a TCC. Como essa terapia demonstrou ser eficaz para uma grande variedade de quadros clínicos – depressão maior, transtornos de ansiedade e alimentares – e poder se somar aos efeitos da medicação no tratamento de transtornos psiquiátricos graves (p. ex., esquizofrenia e transtorno bipolar), há muitas indicações para essa abordagem de tratamento.

É sugerido um ponto de vista cognitivo, comportamental, social e biológico amplo para a formulação de caso e o planejamento do tratamento. Para desenvolver uma conceitualização refinada e altamente funcional, os terapeutas precisam:

1. realizar uma avaliação detalhada;
2. desenvolver uma análise transversal dos elementos cognitivo-comportamentais das situações estressoras típicas na vida atual do paciente;
3. considerar as influências longitudinais (isto é, do desenvolvimento) nas crenças nucleares e estratégias comportamentais habituais do paciente;
4. formular uma hipótese de trabalho;
5. elaborar um plano de tratamento que direcione as técnicas eficazes da TCC para os problemas-chave e pontos fortes do paciente.

REFERÊNCIAS

Beck AT, Ward CH, Mendelson M, et al: An inventory for measuring depression. Arch Gen Psychiatry 4:561–571, 1961 13688369

Davanloo H: Evaluation and criteria for selection of patients for short-term dynamic psychotherapy. Psychother Psychosom 29(1–4):307–308, 1978 724948

Forney JC, Unützer J, Wrenn G, et al: A Tipping Point for Measurement-Based Care. Psychiatr Serv Sept 2016 27582237

Frank JD: Persuasion and Healing. Baltimore, MD, Johns Hopkins University Press, 1973

Guo T, Xiang Y-T, Xiao L, et al: Measurement-based care versus standard care for major depression: a randomized controlled trial with blind raters. Am J Psychiatry 172(10):1004–1013, 2015 26315978

Kroenke K, Spitzer RL, Williams JB: The PHQ-9: validity of a brief depression severity measure. J Gen Intern Med 16(9):606–613, 2001 11556941

Malan DJ: The Frontiers of Brief Psychotherapy. New York, Plenum, 1973

Meyer TJ, Miller ML, Metzger RL, Borkovec TD: Development and validation of the Penn State Worry Questionnaire. Behav Res Ther 28(6):487–495, 1990 2076086

Miller WR, Yahne CE, Moyers TB, et al: A randomized trial of methods to help clinicians learn motivational interviewing. J Consult Clin Psychol 72(6):1050–1062, 2004 15612851

Prochaska JO, DiClemente CC: The transtheoretical approach, in Handbook of Psychotherapy Integration. Edited by Norcross JC, Goldfried MR. New York, Basic Books, 1992, pp. 301–334

Radloff LS: The Center for Epidemiologic Studies Depression (CES-D) Scale: a self-report depression scale for research in the general population. Appl Psychol Meas 1:385–401, 1977

Safran JD, Segal ZV: Interpersonal Process in Cognitive Therapy. New York, Basic Books, 1990

Sifneos PE: Short-Term Psychotherapy and Emotional Crisis. Cambridge, MA, Harvard University Press, 1972

Spitzer RL, Kroenke K, Williams JBW, Löwe B: A brief measure for assessing generalized anxiety disorder: the GAD-7. Arch Intern Med 166(10):1092–1097, 2006 16717171

Thase ME, Callan JA: The role of homework in cognitive behavior therapy of depression. J Psychother Integr 16(2):162–177, 2006

Wright JH, Thase ME, Beck AT: Cognitive-behavior therapy, in The American Psychiatric Publishing Textbook of Psychiatry, 6th Edition. Edited by Hales RE, Yudofsky SC, Roberts L. Washington, DC, American Psychiatric Publishing, 2014, pp. 1119–1160

4

Estruturação e educação

Para entender o valor da estruturação na terapia cognitivo-comportamental (TCC), coloque-se por um momento no lugar de um paciente que acaba de começar o tratamento. Tente imaginar como seria uma pessoa com depressão profunda que está arrasada pelos estresses da vida, tendo problemas para se concentrar e que não tem a menor ideia de como será a terapia. Some a essa mistura de confusão e angústia uma sensação de desmoralização – uma crença de que exauriu todos ou quase todos os recursos pessoais e não tem conseguido encontrar uma solução para os seus problemas. Você está se sentindo amedrontado e não sabe onde buscar ajuda. Se você estivesse nesse estado mental, o que acha que estaria procurando em uma terapia?

É claro que você ia querer um terapeuta gentil, empático, sábio e altamente qualificado, como discutido no Capítulo 2. Contudo, provavelmente também estaria procurando um direcionamento claro – um caminho de esperança e força na direção da superação de seus sintomas. Métodos de estruturação, começando pela formulação de metas e pelo estabelecimento de agenda, podem ter um grande papel no objetivo da mudança (**Quadro 4.1**). Se o paciente estiver se sentindo derrotado por um problema ou oprimido por sua incapacidade de superar um sintoma, os métodos de estruturação podem passar uma mensagem poderosa: *Mantenha-se focado nos problemas-chave e as respostas virão.* A psicoeducação passa uma mensagem concomitante de esperança: *Esses métodos podem funcionar para você.*

A estruturação e a educação andam juntas na TCC, uma vez que esses processos terapêuticos se complementam na promoção da aprendizagem. Técnicas eficazes de estruturação intensificam a aprendizagem, mantendo o tratamento bem organizado, eficiente e focado. Boas intervenções psicoeducativas,

QUADRO 4.1 MÉTODOS DE ESTRUTURAÇÃO PARA A TERAPIA COGNITIVO-COMPORTAMENTAL

- Estabelecimento de metas
- Estabelecimento de agenda
- Realização de verificação de sintomas
- Realização de ponte entre as sessões
- Prover *feedback*
- Dar ritmo às sessões
- Prescrição de tarefa de casa
- Uso de ferramentas terapêuticas (recorrentes)

como a realização dos exercícios de casa e o uso de caderno de terapia, contribuem como elementos importantes para a estrutura da TCC. As metas gerais desse ponto são gerar esperança, impulsionar o processo de aprendizagem, melhorar a eficácia da terapia e ajudar o paciente a desenvolver habilidades de enfrentamento eficazes.

Durante a primeira parte do tratamento, o terapeuta pode fazer uma grande parte do trabalho de estruturação e educação. Todavia, à medida que a TCC segue em direção ao seu término, o paciente assume cada vez mais responsabilidade pela definição e pelo manejo dos problemas, permanecendo na tarefa de trabalhar em direção à mudança e aplicando os conceitos fundamentais da TCC na vida cotidiana.

ESTRUTURAÇÃO DA TERAPIA COGNITIVO-COMPORTAMENTAL

Estabelecimento de metas

O processo de desenvolvimento de metas de tratamento dá uma grande oportunidade de ensinar ao paciente o valor de estabelecer alvos específicos e mensuráveis para a mudança. Normalmente, a primeira intervenção de estabelecimento de metas é realizada no final da primeira sessão, quando já se avaliou os principais problemas, pontos fortes e recursos do paciente e se começou a construir uma relação empírico-colaborativa. Se o terapeuta tirar alguns momentos para educar o paciente sobre o estabelecimento eficaz de metas, o processo pode ser mais suave, demandar menos tempo e levar a um melhor resultado. O caso clínico a seguir demonstra como apresentá-lo na primeira sessão.

CASO CLÍNICO

Janet é uma mulher de 36 anos de idade que terminou recentemente um longo relacionamento com seu namorado. Ela disse ao terapeuta que aquela relação "não estava levando a nada". Janet decidiu fazer a mudança porque acreditava que já tinha "perdido muito tempo". Apesar de acreditar que tinha tomado a decisão certa, estava muito deprimida. Ela se culpava por ter sido "burra de ficar com ele por tanto tempo" e por ter "tolerado um fracassado". Sua autoestima estava no fundo do poço. Ela se via como uma pessoa que nunca encontraria a felicidade na vida e estava fadada a ser "rejeitada por qualquer um que ela realmente quisesse". Desde o rompimento, há seis semanas, Janet havia parado de se exercitar e socializar com os amigos. Ela dormia, ou tentava dormir, boa parte do tempo em que não estava no trabalho. Felizmente, não pensara em suicídio. Durante o início da sessão, ela contou ao terapeuta que sabia que precisava superar o rompimento e recompor sua vida.

Terapeuta: Tivemos uma boa sessão até agora, e acho que aprendemos bastante sobre seus problemas e pontos fortes. Podemos tentar estabelecer algumas metas para o tratamento?

Janet: Sim. Preciso parar de me deprimir. Tenho sido uma chata com toda essa história.

Terapeuta: Acho que você está se subestimando. Mas vamos tentar chegar a algumas metas que lhe deem um direcionamento – que apontarão uma saída para a sua depressão.

Janet: Não sei... acho que só quero ser feliz de novo. Não gosto de me sentir desse jeito.

Terapeuta: Se sentir melhor pode ser uma meta final do tratamento. Mas o que mais poderia ajudar agora é escolher alguns objetivos específicos que nos digam em que queremos nos focar nas sessões de terapia. Seria bom tentar escolher algumas metas de curto prazo, que poderíamos alcançar em breve, e algumas de prazo mais longo, que nos levariam a continuar trabalhando nas coisas que são mais importantes para você.

Janet: Bem, quero fazer alguma coisa com minha vida agora, além de tentar tirar isso da minha cabeça. Uma meta poderia ser voltar à minha rotina de exercícios. E preciso encontrar alguma coisa para ocupar o meu tempo, algo que tire o relacionamento com Randy da minha cabeça.

Terapeuta: Estas são duas boas metas de curto prazo. Podemos colocar no papel que você retomará os exercícios regulares e desenvolver interesses positivos ou atividades positivas para ajudá-la a superar o relacionamento?

Janet: Claro. Gostaria de fazer as duas coisas.

Terapeuta: Também seria bom colocar as metas de uma maneira que possamos saber quando estamos fazendo progressos. Que tipo de marcadores poderíamos estabelecer para nos alertar sobre como estamos indo?

Janet: Fazer exercícios pelos menos três vezes por semana.

Terapeuta: E quanto aos prazeres e as atividades?

Janet: Bem, sair com amigos pelo menos uma vez por semana e não passar muito tempo na cama.

Terapeuta: Essas metas nos darão um bom começo. Você pode tentar colocar no papel mais algumas metas de curto prazo antes da nossa próxima sessão?

Janet: Tudo bem.

Terapeuta: Agora, vamos tentar estabelecer algumas metas para um prazo mais longo nas quais trabalhar. Falamos sobre sua baixa autoestima. Você quer fazer alguma coisa a respeito desse problema?

Janet: Sim, eu gostaria de me sentir bem comigo mesma de novo. Não quero passar o resto da vida me sentindo um fracasso.

Terapeuta: Você pode colocar a meta em termos específicos? O que você quer conseguir?

Janet: Ver-me como uma pessoa forte, que vai ficar bem com ou sem um homem em minha vida.

O diálogo terapêutico seguiu-se com o terapeuta dando a Janet um *feedback* positivo por articular metas claras que poderiam ajudá-la a fazer mudanças produtivas. Depois, ele a ajudou a articular outras metas antes de encerrar a sessão, com a prescrição de tarefas de casa relacionadas com os objetivos gerais da terapia. (A técnica usada aqui, ativação comportamental, é abordada mais detalhadamente no Capítulo 6.)

Terapeuta: O que você poderia fazer nesta próxima semana para fazer progressos em direção às suas metas? Você consegue pensar em uma ou duas coisas que lhe fariam sentir melhor se conseguisse realizá-las?

Janet: Vou à academia de ginástica depois do trabalho pelo menos duas vezes e vou ligar para minha amiga Terry para ver se ela quer ir ao cinema.

As metas devem ser revistas e revisadas a intervalos regulares (pelo menos a cada quatro sessões) durante todo o processo de tratamento. Às vezes, aquelas estabelecidas no início do tratamento tornam-se menos importantes à medida que as questões ou preocupações são resolvidas ou que se conhece melhor o paciente. Podem surgir novas metas conforme a terapia progride, e podem ser necessários ajustes nos métodos de tratamento para superar as barreiras que se interpõem à conquista delas. Pode ser útil listar as metas do paciente no prontuário médico, a fim de manter o foco no trabalho em direção a esses objetivos. Você também pode pedir aos pacientes que anotem suas metas de tratamento em um caderno de terapia (ver seção "Psicoeducação", mais adiante, neste capítulo). Alguns princípios básicos para o estabelecimento eficaz de metas na TCC encontram-se no **Quadro 4.2**.

Estabelecimento de agenda

O processo de estabelecimento de agenda corre paralelamente ao de metas e utiliza muitos dos mesmos princípios e métodos. Ao contrário deste último, que abrange o curso inteiro da terapia, o estabelecimento de agenda é usado para estruturar cada sessão. Como observamos ao descrever os métodos de estabelecimento de metas, os pacientes normalmente precisam ser instruídos quanto aos benefícios e métodos de preparar uma agenda produtiva. Durante as primeiras sessões, o terapeuta pode precisar tomar a frente na modelagem da agenda. No entanto, a maioria dos pacientes aprende rapidamente o valor de uma agenda e vem às sessões subsequentes preparada para enfocar preocupações específicas.

As agendas das sessões que são especialmente eficazes incluem algumas das seguintes características:

1. **Os tópicos se relacionam diretamente com as metas gerais da terapia.** As agendas das sessões devem ajudá-lo a atingir as metas

QUADRO 4.2 DICAS PARA ESTABELECER METAS NA TERAPIA COGNITIVO-COMPORTAMENTAL

- Instrua o paciente sobre as técnicas de estabelecimento de metas.
- Tente evitar metas muito generalizadas e abrangentes que possam ser difíceis de definir ou atingir. A formulação de metas desse tipo pode fazer o paciente se sentir pior, pelo menos temporariamente, se elas parecerem pesadas ou inatingíveis.
- Seja específico.
- Oriente os pacientes a escolherem metas que tenham a ver com preocupações ou problemas significativos.
- Escolha metas de curto prazo que você acredite que tenham probabilidade de serem alcançadas no futuro próximo.
- Desenvolva algumas metas de longo prazo que exijam trabalho mais extensivo na TCC.
- Tente usar termos que tornem as metas mensuráveis, ajudando o paciente a medir seu progresso.

do tratamento. Se você achar que um tópico da agenda não está ligado às metas gerais da terapia, considere revisar a agenda da sessão ou a lista de metas. Talvez esse tópico seja supérfluo ou tenha relevância limitada para o curso geral da terapia. Por outro lado, a sugestão de um tópico da agenda poderia apontar para uma meta nova ou reformulada.

2. **Os tópicos são específicos e mensuráveis.** Tópicos da agenda bem definidos podem ser, por exemplo: desenvolver maneiras de enfrentar a irritabilidade do chefe; reduzir a procrastinação no trabalho; e conferir o progresso com a tarefa de casa da semana anterior. Tópicos vagos ou excessivamente gerais, que exigiriam maior definição ou reformulação, podem ser: minha depressão; sentir-se cansado o tempo todo; e minha mãe.
3. **Os tópicos podem ser abordados durante uma única sessão, havendo uma probabilidade razoável de que se tire algum benefício.** Tente ajudar o paciente a selecionar os tópicos, ou a redefini-los, de modo que o progresso seja possível em uma única sessão. Se o tópico parecer muito grande ou exagerado, pegue uma parte dele para trabalhar na sessão ou o refaça em termos que sejam mais manejáveis. Para ilustrar, um tópico difícil de manejar que foi sugerido por Janet ("Não quero me sentir rejeitada o tempo todo") foi reformulado para que se tornasse possível de ser trabalhado em uma única sessão ("desenvolver maneiras de enfrentar os sentimentos de rejeição").
4. **Os tópicos contêm um objetivo atingível.** Em vez de ser simplesmente um item de discussão (p. ex., problemas com os filhos, meu casamento, lidar com o estresse), o tópico inclui alguma possível medida de mudança ou leva o terapeuta e o paciente a trabalharem em um plano específico de ação (p. ex., o que fazer quanto aos problemas de minha filha na escola, discutir menos e dividir algumas atividades com meu marido, reduzir a tensão no trabalho).

Embora a agenda seja um pilar do processo de estruturação, pode haver inconvenientes ao se segui-la dogmaticamente. Estrutura demais pode ser algo ruim, se isso bloquear a criatividade, dar um tom mecanicista à terapia ou impedir que você e o paciente sigam temas valiosos. Quando bem utilizadas, a agenda e outras ferramentas de estruturação criam condições para a proliferação da espontaneidade e da aprendizagem criativa.

Atingir o equilíbrio certo entre estrutura e expressividade tem sido um tema recorrente em arte, música, arquitetura, psicoterapia e outros campos importantes da atividade humana. Por exemplo, o sucesso de um dos mais famosos parques do mundo, o Sissinghurst, é frequentemente atribuído à interação entre uma estrutura finamente entremeada de cercas vivas, árvores e estátuas e as plantações abundantes de flores coloridas que crescem livremente (Brown, 1990). Vemos a agenda e outras ferramentas de estruturação da TCC como promotoras dos aspectos mais criativos da terapia, do mesmo modo que a estrutura de uma sinfonia, de um quadro ou de um jardim permite que a parte emocionalmente ressonante da composição tenha um impacto maior.

Para aplicar esse conceito de maneira prática na TCC, sugerimos que o terapeuta estabeleça agendas e as siga rotineiramente, mas que se lembre de que essas estruturas não são imutáveis. Seu único propósito é ajudar o terapeuta e o paciente a concentrarem suas energias em obter *insight* e aprender novas maneiras de pensar e se comportar. Se falar sobre um item da agenda não estiver ajudando, e for improvável que o trabalho com essa questão naquele dia dê frutos, parta então para outro tópico. Se uma nova ideia surgir durante uma sessão e você acreditar que haveria um grande potencial para alterar a agenda, discuta suas observações com o paciente e decida de maneira colaborativa se é melhor seguir naquela direção. No entanto, mantenha-se na agenda quando ela estiver funcionando e use-a para moldar seu trabalho em ajudar os pacientes a mudarem.

Como o estabelecimento de agenda é um componente importante da TCC, incluímos dois vídeos ilustrando esse procedimento. No primeiro, o Dr. Wichmann, um residente em psiquiatria, demonstra a implantação dessa ferramenta durante a segunda sessão. Nesse momento da terapia, a paciente, Meredith, está se sentindo sobrecarregada por muitos problemas. Mesmo assim, o terapeuta consegue ajudá-la a montar uma agenda que identifica os alvos específicos para mudança.

Vídeo 3
Estabelecendo a agenda
Dra. Wichmann e Meredith (3:16)

Você pode estar pensando se o estabelecimento de agenda sempre acontece de maneira tão fluida quanto a apresentada na sessão do Dr. Wichmann com Meredith. Talvez você esteja pensando: "Minha paciente só quer falar. Seria difícil estabelecer uma agenda com ela". Embora aqueles que geralmente atendemos respondam bem às solicitações para estabelecer uma agenda, pode haver desafios na implementação desse método fundamental da TCC. Por isso, incluímos outro vídeo para ilustrar como superar obstáculos ao desenvolvimento de uma agenda eficaz, além do Guia de resolução de problemas 1, para ajudar a adquirir habilidades no manejo de problemas com a implantação dessa ferramenta.

Ao assistir esse próximo vídeo, reflita sobre como você poderia superar problemas semelhantes com os seus pacientes. O Dr. Brown percebeu que deixar Eric falar sobre seu pai durante quase toda a sessão (uma abordagem não direcional) provavelmente não ajudaria Eric a adquirir as habilidades necessárias da TCC. Assim, o Dr. Brown o interrompeu educadamente, reforçou o valor do estabelecimento de uma agenda e lhe mostrou como definir uma agenda que produziria resultados positivos.

Vídeo 4
Dificuldade para estabelecer uma agenda
Dr. Brown e Eric (2:50)

Verificação de sintomas

A estrutura básica das sessões de TCC inclui vários procedimentos padronizados que são realizados a cada vez que o paciente vem à terapia. Além do estabelecimento de agenda, a maioria dos terapeutas cognitivo-comportamentais inclui uma breve verificação dos sintomas no começo da sessão (Beck, 2011). Um método simples e rápido é pedir aos pacientes que classifiquem seu grau de depressão, ansiedade ou outros estados de humor em uma escala de 0 a 10 pontos, na qual 10 equivale ao grau mais alto de angústia e 0 a nenhuma angústia. Ainda melhor, você pode administrar questionários curtos respondidos pelo próprio paciente em cada sessão. Recomendamos especialmente o Questionário de Saúde do Paciente-9 (PHQ-9;

Guia de resolução de problemas 1

Desafios de trabalhar com uma agenda

1. **O paciente mergulha em relatos detalhados ou enrolados desde o início da sessão, apesar de seu pedido de estabelecer uma agenda.** Este desafio na implementação da TCC pode ser especialmente comum entre indivíduos que já tiveram experiências com a terapia não direcional e foram incentivados a falar livremente de maneira desestruturada. Outros pacientes podem ter uma inclinação natural para falar muito ou ter dificuldade para se concentrar na resolução de problemas. Durante as primeiras sessões, explique o caráter colaborativo da TCC. Se aplicável, pergunte ao paciente sobre suas experiências anteriores com terapia e discuta como a abordagem da TCC orientada ao problema pode ser diferente. Peça permissão para eventualmente interrompê-lo para ajudá-lo a manter a linha de raciocínio e atingir as metas do tratamento. Como o que é feito pelo Dr. Brown no Vídeo 4, demonstre que seguir uma agenda leva a resultados produtivos.
2. **O paciente sugere muitos itens para a agenda ou identifica vários problemas que parecem muito grandes.** Pare e avalie até que ponto os itens propostos combinam com as metas gerais da terapia e trabalhe com o paciente no planejamento de uma estratégia geral que trate das preocupações de maneira sequencial. Explique que é mais provável haver progressos se um número menor de itens (geralmente dois ou três) na agenda for abordado em cada sessão, discutindo-os com profundidade suficiente para desenvolver planos de ação e habilidades de enfrentamento eficazes.
3. **O paciente sugere muito poucos itens de agenda.** Se o paciente não conseguir pensar em nada ao ser solicitado a estabelecer uma agenda ou citar apenas um ou dois itens que não parecem oferecer muita oportunidade de ganho, o terapeuta pode fazer perguntas para estimular ideias: "Vamos dar uma olhada nas anotações que fizemos na última sessão para ver se encontramos temas com os quais trabalhar hoje?", "Que tal examinar suas metas de tratamento para não deixarmos nada para trás?", "Algum evento estressante que tenha desencadeado pensamentos automáticos?". Como alternativa, o terapeuta pode tomar a frente e gerar itens para a agenda. Talvez o paciente esteja ignorando ou subestimando questões que precisam de atenção. Entre essas, estão o uso excessivo de álcool, a procrastinação de projetos atrasados no trabalho ou a esquiva de contatos sociais.
4. **O paciente costuma deixar de colocar a tarefa de casa na agenda.** Como observado na seção "Tarefa de casa" mais adiante neste capítulo, a inclusão rotineira de tarefa de casa nas agendas de cada sessão aumenta as chances de os exercícios serem feitos e serem eficazes. Se o paciente não o fizer, você pode colocar a tarefa de casa na agenda. Com gentileza, destaque a importância do acompanhamento consistente das atividades de autoajuda realizadas fora das sessões.
5. **O paciente frequentemente foge da agenda ou passa boa parte da sessão desabafando sobre eventos estressantes sem aprender os métodos da TCC para enfrentá-los.** Se for algo natural para o paciente contar estórias e se ele se sentir frustrado com o caráter estruturado da TCC, reserve uma pequena quantidade de tempo para discussões abertas. Nesses casos, é melhor que a maior parte do esforço seja dedicado ao trabalho em itens específicos da agenda, dispensando também algum tempo para o paciente contar o que aconteceu desde a última visita. Para arregimentar a cooperação do paciente nessa estruturação, você poderia dizer algo como: "Você conta muito bem suas experiências. Acho bom conhecer as pessoas de sua vida e os problemas que você enfrenta. Mas descobri que posso ficar preso nos detalhes da estória e acabar não tendo tempo suficiente para ensinar-lhe algo novo. A sessão termina antes de termos a chance de praticar maneiras de lidar com os seus problemas. O que eu gostaria de sugerir é que seria melhor para nós dois separar um tempo para o trabalho da TCC. O que você acha?".

(*Continua*)

Guia de resolução de problemas 1 *(Continuação)*
Desafios de trabalhar com uma agenda

6. **Você está desconfortável com a estruturação da terapia.** O treinamento prévio em terapia de apoio ou psicodinâmica pode, para alguns terapeutas, dificultar a capacidade de assumir um papel ativo no estabelecimento de agendas, interrupção do paciente e redirecionamento do fluxo da conversa. Além disso, alguns terapeutas podem ter traços de personalidade ou experiências de vida que os tornam hesitantes em interromper os outros. Se você tiver dificuldade para pedir aos pacientes que se concentrem mais nas conversas, examine essa questão com um supervisor e pratique maneiras educadas de interromper. Por exemplo, você poderia dizer: "Você se importa se dermos uma pausa para decidirmos qual seria a melhor forma de usar nosso tempo hoje? Estou vendo que a briga com sua irmã o aborreceu. Mas ainda não estabelecemos nossa agenda. Quero ter certeza de que vamos aproveitar nossa sessão ao máximo."

Kroenke et al., 2001) e a Generalized Anxiety Disorder 7-Item Scale (GAD-7; Spitzer et al., 2006). O PHQ-9 abrange os nove sintomas principais do transtorno depressivo maior, inclusive uma pergunta sobre ideação suicida, e a GAD-7 visa sete sintomas comuns de ansiedade. Ambas as escalas são de domínio público, portanto podem ser administradas sem custos. Além disso, elas são amplamente usadas na prática clínica e nas pesquisas. A **Tabela 4.1** traz uma lista de várias escalas de classificação valiosas para preenchimento pelo próprio paciente e suas fontes.

A verificação de sintomas proporciona uma estimativa valiosa do progresso do tratamento e ainda adiciona um elemento consistente de estruturação à sessão de terapia. Outro motivo para realizar de maneira rotineira a verificação de sintomas é a possibilidade de melhora no resultado do tratamento, como observado no Capítulo 3, sendo a autoavaliação um pilar fundamental do cuidado melhorado com medições.

Para ganhar tempo para o trabalho terapêutico nas sessões, alguns terapeutas pedem aos pacientes que cheguem mais cedo às consultas para responder aos questionários na sala de espera, seja em papel, computador ou *tablet*. A integração dessas avaliações com o prontuário médico eletrônico pode possibilitar que terapeuta e paciente vejam gráficos dos resultados do tratamento e voltem sua atenção à conquista dos maiores ganhos.

Além da verificação de sintomas, também realizamos uma rápida atualização, com perguntas suficientes para se obter um quadro claro de como o paciente está se saindo, avaliar os progressos e se informar sobre novos desenvolvimentos. Esse segmento de verificação de sintomas e rápida atualização da sessão costuma tomar apenas alguns minutos.

Entre alguns terapeutas cognitivo-comportamentais, é rotina estabelecer a agenda antes de fazer a verificação de sintomas/rápida atualização e, portanto, eles incluem essa avaliação como um item-padrão da agenda. Outros a realizam bem no começo da sessão, como um prelúdio ao processo de estabelecimento de agenda. Nos exemplos de estruturas para as sessões fornecidas mais adiante neste capítulo (ver "Como estruturar as sessões durante todo o curso da terapia cognitivo-comportamental"), utilizamos uma estratégia de realizar uma verificação de sintomas/rápida atualização como o primeiro elemento da sessão.

Ponte entre as sessões

Embora a maior parte do trabalho de estruturação seja focada no manejo do conteúdo da sessão, em geral é útil fazer algumas perguntas que ajudarão o paciente a revisar questões ou temas da sessão anterior. As tarefas de casa, um dos elementos-padrão da estruturação, fazem a ligação entre as sessões

TABELA 4.1 ESCALAS DE CLASSIFICAÇÃO BREVES PREENCHIDAS PELO PACIENTE

Escala de classificação	Aplicação	Fonte	Referência
Questionário de Saúde do Paciente-9 (PHQ-9)	Depressão	www.phqscreeners.com	Kroenke et al., 2001
Quick Inventory of Depressive Symptomatology (QIDS-16)	Depressão	www.ids-qids.org	Rush et al., 2003
Inventário de Depressão de Beck (BDI)	Depressão	www.pearsonclinical.com	Beck et al., 1961
Generalized Anxiety Disorder 7-Item Scale (GAD-7)	Ansiedade	www.phqscreeners.com	Spitzer et al., 2006
Questionário de Preocupação do Estado da Pensilvânia (PSWQ)	Ansiedade	at-ease.dva.gov.au/professionals/files/2012/11/PSWQ.pdf	Meyer et al., 1990
Inventário de Ansiedade de Beck	Ansiedade	www.pearsonclinical.com	Beck et al., 1988

Nota: todas as escalas nesta tabela, com exceção do Inventário de Depressão de Beck e do Inventário de Ansiedade de Beck, podem ser utilizadas clinicamente sem fins lucrativos e sem pagamento de *royalties*. Consulte as informações sobre direitos no *website* de cada escala antes de utilizá-las.

e mantêm a terapia focada nas questões ou intervenções-chave que fluem por várias sessões. No entanto, recomendamos que você vá além da verificação da tarefa de casa para ter certeza de que assuntos importantes das sessões anteriores não foram colocados de lado ou esquecidos pela pressão de outros mais recentes. Uma maneira útil de fazer a ponte entre as sessões é tirar alguns minutos antes do horário marcado para revisar suas anotações e pedir ao paciente que reveja o seu caderno de anotações em busca de itens a serem reavaliados na agenda do dia.

Feedback

Em algumas formas de psicoterapia, é dada pouca ênfase em prover *feedback* ao paciente. No entanto, os terapeutas cognitivo-comportamentais se esforçam bastante para dar e solicitar *feedback*, a fim de ajudar a manter a sessão estruturada, construir a relação terapêutica, promover incentivo adequado e corrigir distorções no processamento de informações. Costuma-se recomendar que os terapeutas cognitivo-comportamentais parem em vários pontos de cada sessão para obter um *feedback* e verificar a compreensão. Para tanto, são feitas perguntas ao paciente, como, por exemplo: "Como você acha que a sessão está indo até agora?", "Antes de continuarmos, quero fazer uma pausa para ver se estamos indo pelo mesmo caminho... Você poderia resumir os principais pontos que estamos tratando hoje?", "O que você gosta na terapia?", "Quais são as suas sugestões para coisas que você gostaria que eu fizesse diferente?" ou "Quais pontos você vai levar da sessão hoje?".

Também é dado ao paciente *feedback* construtivo e de apoio a intervalos frequentes (Quadro 4.3). Muitas vezes, o *feedback* é apenas uma frase ou duas, no contexto da sessão. Por exemplo, o terapeuta pode dizer: "Estamos progredindo bastante hoje, mas acho que aproveitaremos melhor a sessão se adiarmos a discussão sobre o seu emprego até a próxima semana e nos concentrarmos no problema com sua filha". Seria melhor se a essa afirmação se seguisse um pedido de *feedback* por parte do paciente: "O que você acha disso?". Ao fornecer *feedback*, pode haver uma linha tênue entre dar incentivo adequado e fazer afirmações que poderiam ser percebidas como sendo ou extremamente positivas ou críticas. As sugestões do **Quadro 4.3** podem ajudá-lo a dar *feedback* aos pacientes de uma forma que este seja bem recebido e que leve a terapia adiante.

Parte do impulso por atenção ao processo de *feedback* na TCC veio dos estudos extensivos acerca do processamento de informações na depressão (Clark et al., 1999). O peso das evidências provenientes dessas investigações sugere que pessoas com depressão ouvem menos *feedback* positivo do que aquelas não deprimidas e que esse viés no processamento de informações pode ter um papel na persistência de cognições depressogênicas (Clark et al., 1999). Além disso, estudos de pessoas com transtornos de ansiedade descobriram que esses quadros estão associados a um estilo desadaptativo de processamento de informações (ver Capítulo 1). Por exemplo, um indivíduo com agorafobia pode ter ouvido muitas vezes de familiares e amigos que seus medos são infundados, mas a mensagem não é processada.

Sugerimos manter esses achados de pesquisas em mente ao dar *feedback* aos pacientes. Pode ser necessário ajudá-los a entender que a depressão ou a ansiedade podem colocar um filtro em suas percepções e que as coisas que você e outras pessoas lhes dizem podem não ser ouvidas do modo como se pretendia. Também pode ser que você queira ajudar os seus pacientes a trabalharem nas habilidades de dar e receber *feedback* adequadamente. Uma maneira especialmente útil de fazer isso é a modelagem das formas eficazes de processar o *feedback* na relação terapêutica.

Ritmo

Qual é a melhor forma de aproveitar o tempo das sessões de terapia? Quando se deve passar para um novo item da agenda? Por quanto tempo se deve continuar a trabalhar em um tópico, quando parece que você está estagnado ou tendo problemas para fazer progressos? Até que ponto se deve guiar o paciente para mantê-lo focado na questão atual? Você está indo tão rápido que o paciente está tendo problemas em assimilar e lembrar os conceitos-

QUADRO 4.3 DICAS PARA DAR *FEEDBACK* NA TERAPIA COGNITIVO-COMPORTAMENTAL

- Ofereça *feedback* que ajude os pacientes a se manterem nos itens da agenda. Você pode fazer comentários como: "Acho que estamos nos desviando do assunto." ou "Você começou a falar de outro problema; antes de falarmos disso, vamos parar para pensar sobre como queremos usar o resto de nosso tempo hoje.".
- Proporcione *feedback* que melhore a organização, a produtividade e a criatividade da sessão de terapia. Identifique digressões, mas também preste atenção se parecer que uma descoberta inesperada ou não planejada pode ser promissora.
- Seja verdadeiro. Estimule, mas não ultrapasse os limites ao elogiar o paciente.
- Tente fazer comentários construtivos que identifiquem os pontos fortes ou ganhos e que também possam sugerir maiores oportunidades para a mudança. Tenha o cuidado de evitar dar *feedback* que possa fazer os pacientes pensarem que você os está julgando negativamente ou não está feliz com seus esforços na terapia.
- Faça um resumo dos principais pontos da sessão como um meio de oferecer *feedback*. No entanto, pode ser enfadonho se você ficar sempre resumindo o conteúdo da sessão. Em geral, é suficiente fazer um pequeno resumo uma ou duas vezes por sessão.
- Utilize o *feedback* como uma ferramenta de ensino. Seja um bom *coach* e avise os pacientes quando estiverem desenvolvendo *insight* ou habilidades valiosas. Você pode utilizar comentários como "Agora estamos chegando lá!" ou "Você realmente fez essa tarefa de casa valer a pena." para ressaltar progressos ou aprendizados que se espera que eles retenham.

-chave? Seria bom voltar para um tópico para revisar o que foi aprendido? Essas são perguntas que você precisará responder para dar às sessões um grau máximo de produtividade ao mesmo tempo em que mantém uma excelente relação terapêutica.

Em nossa experiência com a supervisão de alunos de TCC, descobrimos que, ao ler sobre terapia, é difícil aprender a habilidade de compassar a sessão. Aprendem-se melhor as nuances de achar o momento certo das intervenções e fazer perguntas que moldem efetivamente a estrutura das sessões por meio da prática continuada e do *role-play* recebendo supervisão de sessões de terapia e assistindo a vídeos de terapeutas experientes.

A principal estratégia a se ter em mente ao trabalhar no ritmo das sessões de TCC é o uso eficaz de um estilo de questionamento voltado para o problema ou para a meta. Terapeutas que não oferecem direção ou apoio podem simplesmente seguir o ritmo impresso pelo paciente na condução do diálogo terapêutico. No entanto, se estiver realizando TCC, você precisará planejar ativamente e se concentrar na linha de questionamento. Com base na formulação de caso, você orientará o paciente em direção à discussão produtiva de tópicos específicos e normalmente se manterá em um tema até que a intervenção produza resultados, que um plano de ação possa ser desenvolvido ou que uma tarefa de casa possa ser definida. Como o estabelecimento habilidoso do ritmo das sessões é uma das habilidades da TCC mais difíceis de se adquirir, oferecemos o Guia de resolução de problemas 2, que traz possíveis soluções para os problemas comuns na obtenção do benefício máximo do tempo da terapia.

Há várias ilustrações em vídeo que demonstram as técnicas de dar o ritmo na TCC. Sugerimos ter em mente as questões de ritmo e tempo ao assistir às vinhetas incluídas nos capítulos posteriores. As fontes para outros vídeos de TCC, incluindo sessões conduzidas por mestres como Aaron T. Beck e Christine Padesky, são apresentadas no Apêndice II.

Tarefa de casa

A tarefa de casa serve a muitos propósitos na TCC. Sua função mais importante é desenvolver habilidades em TCC para lidar com problemas em situações reais. Todavia, também é usada para dar mais estrutura à terapia, ao fazer da tarefa um item rotineiro de agenda para cada sessão e ao servir como uma ponte entre as sessões. Por exemplo, se foi sugerido na sessão anterior o preenchimento de um registro de pensamentos para uma situação estressante prevista (p. ex., reunir-se com o chefe, tentar enfrentar uma situação social temida ou resolver um conflito com um amigo), essa tarefa seria colocada na agenda para a sessão atual. Mesmo se o paciente não completar a tarefa ou tiver dificuldade em realizá-la, geralmente há benefícios em discuti-la.

Quando as tarefas de casa funcionam bem, pode-se delinear pontos de revisão para que o aprendizado seja reforçado durante a sessão. Vinculações à agenda da sessão atual ou ideias e questões estimuladas pela tarefa de casa podem sugerir novos itens para a agenda. Quando são encontrados problemas para realizar as tarefas de casa, geralmente é útil explorar os motivos pelos quais elas não foram feitas ou não funcionaram conforme o planejado. Talvez você não tenha explicado claramente a tarefa. É possível que tenha sugerido uma atividade que foi percebida como muito difícil, muito fácil ou irrelevante para os desafios do paciente?

Uma estratégia que normalmente funciona bem é explorar quaisquer barreiras que o paciente tenha na realização da tarefa. Ele estava se sentindo tão sobrecarregado de trabalho que achou que não conseguiria tirar um tempo para fazê-la? Ele temia que seus colegas, filhos ou outras pessoas a vissem? Ele se sentia tão exausto que não conseguiu se organizar para começar o exercício? Há um padrão crônico de procrastinação? A expressão *tarefa de casa* ativou algumas associações negativas com as experiências na escola? Pode haver várias razões para os pacientes não fazerem sua tarefa de casa. Se conseguir discernir por que isso acontece, você a tornará uma experiência mais bem-sucedida.

Guia de resolução de problemas 2

Dificuldade de dar ritmo às sessões

1. **O tempo de terapia é utilizado de maneira ineficiente.** Você percebe que há muitas digressões e falta clareza ou foco suficiente às sessões. Entre as possíveis soluções estão: 1) aumentar sua atenção ao estabelecimento de uma agenda bem sintonizada; 2) pedir e dar mais *feedback;* 3) verificar as metas gerais da terapia para ver se você continua no caminho para alcançar tais metas; e 4) examinar uma sessão gravada com um supervisor para identificar e corrigir as ineficiências.
2. **Apenas um item da agenda é coberto, quando outros dois ou três itens importantes são negligenciados ou recebem atenção apenas superficial.** Em algumas ocasiões, a decisão de passar toda a sessão em um único item da agenda é o melhor caminho a seguir. Nessa situação, outros itens da agenda podem ser adiados até a próxima consulta. No entanto, um padrão geral de não cobrir os itens da agenda sugere que você não está pensando antes e tomando decisões estratégicas quanto a como usar o tempo de terapia. Tente conversar com o paciente no início da sessão sobre dispensar algum tempo de terapia para cada item da agenda. Você não precisa marcar um tempo rígido, mas pode tentar priorizar os itens e ter uma ideia geral de quanto tempo cada item deve tomar.
3. **Você tem dificuldade de tomar decisões colaborativas sobre a direção da terapia.** As decisões referentes a ritmo e tempo estão sendo tomadas somente por você. Não foi solicitado *feedback* ao paciente ou ele aceita passivamente todas as suas decisões e fica satisfeito em deixar você sempre assumir "o banco do motorista". Ou o paciente está controlando boa parte da direção da sessão sem obter ou aceitar *feedback* de você. Nesses tipos de situação, há um problema de equilíbrio na relação terapêutica. Tente melhorar o fluxo e o ritmo das sessões enfatizando a tomada de decisão conjunta quanto a: a) escolha dos tópicos; b) quanto tempo e esforço são gastos em um tópico; e c) quando passar para outro tópico.
4. **A sessão termina sem qualquer sensação de movimento ou ação que pudesse levar ao progresso.** Sessões bem ritmadas costumam ser direcionadas a uma mudança que o paciente pode fazer e que ajudará a aliviar os sintomas, lidar com o problema ou prepará-lo para lidar com a situação no futuro. Se você considerar que suas sessões estão terminando sem qualquer sensação de resolução ou movimento adiante, revise a formulação de caso, elabore algumas estratégias para a mudança e planeje-se para a próxima consulta. Você está sugerindo tarefas de casa que ajudam o paciente a finalizar as lições aprendidas nas sessões de terapia? Em caso negativo, refine as tarefas de casa incluindo um plano de ação para a mudança. Também peça ao paciente para resumir os pontos principais apreendidos na sessão. Se ele tiver dificuldade para fazer isso ou se não houver nenhuma lição específica que possa ser identificada, concentre mais esforços no desenvolvimento de lições a serem apreendidas.
5. **Você desiste muito rápido de um tópico que parece promissor.** Este problema de ritmo costuma ser observado em sessões conduzidas por estagiários de TCC. Em geral, a sessão de terapia é mais produtiva quando um pequeno número de tópicos é discutido em profundidade do que quando uma grande quantidade de assuntos é discutida superficialmente.
6. **Suas habilidades de elaborar perguntas e lidar com as transições da terapia precisam ser mais desenvolvidas.** Embora alguns terapeutas pareçam ter um grande talento natural para fazer as perguntas certas e deixar as sessões fluírem tranquila e eficientemente, a maioria de nós precisa praticar, assistir a nós mesmos em vídeos e ter uma boa supervisão antes de podermos dominar as técnicas de entrevista na TCC. Assistir a sessões gravadas (ou ouvir o áudio) é um método particularmente importante de adquirir habilidades em dar ritmo e encontrar os momentos certos. Ao observar as sessões gravadas, tente identificar áreas nas quais você poderia ter intensificado o foco do questionamento. Pause a gravação e pense em diversas opções diferentes de perguntas que você poderia ter feito. Também assista a sessões conduzidas por terapeutas cognitivo-comportamentais experientes, em busca de ideias sobre como fazer perguntas mais eficazes e transições excelentes da terapia.

Discutimos a tarefa de casa em vários pontos deste livro, por ser esta uma das ferramentas mais úteis da TCC (p. ex., no Capítulo 6, o Guia de resolução de problemas 3 trata dos problemas em concluir a tarefa de casa). Como você verá, diversas intervenções para modificar cognições e comportamentos desadaptativos (p. ex., registros de pensamento, exame das evidências, programação de atividades, exposição e prevenção de resposta) descritas em capítulos posteriores são usadas extensivamente como tarefas de casa. Embora seu foco principal ao sugeri-las possa ser colocar o método da TCC em prática ou ajudar o paciente a enfrentar uma situação problemática, tente ter sempre em mente a importância da estrutura na TCC e o papel central da tarefa de casa no fortalecimento dessa estrutura.

COMO ESTRUTURAR AS SESSÕES DURANTE TODO O CURSO DA TERAPIA COGNITIVO-COMPORTAMENTAL

Alguns elementos da estrutura da sessão são mantidos durante todas as fases da TCC. Contudo, as primeiras sessões normalmente se caracterizam por possuir mais estrutura do que as posteriores. No início da terapia, os pacientes estão geralmente mais sintomáticos, podem ter mais dificuldade de concentração e memória, estar se sentindo desesperançados e ainda não terem adquirido as habilidades da TCC para organizar o trabalho de enfrentar problemas. Por volta das últimas etapas da terapia, em geral, é necessária uma estrutura menor, uma vez que os pacientes terão progredido na resolução de sintomas, adquirido conhecimento para usar os métodos de autoajuda da TCC e estarão assumindo maior responsabilidade pelo controle de sua própria terapia, e, como já observamos, uma das metas da TCC é ajudá-los a se tornarem seus próprios terapeutas ao final do tratamento.

A seguir, nos **Quadros 4.4**, **4.5** e **4.6**, apresentamos modelos de estruturas das sessões nas fases inicial, intermediária e final da TCC. Cada sessão inclui as características comuns de estabelecimento de agenda, verificação de sintomas, revisão de tarefas de casa, trabalho nos problemas e nas questões, prescrição de uma nova tarefa de casa e *feedback*. A quantidade de estrutura e o conteúdo da sessão variam à medida que a terapia amadurece. Esses modelos são apresentados apenas para orientação geral, e não são planejados para serem utilizados como um sistema a ser usado em todos os casos para a estruturação da terapia. No entanto, descobrimos que essas descrições básicas podem ser personalizadas para atender às necessidades e aos atributos da maioria dos pacientes e para prover estruturas que ajudem a atingir as metas de tratamento.

QUADRO 4.4 ESBOÇO DA ESTRUTURA DE UMA SESSÃO: FASE INICIAL DO TRATAMENTO

1. Cumprimente o paciente.
2. Realize uma verificação dos sintomas.
3. Estabeleça a agenda.[a]
4. Revise a tarefa da sessão anterior.[b]
5. Conduza o trabalho de TCC com os itens da agenda.
6. Eduque o paciente para o modelo cognitivo. Ensine os conceitos e métodos básicos da TCC.
7. Desenvolva uma nova tarefa de casa.
8. Revise os pontos-chave, dê e solicite *feedback* e encerre a sessão.

Nota: os exemplos do trabalho de TCC na fase inicial da terapia incluem a identificação das mudanças de humor, de pensamentos automáticos e de erros cognitivos, o registro de pensamentos de duas ou três colunas, a programação de atividades e a ativação comportamental. Há uma ênfase, nas fases iniciais da TCC, em demonstrar e ensinar o modelo cognitivo básico. Normalmente, dá-se e solicita-se *feedback* várias vezes durante a consulta ao final da sessão.

[a]Alguns terapeutas preferem estabelecer a agenda antes de realizar a verificação dos sintomas.

[b]A tarefa de casa pode ser revisada e/ou prescrita em vários momentos da sessão.

QUADRO 4.5 ESBOÇO DA ESTRUTURA DE UMA SESSÃO: FASE INTERMEDIÁRIA DO TRATAMENTO

1. Cumprimente o paciente.
2. Realize uma verificação dos sintomas.
3. Estabeleça a agenda.
4. Revise a tarefa da sessão anterior.
5. Conduza o trabalho de TCC com os itens da agenda.
6. Programe uma nova tarefa de casa.
7. Revise os pontos-chave, dê e solicite *feedback* e encerre a sessão.

Nota: os exemplos do trabalho de TCC na fase intermediária da terapia incluem a identificação de esquemas e de pensamentos automáticos, o registro de pensamentos de cinco colunas, a exposição gradual a estímulos temidos e a condução de trabalhos de níveis inicial e intermediário para mudar os esquemas. As metas da terapia devem ser revistas periodicamente durante toda a fase intermediária, porém a revisão normalmente não é inserida na agenda de cada sessão. A quantidade de estrutura pode começar a diminuir gradualmente na fase intermediária da TCC se o paciente estiver demonstrando melhor habilidade em seu trabalho de enfrentar problemas.

QUADRO 4.6 ESBOÇO DA ESTRUTURA DE UMA SESSÃO: FASE FINAL DO TRATAMENTO

1. Cumprimente o paciente.
2. Realize uma verificação dos sintomas.
3. Estabeleça a agenda.
4. Revise a tarefa da sessão anterior.
5. Conduza o trabalho de TCC com os itens da agenda.
6. Trabalhe na prevenção da recaída; prepare o paciente para o término da terapia.
7. Programe a nova tarefa de casa.
8. Revise os pontos-chave, dê e solicite *feedback* e encerre a sessão.

Nota: os exemplos do trabalho de TCC na parte final da terapia incluem a identificação e a modificação de esquemas, o registro de pensamentos de cinco colunas, o desenvolvimento de planos de ação para lidar com problemas e/ou a prática de esquemas revisados e de exposição. As metas da terapia são revistas periodicamente durante toda a fase final, e são formuladas metas para serem trabalhadas depois da terapia. Há um foco na identificação de ativadores em potencial da recaída e na utilização de procedimentos, como o ensaio cognitivo-comportamental, a fim de ajudar o paciente a ficar bem depois de a terapia terminar. A quantidade de estrutura é reduzida na fase final da TCC à medida que o paciente assume cada vez mais responsabilidade pela implementação de métodos da TCC na vida diária.

Exercício 4.1
Estruturação da TCC

1. Recrute um colega de curso, colega de trabalho ou supervisor para auxiliá-lo a praticar os métodos de estruturação da TCC. Utilize *role-play* para exercitar o estabelecimento de metas e agendas em diferentes fases da terapia.
2. Peça a seu auxiliar para fazer o papel de um paciente que tem dificuldades para estabelecer agendas. Discuta as opções que você possa ter para ajudar o paciente a definir itens produtivos de agenda. Depois, tente implementar essas estratégias.
3. Utilize o exercício de *role-play* para desenvolver a prática de dar e receber *feedback*. Peça a seu auxiliar para fazer críticas construtivas a você. Ele o vê como alguém que dá *feedback* claro, útil e que dá apoio?
4. Ensaie combinar tarefas de casa. Novamente, peça a seu auxiliar para fazer uma avaliação honesta de suas habilidades. Ele tem alguma sugestão de como você poderia melhorar a prescrição das tarefas de casa?
5. Implemente os métodos de estruturação descritos neste capítulo no trabalho com seus pacientes. Discuta suas experiências com um supervisor ou colega.

PSICOEDUCAÇÃO

Existem três razões principais pelas quais aprimorar suas habilidades para ensinar pode ajudar a maximizar sua eficácia como terapeuta cognitivo-comportamental. A primeira é que a TCC se baseia na ideia de que os pacientes podem aprender habilidades para modificar cognições, controlar os estados de humor e fazer mudanças produtivas em seu comportamento. Seu sucesso como terapeuta reside, em parte, em quão bem você ensina essas habilidades. A segunda é que a psicoeducação eficaz durante todo o processo de terapia deve instrumentalizar os pacientes com conhecimento que os ajudará a reduzir o risco de recaída. Finalmente, a TCC é dirigida para ajudar os pacientes a se tornarem seus próprios terapeutas. É preciso educá-los sobre como continuar a utilizar os métodos de autoajuda cognitivos e comportamentais após a conclusão da terapia. Alguns métodos para dar essa educação estão delineados no **Quadro 4.7** e descritos nas subseções a seguir.

Miniaulas

Em algumas ocasiões nas sessões, pode-se lançar mão de breves explicações e ilustrações de teorias ou intervenções da TCC para ajudar o paciente a entender os conceitos. Evita-se um tom de sermão nessas miniaulas, optando-se por um estilo educacional amigável, envolvente e interativo. Pode-se utilizar o questionamento socrático para estimulá-lo a se envolver no processo de aprendizagem. Diagramas por escrito ou outras ferramentas de aprendizagem também podem intensificar a experiência educacional. Utilizamos frequentemente um diagrama circular que mostre a ligação entre eventos, pensamentos, emoções e comportamentos quando explicamos o modelo cognitivo básico pela primeira vez. Essa técnica funciona melhor se o terapeuta conseguir fazer um diagrama com um exemplo real da vida do paciente.

O Vídeo 1 traz uma demonstração de psicoeducação sobre o modelo da TCC. Nesse vídeo, o Dr. Wright ajuda Kate a entender a relação entre gatilhos ambientais, pensamentos automáticos, emoções e comportamentos. Usando um exemplo emocionalmente carregado das experiências recentes delas, ele gera uma experiência de aprendizado envolvente, que tem probabilidade de ser lembrada e usada. O diagrama apresentado na **Figura 4.1** foi uma característica importante do trabalho educativo realizado nessa sessão de terapia.

Vídeo 1
Dando início – a TCC em ação
Dr. Wright e Kate (12:17)

Modelo de exercício

Uma boa forma de educar os pacientes quanto aos métodos da TCC é escrever um exemplo de um exercício em uma sessão de terapia e ao mesmo tempo explicar como o procedimento funciona. O exercício escrito, então, pode ser dado ao paciente como um modelo para o trabalho futuro, e pode-se fazer uma cópia para arquivo. A visualização do método por escrito pode ajudar os pacientes a aprender o conceito rapidamente e a retê-lo. Algumas aplicações possíveis dessa técnica incluem desenhar um diagrama do modelo da TCC, como mostrado no Vídeo 1; escrever um registro de

QUADRO 4.7 MÉTODOS PSICOEDUCATIVOS

- Prover miniaulas
- Prescrever um exercício na sessão
- Usar um caderno de notas de terapia
- Recomendar leituras
- Usar a TCC por meio de computador

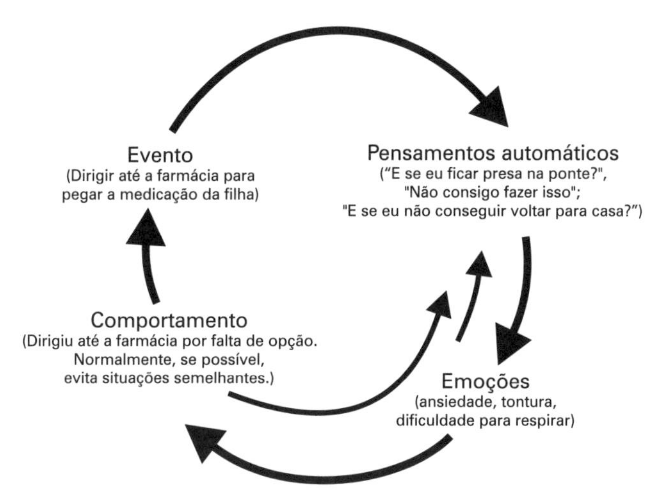

FIGURA 4.1 Diagrama de Kate do modelo de TCC.

pensamentos automáticos (ver Figura 5.1, no Capítulo 5); fazer um exercício de exame das evidências (ver Figura 5.2, no Capítulo 5) ou preencher um cartão de enfrentamento (ver Figuras 5.5, 5.6 e 5.7, no Capítulo 5).

Caderno de terapia

Podem-se organizar em um caderno de terapia os exercícios das sessões, tarefas de casa, apostilas, escalas de avaliação, anotações sobre *insights* importantes e outros materiais escritos ou impressos. Somos fortes defensores do uso de cadernos de terapia, pois eles promovem a aprendizagem, podem melhorar a realização das tarefas de casa e ajudar os pacientes a lembrarem e utilizarem os conceitos da TCC por muitos anos depois de a terapia terminar. Por exemplo, um homem que um de nós tratou no passado telefonou para marcar uma sessão após um divórcio. Ele não era atendido há 10 anos, mas relatou que consultava rotineiramente seu caderno de terapia para auxiliá-lo no uso da TCC para lidar com os estresses de sua vida. Embora perturbado pelo divórcio, ele utilizara com sucesso os métodos da TCC para não cair em depressão novamente. Depois de uma sessão de reforço, ele decidiu que continuaria a utilizar as técnicas de autoajuda da TCC e não precisaria mais de terapia contínua.

Normalmente, apresentamos a ideia de um caderno de terapia durante a primeira ou segunda sessão e, depois, reforçamos a importância desse método durante todo o curso de tratamento. Outro ponto positivo do caderno de terapia é que ele ajuda a estruturar a TCC, se for consultado ou complementado como uma parte rotineira de cada sessão. Esse recurso é também extremamente valioso para o trabalho de TCC com pacientes internados, no qual o trabalho na terapia individual, tratamentos em grupo, sessões de revisão de tarefa e outras atividades podem ser organizados e melhorados com esse método de registro (Wright et al., 1993).

Leituras

Livros, apostilas ou outros materiais de autoajuda disponíveis em formato impresso ou pela internet são frequentemente utilizados na TCC para instruir os pacientes e envolvê-los em exercícios de aprendizagem fora das sessões de tratamento. Normalmente, recomendamos pelo menos um livro de autoajuda a nossos pacientes e damos orientação sobre quais capítulos podem ser úteis em diferentes momentos da terapia. Por exemplo, o livro *Breaking free from depression: pathways to wellness* (Wright e McCray, 2011) tem dois capítulos introdutórios que ajudam as pessoas a avaliar os sintomas e a estabelecer metas úteis. Esses capítulos proporcionam um bom ponto de partida para alguém que esteja nos estágios iniciais da terapia. São, então, recomendados capítulos sobre pensamentos automáticos, crenças nucleares e exercícios comportamentais, à medida que a terapia aborda esses tópicos. Pode ser sugerida a leitura do capítulo desse livro sobre medicações quando os pacientes estiverem recebendo farmacoterapia ou se estiverem interessados em aprender sobre os tratamentos biológicos para a depressão.

Ao sugerir leituras, tente escolher materiais que sejam apropriados para o estágio da terapia, para o grau de instrução do paciente, a sua capacidade cognitiva e sofisticação psicológica e para o tipo de sintomas que estão sendo vivenciados. Além disso, os materiais devem ser selecionados para atender às necessidades específicas do paciente. Podem ser necessárias a impressão em letras grandes, se os pacientes tiverem problemas de acuidade visual, ou fitas de áudio e vídeo, para pessoas que não conseguem ler. Mantemos em mente muitas opções ao utilizarmos leituras para aprimorar a TCC.

O Apêndice II traz uma lista de leituras recomendadas e *sites* para pacientes. Alguns dos livros populares de autoajuda da TCC são *Feeling good: the new mood therapy* (Burns, 2008), *Breaking free from depression: pathways to wellness* (Wright e McCray, 2011) e *A mente vencendo o humor* (*Mind over mood: change how you feel by changing the way you think*, Greenberger e Padesky, 2015). Bons livros para pessoas com transtornos de ansiedade incluem *Mastery of your anxiety and panic* (Craske e Barlow, 2006) e *The anti-anxiety workbook* (Antony e Norton, 2009). *Stop obsessing! How to overcome your obsessions and compulsions* (Foa e Wilson, 2001) é um recurso de autoajuda muito usado para o transtorno obsessivo-compulsivo. Além disso, métodos úteis de TCC para o transtorno bipolar são fornecidos no livro *The bipolar workbook: tools for controlling your mood swings* (Basco, 2015).

Sugerimos que você leia vários dos livros de autoajuda e examine alguns dos outros recursos relacionados no Apêndice II, para estar preparado para discutir materiais educacionais específicos com seus pacientes. Os *sites* identificados no Apêndice II também podem dar informações valiosas sobre a TCC. A Academy of Cognitive Therapy tem um *site* excelente (www.academyofct.org) que traz materiais educacionais tanto para profissionais quanto para leigos. O *site* do Beck Institute (www.beckinstitute.org) traz sugestões de leitura e tem uma livraria de TCC.

Tornar-se um *expert* em psicoeducação requer tanto conhecimento quanto prática. O próximo exercício de aprendizagem pode ajudá-lo a adquirir experiência no aprendizado de como ser um bom professor-*coach* de seus pacientes.

Exercício 4.2
Psicoeducação em TCC

1. Faça uma lista de pelo menos cinco componentes principais da TCC para os quais você acredita que deve aplicar psicoeducação rotineiramente (p. ex., modelo cognitivo-comportamental básico, a natureza dos pensamentos automáticos). Quais são as lições essenciais que você quer comunicar?
2. Acrescente à lista:
   a. ideias específicas para educar os pacientes em cada uma das áreas que você identificou;
   b. leituras e outros recursos educativos sugeridos para cada tópico.
3. Peça a um colega de trabalho, colega de curso ou supervisor para ajudá-lo a fazer o *role-play* dos métodos para desenvolver psicoeducação. Preste especial atenção para manter a relação empírico-colaborativa e evitar um modelo de ensino excessivamente didático.

A tecnologia computacional na administração da terapia cognitivo-comportamental

Você já pensou em como os *softwares* ou os aplicativos podem ajudar a conduzir a TCC? A psicoterapia tradicional confia totalmente no terapeuta para treinar o paciente nos princípios da terapia, dar *insights*, medir o progresso, dar *feedback* e desenvolver as habilidades da TCC. No entanto, há cada vez mais interesse em ideias que integrem a tecnologia computacional com o processo de tratamento. Vários estudos já demonstraram a eficácia da TCC assistida por computador (TCC-C), na qual um *software* é utilizado para reduzir significativamente a quantidade de tempo exigida do terapeuta para um tratamento bem-sucedido (Adelman et al., 2014; Andersson e Cuijpers, 2009; Davies et al., 2014; Newman et al., 2014; Richards e Richardson, 2012; Thase et al., 2017; Wright, 2004, 2016; Wright et al., 2005). A TCC com um programa de multimídia (*Good days ahead: the multimedia program for cognitive therapy*; Wright et al., 2004), por exemplo, demonstrou ser tão eficaz quanto a TCC convencional no tratamento de sintomas depressivos em pacientes não medicados, apesar de cortar pela metade em um estudo e reduzir em dois terços em outro o tempo total do terapeuta (Thase et al., 2017; Wright, 2016; Wright et al., 2005). A abordagem assistida por computador foi mais eficaz do que a TCC convencional no auxílio aos pacientes para adquirir conhecimento sobre a TCC (Thase et al., 2017; Wright, 2016; Wright et al., 2005).

Softwares totalmente desenvolvidos para TCC podem ir além do fornecimento de psicoeducação e incluir uma grande variedade de experiências terapêuticas (Andersson e Cuijpers, 2009; Marks et al., 2009; Thase et al., 2017; Wright, 2004, 2016). O programa *Good Days Ahead* proporciona uma experiência *on-line* que utiliza vídeo, áudio e vários exercícios interativos para ajudar os pacientes a aplicarem os princípios da TCC na luta contra a depressão e a ansiedade. Esse programa de computador também faz o acompanhamento das respostas do usuário (incluindo gráficos de humor, pontuações de compreensão, listas de pensamentos automáticos e esquemas e planos de ação para lidar com os problemas, além de outros dados) para auxiliar o terapeuta no monitoramento do progresso e orientar o paciente no uso do *software*.

Outros exemplos de programas multimídia para TCC que foram estudados em estudos controlados e estão sendo usados na prática clínica são: *FearFighter* (Kenwright et al., 2001; Marks et al., 2009), direcionado principalmente ao uso de métodos comportamentais para transtornos de ansiedade, e *Beating the Blues* (Proudfoot et al., 2003), ambos do Reino Unido. O *Beating the Blues* mostrou ter um efeito adicional à farmacoterapia no cuidado primário em pacientes com depressão em um estudo inicial (Proudfoot et al., 2003). Em contraste aos resultados geralmente favoráveis dos estudos de TCC-C para depressão e ansiedade (Adelman et al., 2014; Richards e Richardson, 2012; Thase et al., 2017; Wright, 2016), um estudo maior envolvendo a adição do *Beating the Blues* ou outro programa amplamente utilizado, o *Mood Gym* (Gilbody et al., 2015), para o tratamento usual para a depressão em pacientes no cuidado primário falhou em demonstrar qualquer benefício adicional.

Os achados desse último estudo salientam a importância de dar suporte humano adequado para os pacientes que participam da terapia assistida por computador para a depressão. Foi dada uma média de menos de 7 minutos de suporte técnico e nenhum tempo com um terapeuta (Gilbody et al., 2015). As taxas de adesão foram muito baixas – apenas 18% para o *Beating the Blues* e 16% para o *Mood Gym* (Gilbody et al., 2015). No entanto, estudos da TCC-C com o *Good Days Ahead*, juntamente com quantidades modestas de suporte de um terapeuta, observaram taxas de adesão de cerca de 85% (Thase et al., 2017; Wright, 2016; Wright et al., 2005).

Uma das aplicações mais interessantes da tecnologia computacional na TCC é o uso da realidade virtual para auxiliar nas terapias de exposição a transtornos de ansiedade e outros diagnósticos associados. Foram desenvolvidos e testados programas para fobia a alturas, medo de avião, agorafobia e transtorno de estresse pós-traumático, entre outros (Morina et al., 2015; Rothbaum et al., 1995, 2000, 2001;

Turner e Casey, 2014; Valmaggia et al., 2016). A realidade virtual é usada para simular situações temidas, de modo que o terapeuta possa conduzir a terapia de exposição *in vivo* no consultório para situações como andar em um elevador de vidro, viajar de avião ou revisitar experiências traumáticas.

Estão disponíveis vários aplicativos para celular de exercícios comumente usados na TCC, inclusive a programação de eventos prazerosos, o treinamento de respiração e relaxamento e o registro de pensamentos (Aguilera e Muench, 2012; Dagöö et al., 2014; Possemato et al., 2016; Van Singer et al., 2015; Watts et al., 2013). Entretanto, uma ampla revisão de 52 aplicativos de TCC para transtorno do pânico constatou que a maioria se baseava em evidências insuficientes e apresentavam conteúdo de baixa qualidade (Van Singer et al., 2015). Em geral, os aplicativos são utilizados para uma atividade restrita de TCC, e não proporcionam experiências de TCC-C abrangentes, como aquelas desenvolvidas para o *Good Days Ahead*, *FearFighter*, *Beating the Blues* ou outros programas multimídia de TCC. Contudo, Watts e colaboradores (2013) descreveram a adaptação bem-sucedida de um programa para depressão que utiliza texto e cartuns para celular. Prevemos que o conteúdo e a extensão dos aplicativos para celular aumentarão com seu maior desenvolvimento.

Ao avaliar a tecnologia computacional para uso na TCC, os terapeutas devem estar cientes das questões referentes ao sigilo, das regras da Lei de Responsabilidade e Portabilidade dos Convênios de Saúde (HIPAA, do inglês *Health Insurance and Accountability Act*) e da necessidade de criptografia segura (APA Council on Psychiatry & Law 2014). Os programas para TCC-C disponíveis comercialmente devem atender às exigências estabelecidas de segurança de dados se forem coletadas e/ou armazenadas informações pessoais de saúde.

O uso da tecnologia computacional para ajudar terapeutas a ensinarem e tratarem pacientes é um dos desenvolvimentos mais recentes na TCC. Embora alguns profissionais tenham questionado se a TCC-C poderia comprometer a relação terapêutica ou ser vista pelo paciente de uma maneira negativa, há uma longa lista de estudos que mostram a excelente aceitação por parte deles (Andersson e Cuijpers, 2009; Colby et al., 1989; Johnston et al., 2014; Kim et al., 2014; Thase et al., 2017; Wright, 2016; Wright et al., 2002). Assim como qualquer outra ferramenta terapêutica, você poderá tirar grande proveito dos programas de computador se fizer um esforço para se familiarizar com seu uso na prática clínica. O Apêndice II traz uma lista de *sites* com informações sobre programas de computador para a TCC. Acreditamos que o uso disseminado de computadores na sociedade, a falta de acesso a psicoterapias testadas empiricamente, as evidências da eficiência e da eficácia da TCC-C e a maior sofisticação e apelo dos programas e aplicativos de TCC levarão a uma fusão do esforço humano com a tecnologia na prática da TCC.

RESUMO

A estruturação e a psicoeducação são processos complementares na TCC. A primeira pode gerar esperança, organizar o direcionamento da terapia, manter as sessões voltadas para atender às metas e promover a aprendizagem das habilidades da TCC. A segunda está primordialmente voltada para o ensino dos conceitos fundamentais da TCC, mas também agrega à estrutura da terapia a utilização de métodos educacionais, como os cadernos de terapia, em cada sessão.

Os terapeutas cognitivo-comportamentais dão mais estrutura ao tratamento ao estabelecer metas e agenda, realizar a verificação de sintomas, dar e receber *feedback*, prescrever e verificar as tarefas de casa e dar ritmo às sessões de maneira eficaz. Outra parte do papel do terapeuta é ser um bom professor ou *coach*. Dentro da estrutura do método socrático, os terapeutas dão miniaulas, sugerem leituras e podem utilizar métodos de ensino inovadores, como a TCC-C. A estruturação e o ensino de métodos funcionam melhor quando são integrados habilmente na sessão e utilizados para dar apoio e facilitar os componentes mais emocionalmente carregados e expressivos da terapia.

REFERÊNCIAS

Adelman CB, Panza KE, Bartley CA, et al: A meta-analysis of computerized cognitive-behavioral therapy for the treatment of DSM-5 anxiety disorders. J Clin Psychiatry 75(7):e695–e704, 2014 25093485

Aguilera A, Muench F: There's an app for that: information technology applications for cognitive behavioral practitioners. Behav Ther (N Y N Y) 35(4):65–73, 2012 25530659

Andersson G, Cuijpers P: Internet-based and other computerized psychological treatments for adult depression: a meta-analysis. Cogn Behav Ther 38(4):196–205, 2009 20183695

Antony MM, Norton PJ: The Anti-Anxiety Workbook: Proven Strategies to Overcome Worry, Phobias, Panic, and Obsessions. New York, Guilford, 2009

APA Council on Psychiatry & Law: Resource Document on Telepsychiatry and Related Technologies in Clinical Psychiatry. Approved by the Joint Reference Committee. Arlington, VA, American Psychiatric Association, January 2014

Basco MR: The Bipolar Workbook, Second Edition: Tools for Controlling Your Mood Swings. New York, Guilford, 2015

Beck AT, Ward CH, Mendelson M, et al: An inventory for measuring depression. Arch Gen Psychiatry 4:561–571, 1961 13688369

Beck AT, Epstein N, Brown G, Steer RA: An inventory for measuring clinical anxiety: psychometric properties. J Consult Clin Psychol 56(6):893–897, 1988 3204199

Beck JS: Cognitive Behavior Therapy: Basics and Beyond, 2nd Edition. New York, Guilford, 2011

Brown J: Sissinghurst: Portrait of a Garden. New York, HN Abrams, 1990

Burns DD: Feeling Good: The New Mood Therapy, Revised. New York, Harper-Collins, 2008

Clark DA, Beck AT, Alford BA: Scientific Foundations of Cognitive Theory and Therapy of Depression. New York, Wiley, 1999

Colby KM, Gould RL, Aronson G: Some pros and cons of computer-assisted psychotherapy. J Nerv Ment Dis 177(2):105–108, 1989 2915214

Craske MG, Barlow DH: Mastery of Your Anxiety and Panic, 4th Edition. Oxford, UK, Oxford University Press, 2006

Dagöö J, Asplund RP, Bsenko HA, et al: Cognitive behavior therapy versus interpersonal psychotherapy for social anxiety disorder delivered via smartphone and computer: a randomized controlled trial. J Anxiety Disord 28(4):410–417, 2014 24731441

Davies EB, Morriss R, Glazebrook C: Computer-delivered and web-based interventions to improve depression, anxiety, and psychological well-being of university students: a systematic review and meta-analysis. J Med Internet Res 16(5):e130, 2014 24836465

Foa EB, Wilson R: Stop Obsessing! How to Overcome Your Obsessions and Compulsions. New York, Bantam Books, 2001

Gilbody S, Littlewood E, Hewitt C, et al; REEACT Team: Computerised cognitive behaviour therapy (cCBT) as treatment for depression in primary care (REEACT trial): large scale pragmatic randomised controlled trial. BMJ 351:h5627, 2015 DOI: 10.1136/bmj.h5627 26559241

Greenberger D, Padesky CA: Mind Over Mood: Change How You Feel by Changing the Way You Think, 2nd Edition. New York, Guilford, 2015

Johnston L, Dear BF, Gandy M, et al: Exploring the efficacy and acceptability of Internet-delivered cognitive behavioural therapy for young adults with anxiety and depression: an open trial. Aust N Z J Psychiatry 48(9):819–827, 2014 24622977

Kenwright M, Liness S, Marks I: Reducing demands on clinicians by offering computer-aided self-help for phobia/panic: feasibility study. Br J Psychiatry 179:456–459, 2001 11689405

Kim DR, Hantsoo L, Thase ME, et al: Computer-assisted cognitive behavioral therapy for pregnant women with major depressive disorder. J Womens Health (Larchmt) 23(10):842–848, 2014 25268672

Kroenke K, Spitzer RL, Williams JB: The PHQ-9: validity of a brief depression severity measure. J Gen Intern Med 16(9):606–613, 2001 11556941

Marks IM, Cuijpers P, Cavanagh K, et al: Meta-analysis of computer-aided psychotherapy: problems and partial solutions. Cogn Behav Ther 38(2):83–90, 2009 20183689

Meyer TJ, Miller ML, Metzger RL, Borkovec TD: Development and validation of the Penn State Worry Questionnaire. Behav Res Ther 28(6):487–495, 1990 2076086

Morina N, Ijntema H, Meyerbröker K, Emmelkamp PMG: Can virtual reality exposure therapy gains be generalized to real-life? A meta-analysis of studies applying behavioral assessments. Behav Res Ther 74:18–24, 2015 26355646

Newman MG, Przeworski A, Consoli AJ, Taylor CB: A randomized controlled trial of ecological momentary intervention plus brief group therapy for generalized anxiety disorder. Psychotherapy (Chic) 51(2):198–206, 2014 24059730

Possemato K, Kuhn E, Johnson E, et al: Using PTSD Coach in primary care with and without clinician support:

a pilot randomized controlled trial. Gen Hosp Psychiatry 38:94–98, 2016 26589765

Proudfoot J, Goldberg D, Mann A, et al: Computerized, interactive, multimedia cognitive-behavioural program for anxiety and depression in general practice. Psychol Med 33(2):217–227, 2003 12622301

Richards D, Richardson T: Computer-based psychological treatments for depression: a systematic review and meta-analysis. Clin Psychol Rev 32(4):329–342, 2012 22466510

Rothbaum BO, Hodges LF, Kooper R, et al: Effectiveness of computer-generated (virtual reality) graded exposure in the treatment of acrophobia. Am J Psychiatry 152(4):626–628, 1995 7694917

Rothbaum BO, Hodges L, Smith S, et al: A controlled study of virtual reality exposure therapy for the fear of flying. J Consult Clin Psychol 68(6):1020–1026, 2000 11142535

Rothbaum BO, Hodges LF, Ready D, et al: Virtual reality exposure therapy for Vietnam veterans with posttraumatic stress disorder. J Clin Psychiatry 62(8):617–622, 2001 11561934

Rush AJ, Trivedi MH, Ibrahim HM, et al: The 16-Item Quick Inventory of Depressive Symptomatology (QIDS), clinician rating (QIDS-C), and self-report (QIDS-SR): a psychometric evaluation in patients with chronic major depression. Biol Psychiatry 54(5):573–583, 2003 12946886

Spitzer RL, Kroenke K, Williams JB, Löwe B: A brief measure for assessing generalized anxiety disorder: the GAD-7. Arch Intern Med 166(10):1092–1097, 2006 16717171

Thase ME, Wright JH, Eells TD, et al: Improving efficiency and reducing cost of psychotherapy for depression: computer-assisted cognitive-behavior therapy versus standard cognitive-behavior therapy. Unpublished paper submitted for publication; data available on request from authors. Philadelphia, PA, January 2017

Turner WA, Casey LM: Outcomes associated with virtual reality in psychological interventions: where are we now? Clin Psychol Rev 34(8):634–644, 2014 25455627

Valmaggia LR, Latif L, Kempton MJ, Rus-Calafell M: Virtual reality in the psychological treatment for mental health problems: An systematic review of recent evidence. Psychiatry Res 236:189–195, 2016 26795129

Van Singer M, Chatton A, Khazaal Y: Quality of smartphone apps related to panic disorder. Front Psychiatry 6:96, 2015 26236242

Watts S, Mackenzie A, Thomas C, et al: CBT for depression: a pilot RCT comparing mobile phone vs. computer. BMC Psychiatry 13:49, 2013 DOI: 10.1186/1471-244X-13-49 23391304

Wright JH: Computer-assisted cognitive-behavior therapy, in Cognitive-Behavior Therapy. Edited by Wright JH (Review of Psychiatry Series, Vol 23; Oldham JM and Riba MB, series eds). Washington, DC, American Psychiatric Publishing, 2004, pp. 55–82

Wright JH: Computer-assisted cognitive-behavior therapy for depression: progress and opportunities. Presented at National Network of Depression Centers Annual Conference, Denver, Colorado, September, 2016

Wright JH, McCray LW: Breaking Free From Depression: Pathways to Wellness. New York, Guilford, 2011

Wright JH, Thase ME, Beck AT, et al (eds): Cognitive Therapy With Inpatients: Developing a Cognitive Milieu. New York, Guilford, 1993

Wright JH, Wright AS, Salmon P, et al: Development and initial testing of a multimedia program for computer-assisted cognitive therapy. Am J Psychother 56(1):76–86, 2002 11977785

Wright JH, Wright AS, Albano AM, et al: Computer-assisted cognitive therapy for depression: maintaining efficacy while reducing therapist time. Am J Psychiatry 162(6):1158–1164, 2005 15930065

Wright JH, Turkington D, Kingdon D, Basco MR: Cognitive-Behavior Therapy for Severe Mental Illness. Washington, DC, American Psychiatric Publishing, 2009

Wright JH, Sudak DM, Turkington D, Thase ME: High-Yield Cognitive-Behavior Therapy for Brief Sessions: An Illustrated Guide. Washington, DC, American Psychiatric Publishing, 2010

Wright JH, Wright AS, Beck AT: Good Days Ahead. Moraga, CA, Empower Interactive, 2016

5

Trabalhando com pensamentos automáticos*

Os métodos para revelar e modificar os pensamentos automáticos desadaptativos encontram-se no cerne da abordagem cognitivo-comportamental à psicoterapia. Um dos construtos básicos mais importantes da terapia cognitivo-comportamental (TCC) é que existem padrões distintivos de pensamentos automáticos nos transtornos psiquiátricos e que modificá-los pode reduzir significativamente os sintomas. Portanto, os terapeutas cognitivo-comportamentais geralmente dedicam uma grande parte das sessões à tarefa de trabalhar com esses pensamentos.

Há duas fases sobrepostas na abordagem da TCC aos pensamentos automáticos. Primeiro, o terapeuta ajuda o paciente a *identificá-los*. Depois, o foco volta-se para os métodos para aprender a *modificar* aqueles que são negativos e para direcionar o pensamento do paciente para uma forma mais adaptativa. Na prática clínica, raramente há uma divisão clara entre essas fases. A identificação e a modificação ocorrem juntas, como parte de um processo progressivo de desenvolvimento de um estilo de pensamento racional. Os **Quadros 5.1** e **5.2** trazem os métodos comumente usados para identificar e modificar esses pensamentos.

IDENTIFICAÇÃO DE PENSAMENTOS AUTOMÁTICOS

Reconhecimento das mudanças de humor

Nos estágios iniciais da TCC, o terapeuta precisa ajudar seu paciente a entender o conceito de pensamentos automáticos e a reconhecer algumas dessas cognições. Normalmente, apresentamos esse tópico na primeira ou em uma das primeiras sessões, quando o paciente exibir um leque de pensamentos automáticos que levem a uma intensa resposta emocional. Uma boa regra geral é considerar qualquer exibição de emoção como um sinal de que ocorreram

QUADRO 5.1 MÉTODOS PARA IDENTIFICAR PENSAMENTOS AUTOMÁTICOS	
• Reconhecimento das mudanças de humor • Psicoeducação • Descoberta guiada • Registro de pensamentos	• Exercícios de imagens mentais • Exercícios de *role-play* • Uso de inventários

*Os itens mencionados neste capítulo, disponíveis no Apêndice I, também estão disponíveis para *download* em um formato maior em http://apoio.grupoa.com.br/wright2ed.

QUADRO 5.2 MÉTODOS PARA MODIFICAR PENSAMENTOS AUTOMÁTICOS

• Questionamento socrático • Uso de registros de pensamentos disfuncionais • Geração de alternativas racionais • Identificação de erros cognitivos • Exame das evidências	• Descatastrofização • Reatribuição • Ensaio cognitivo • Uso de cartões de enfrentamento

pensamentos automáticos. Terapeutas experientes aproveitarão essas mudanças de humor para ajudar a trazer à tona esses pensamentos salientes e ensinar aos pacientes o modelo cognitivo-comportamental básico.

A mudança de humor é especialmente útil para revelar pensamentos automáticos, uma vez que normalmente gera cognições que são emocionalmente carregadas, imediatas e de alta relevância pessoal. Beck (1989) observou que "a emoção é a estrada real para a cognição", pois os padrões de pensamento ligados à expressão emocional significativa oferecem ótimas oportunidades para extrair alguns dos pensamentos automáticos e esquemas mais importantes do paciente. Outra razão para enfocar as mudanças de humor é o impacto da emoção na memória. Como a carga emocional tende a aumentar a memória da pessoa quanto aos eventos (Wright e Salmon, 1990), as intervenções terapêuticas que estimulam a emoção podem intensificar a lembrança e, assim, tornar mais provável que o paciente assimile e utilize o conceito de pensamentos automáticos.

Psicoeducação

Os métodos educacionais descritos no Capítulo 4 podem ser uma parte importante da ajuda aos pacientes para aprenderem a identificar seus pensamentos automáticos. Em geral, dedicamos algum tempo, no início da terapia, a breves explicações sobre a natureza dos pensamentos automáticos e como influenciam a emoção e o comportamento. Essas explanações podem funcionar melhor se se seguirem à identificação de uma mudança de humor ou se estiverem relacionadas com um fluxo específico de pensamentos que foram revelados durante a sessão de terapia. O Vídeo 1, apresentado no Capítulo 4, demonstra a psicoeducação acerca dos pensamentos automáticos. Se você ainda não o viu, sugerimos que o assista agora.

Descoberta guiada

A descoberta guiada é a técnica mais frequentemente usada para identificar pensamentos automáticos durante as sessões de terapia. Um pequeno excerto do tratamento ilustra o questionamento com métodos simples dessa ferramenta.

CASO CLÍNICO

Anna, uma senhora de 60 anos de idade com depressão, descrevia-se como se estivesse desconectada de sua filha e de seu marido. Ela se sentia triste, solitária e derrotada. Depois de se aposentar como professora, esperava viver bons momentos com sua família. Todavia, agora ela pensava: "Ninguém mais precisa de mim... Não sei o que vou fazer com o resto da minha vida".

Terapeuta: Você tem falado sobre como o problema com sua filha tem lhe incomodado. Você consegue se lembrar de alguma coisa que aconteceu recentemente como exemplo?

Anna: Sim, tentei ligar para ela três vezes ontem. Ela só me ligou de volta às 10 horas da noite e parecia irritada porque fiquei ligando o dia todo.

Terapeuta: O que ela disse?

Anna: Algo como: "Você não sabe que passo o dia ocupada com meu trabalho e meus filhos? Não posso largar tudo para ligar para você imediatamente".

Terapeuta: E o que passou por sua cabeça quando ouviu isso dela?

Anna: "Ela não precisa mais de mim... Ela não se importa comigo... Sou insuportável".

Terapeuta: E você teve algum outro pensamento – ideias que vieram à sua cabeça naquele momento?

Anna: Acho que me decepcionei comigo mesma. Fiquei pensando que eu não tinha muito valor – que ninguém precisa mais de mim. Não sei o que vou fazer com o resto da minha vida.

Aqui são apresentadas mais algumas estratégias para trabalhar com os pensamentos automáticos. Essas diretrizes não são regras absolutas, mas são apresentadas como dicas para detectar esse tipo de pensamento por meio da descoberta guiada.

Descoberta guiada para pensamentos automáticos: estratégias altamente produtivas

1. **Faça questionamentos que estimulem a emoção.** Lembre-se de que emoções como tristeza, ansiedade ou raiva são sinais de que o tópico é importante para o paciente. Cognições carregadas de afeto podem servir como balizas que mostram que você está no caminho certo.
2. **Seja específico.** Em geral, é melhor que o questionamento para descobrir pensamentos automáticos seja focado em uma situação claramente definida e memorável. A discussão de tópicos gerais normalmente leva a relatos de cognições difusas ou amplas que não dão o grau de detalhamento necessário para intervenções totalmente eficazes. Exemplos de situações específicas que podem levar à descoberta de pensamentos automáticos importantes são:
   - **a.** "Fiz uma entrevista para um emprego na segunda-feira passada."
   - **b.** "Tentei ir a uma festa, mas fiquei tão nervosa que não consegui."
   - **c.** "Minha namorada terminou comigo e estou totalmente infeliz."
3. **Focalize em eventos recentes, não no passado distante.** Às vezes, é importante conduzir o processo de questionamento para acontecimentos remotos, principalmente se o paciente tiver transtorno de estresse pós-traumático (TEPT) relacionado com questões de longa data, um transtorno de personalidade ou um quadro clínico crônico. No entanto, o questionamento sobre eventos recentes normalmente tem a vantagem de dar acesso aos pensamentos automáticos que na verdade ocorreram na situação e que podem ser mais passíveis de mudança.
4. **Mantenha-se em uma linha de questionamento e um tópico.** Tente evitar pular de um tópico para outro. É mais importante fazer um trabalho completo de trazer à tona uma série de pensamentos automáticos em uma única situação do que explorar muitas cognições sobre diversas situações. Se puderem aprender a identificar totalmente seus pensamentos automáticos para um determinado problema, os pacientes terão maior probabilidade de conseguir fazer isso por si mesmos em outras questões importantes em suas vidas.
5. **Vá fundo.** Os pacientes costumam relatar apenas alguns pensamentos automáticos ou parecem entrar em contato com cognições apenas superficiais. Quando isso acontece, o terapeuta pode fazer outras perguntas que ajudem o paciente a contar a história toda. Outras perguntas devem ser feitas de uma maneira sensível, de modo que o paciente não se sinta pressionado. Podem ser úteis as seguintes: "Quais outros pensamentos você teve na situação?", "Vamos tentar nos manter nisso um pouco mais, tudo bem?", "Você se lembra de algum outro pensamento que pudesse estar passando por sua cabeça?".

Se essas perguntas simples não produzirem resultados, o terapeuta pode tentar seguir com o processo usando o questionamento socrático, o qual estimula uma sensação de indagação:

Paciente: Quando soube que Georgette estava se mudando para Chicago, fiquei arrasada. Ela é minha única amiga de verdade.

Terapeuta: Você teve mais algum pensamento sobre sua mudança?

Paciente: Na verdade, não – só sei que vou sentir saudades dela.

O terapeuta observa que a paciente está muito triste e suspeita que haja mais pensamentos automáticos intensos sob a superfície.

Terapeuta: Tenho um palpite de que você pode ter pensado outras coisas. Quando você soube que ela estava indo embora, que pensamentos vieram à sua cabeça sobre você mesma? Como você se viu logo depois de receber essa má notícia?

Paciente (depois de uma pausa): Que não sou boa em fazer amigos... Nunca mais vou ter uma amiga como ela... Minha vida está uma porcaria.

Terapeuta: Se esses tipos de pensamento são verdadeiros, o que acontecerá com você?

Paciente: Vou acabar sozinha... Acho que não tem jeito; nada nunca vai mudar.

6. **Utilize suas habilidades de empatia.** Tente imaginar-se na mesma situação que o paciente. Coloque-se no lugar dele e pense como ele pode estar pensando. Ao fazer isso com muitos pacientes, você conseguirá desenvolver suas habilidades para entender as cognições que são comuns a uma série de quadros clínicos e se tornará mais eficiente na capacidade de perceber os pensamentos automáticos deles.
7. **Peça por pensamentos automáticos sem censura.** Para revelar pensamentos automáticos imediatos e intensos, pode ser útil discutir a tendência natural de esconder ou editar os pensamentos considerados ofensivos pelos pacientes ou que pudessem fazer o terapeuta pensar mal deles. Durante tais discussões, o terapeuta pode normalizar o desejo comum de não relatar pensamentos que possam ser ligados à obscenidade ou outras palavras ofensivas. E este pode tranquilizar aquele de que não será julgado pelo conteúdo de seus pensamentos. Ao contrário, o terapeuta quer ouvir os pensamentos automáticos verdadeiros, de primeira ordem, para dar a melhor assistência. Pacientes com problemas de raiva de si mesmos ou dos outros são especialmente propensos a censurar o relato de seus pensamentos automáticos. Por exemplo, pense em um paciente com condução agressiva no trânsito. Ajudar uma pessoa com essa dificuldade pode depender da evocação dos pensamentos inflamatórios que alimentam os surtos repentinos de raiva extrema.
8. **Conte com a formulação de caso para saber que caminho tomar.** A formulação de caso, mesmo se estiver em um estágio inicial de desenvolvimento, pode proporcionar um auxílio inestimável para decidir sobre quais formas de questionamento seguir. O conhecimento de fatores precipitantes e estressores sugerirão tópicos importantes para discussão. A avaliação dos sintomas, dos pontos fortes, das vulnerabilidades e do histórico permitirão que o terapeuta personalize as perguntas ao paciente. Um dos aspectos mais úteis da formulação é o diagnóstico diferencial. Se houver suspeita de transtorno de pânico, as perguntas podem ser dirigidas para descobrir os pensamentos automáticos acerca de previsões catastróficas de lesão corporal ou perda de controle. Se o paciente parecer estar deprimido, o questionamento normalmente levará a temas sobre autoestima, visões negativas do ambiente e desesperança. Quando há presença de mania ou hipomania, o terapeuta precisará ajustar as técnicas de questionamento para dar conta de uma tendência de externar a culpa, negar a responsabilidade pessoal e ter pensamentos automáticos de grandiosidade. Recomendamos veementemente que os

terapeutas que estejam aprendendo a TCC adquiram um bom entendimento do modelo cognitivo-comportamental para cada um dos transtornos psiquiátricos importantes (ver Capítulos 3 e 10). Essas informações podem proporcionar um excelente guia para o uso da descoberta guiada para identificar pensamentos automáticos.

O Vídeo 5, extraído do tratamento de Brian pela Dra. Donna Sudak, demonstra vários dos métodos de descoberta guiada mencionados anteriormente. A história e a conceitualização de caso de Brian são descritos no Capítulo 3, e várias outras vinhetas de seu tratamento aparecerão mais adiante, ainda neste capítulo, e no Capítulo 8. Ao assistir ao Vídeo 5, tente identificar os métodos que a Dra. Sudak utiliza para trazer à luz os pensamentos automáticos de Brian e pense como você poderia utilizar métodos semelhantes com seus pacientes.

Neste primeiro vídeo do tratamento de Brian, a Dra. Sudak faz perguntas que o ajudam a ver a ligação entre eventos ativadores (p. ex., ficar sentado sozinho no carro depois de evitar uma situação social), pensamentos automáticos (p. ex., "Eu nunca vou me ajustar a essas pessoas.... Eu nunca vou ser um deles") e sua tristeza intensa. Eles concordam que seus pensamentos automáticos negativos devem ser um alvo importante da terapia.

Vídeo 5
Evocando pensamentos automáticos
Dra. Sudak e Brian (9:09)

Registro de pensamentos

Registrar os pensamentos automáticos no papel (ou usando um computador ou *smartphone*) é uma das técnicas da TCC mais úteis e mais frequentemente utilizadas. O processo de registro chama a atenção do paciente para cognições importantes, dá um método sistemático para praticar a identificação de pensamentos automáticos e, em geral, estimula a indagação sobre a validade dos padrões de pensamento. O simples fato de ver os pensamentos escritos no papel pode dar início ao empenho espontâneo de rever ou corrigir cognições desadaptativas. Além disso, o registro de pensamentos pode ser um trampolim para as intervenções específicas do terapeuta, a fim de modificá-los (ver a seção "Registros de pensamentos disfuncionais" mais adiante neste capítulo).

O registro de pensamentos normalmente é apresentado na fase inicial da terapia de uma maneira simplificada, que auxilie os pacientes a aprenderem sobre os pensamentos automáticos sem sobrecarregá-los com muitos detalhes. O registro de pensamentos mais elaborado, com características como nomear os erros cognitivos e gerar alternativas racionais (ver "Registros de pensamentos disfuncionais" mais adiante, neste capítulo) normalmente é adiado até que o paciente adquira experiência e confiança na identificação desses pensamentos. Um método comumente utilizado no começo da terapia é pedir aos pacientes que utilizem duas ou três colunas para registrar os seus pensamentos, primeiramente na sessão, e, depois, como tarefa de casa. Um registro de pensamentos de duas colunas poderia incluir listagens de situações e pensamentos automáticos (ou pensamentos automáticos e emoções). Um registro de três colunas poderia conter espaços para anotar situações, pensamentos automáticos e emoções. A **Figura 5.1** mostra um exercício de registro de pensamentos do tratamento de Anna, a senhora de 60 anos com depressão descrita anteriormente, em "Descoberta guiada".

Os esforços para ensinar aos pacientes métodos para registrar os pensamentos e fazê-los começar a registrá-los costumam ocorrer sem percalços. Contudo, às vezes pode haver desafios no uso desse valioso método. Os pacientes podem ter problemas de adesão para fazer esses registros como lição de casa, podem não entender o processo ou ficar desanimados com os pensamentos que parecem impossíveis de mudar. Por isso, incluímos um vídeo para exemplificar como um terapeuta pode superar as dificuldades na implementação dessa ferramenta.

Situação	Pensamentos automáticos	Emoções
Meu marido resolveu jogar pôquer na sexta-feira à noite, em vez de ir ao cinema comigo.	*"Sou uma chata. Não é de estranhar que ele queira passar tanto tempo com seus amigos. Não sei como ainda não me deixou."*	*Tristeza, solidão*
É segunda-feira de manhã e não tenho nada para fazer nem onde ir.	*"Queria gritar. Não suporto minha vida. Fui uma burra por ter me aposentado."*	*Tristeza, tensão, raiva*
Uma senhora na igreja me disse que eu tinha sorte por ter me aposentado e não ter que lidar com os alunos todos os dias.	*"Se ela soubesse como estou infeliz... não tenho amigos. Minha família não liga para o que estou sentindo. Sou uma porcaria."*	*Raiva, tristeza*

FIGURA 5.1 Registro em três colunas de pensamentos de Anna.

Nessa ilustração, o Dr. Brown descobre que Eric não fez a lição de casa de registrar os pensamentos automáticos. Usando um estilo de questionamento livre de julgamentos, ele pede a Eric que lhe conte o que aconteceu. Depois de o paciente ter explicado que não viu sentido em escrever o quanto estava se sentindo mal e que queria se livrar dos pensamentos que o estavam incomodando, o Dr. Brown admite que talvez não o tenha preparado adequadamente para a tarefa. O próximo passo, discutir a justificativa para registrar os pensamentos, prepara o terreno para fazer um registro de pensamentos na sessão. Como você verá, a técnica para fazer, na sessão, uma lição de casa que não foi feita - um dos melhores métodos para reagir à não aderência à lição de casa - é bem-sucedida em revelar pensamentos automáticos importantes e em ajudar Eric a entender o valor de registrá-los. O Capítulo 6 traz mais dicas para abordar os problemas de aderência à lição de casa.

Vídeo 6
Dificuldade com o registro de pensamentos
Dr. Brown e Eric (6:31)

Imagens mentais

Quando os pacientes têm dificuldade em elaborar seus pensamentos automáticos, um exercício de imagens mentais em geral pode produzir resultados excelentes. Essa técnica consiste em ajudar os pacientes a reviver eventos importantes em sua imaginação, a fim de entrar em contato com os pensamentos e sentimentos que tiveram quando os eventos ocorreram. Às vezes, tudo que se precisa é pedir que voltem no tempo e se imaginem na situação. No entanto, de modo geral, é bom preparar o terreno, utilizando lembranças ou perguntas para reavivar suas memórias.

Métodos de utilização de imagens mentais para identificar pensamentos automáticos são demonstrados pelo Dr. Brown em sua sessão com Eric. Nessa vinheta, Eric tem dificuldade para descrever qualquer um dos pensamentos automáticos que teve quando seu pai entrou em seu quarto e o questionou sobre encontrar um emprego. Notando que Eric parecia estar muito aborrecido com a interação, o Dr. Brown suspeitou que haveria pensamentos automáticos importantes que poderiam ser acessados usando técnicas de imagens mentais. Depois de solicitar ao paciente que revisitasse a cena para entrar na experiência por meio de imagens mentais, foram revelados pensamentos automáticos intensos (p. ex., "Não há nada que eu possa fazer sobre isso.... Não sou bom o suficiente.... Vou me sentir assim para sempre").

Vídeo 7
Uso de imagens mentais para trazer à tona pensamentos automáticos
Dr. Brown e Eric (6:44)

A capacidade do terapeuta de explicar e estimular a geração de imagens mentais pode fazer uma grande diferença no modo como os pacientes mergulham na experiência. Compare, por exemplo, uma intervenção que inclui pouca ou nenhuma preparação com imagens mentais, seguida de uma frase um tanto mecânica (p. ex., "Pense na época em que você cometeu o erro no trabalho e descreva o que passava por sua cabeça"), com as técnicas de orientação e questionamento evocativo utilizadas pelo Dr. Brown no vídeo. O **Quadro 5.3** traz uma lista de estratégias para intensificar a eficácia das imagens mentais.

Role-play

No *role-play*, o terapeuta faz o papel de uma pessoa na vida do paciente – como o chefe, a esposa, um dos pais ou um filho – e, então, tenta estimular uma interação que possa trazer à tona os pensamentos automáticos. Os papéis também podem ser invertidos, isto é, o paciente faz o papel da outra pessoa, e o terapeuta, o do paciente. Essa técnica é menos frequentemente usada do que outras, como a descoberta guiada e a geração de imagens mentais, por requerer um esforço especial para ser iniciada e implementada. Além disso, as implicações para a relação terapêutica e os limites entre paciente e terapeuta precisam ser levados em consideração ao resolver utilizar essa abordagem. Algumas perguntas que você pode fazer a si mesmo antes de empreender um exercício de *role-play* são as seguintes:

1. **Como o *role-play*, nessa situação específica, com essa figura importante na vida do paciente, afetaria a relação terapêutica?** Por exemplo, as vantagens de você fazer o papel do pai agressivo desse paciente superariam as desvantagens de ser visto sob uma luz negativa ou possivelmente ser identificado com o pai? O *role-play* teria uma influência favorável na relação terapêutica? O paciente será capaz de perceber que você está dando apoio e ajuda ao fazer esse papel?
2. **O teste da realidade do paciente é forte o suficiente para ver essa experiência como uma dramatização e retornar ao trabalho depois do *role-play*?** Deve-se tomar cuidado se o paciente tiver problemas caracterológicos importantes, como transtorno da personalidade *borderline* (TPB), tiver passado por abuso severo ou tiver características psicóticas. No entanto, terapeutas cognitivos experientes aprenderam como usar o *role-play* de maneira eficaz nessas condições. Recomen-

QUADRO 5.3 COMO AJUDAR OS PACIENTES A UTILIZAR IMAGENS MENTAIS

1. Explique o método.
2. Use um tom de voz incentivador e que demonstre acolhimento. A qualidade de sua voz e o seu estilo de questionamento devem transmitir a mensagem de que a experiência é segura e será útil.
3. Sugira ao paciente que tente lembrar o que estava pensando antes do incidente: "O que o levou para essa situação?", "O que se passava em sua mente enquanto estava nela?", "Como estava se sentindo antes do início da interação?".
4. Faça perguntas que estimulem a lembrança da ocorrência, como: "Quem estava lá?", "Como a outra pessoa apareceu?", "Como era o lugar?", "Você se lembra de algum som ou cheiro naquele momento?", "O que você estava vestindo?", "O que mais você consegue lembrar da cena antes que tenha sido dito qualquer coisa?".
5. Conforme a cena for sendo descrita, utilize perguntas estimulantes que intensifiquem a imagem e auxiliem o paciente a ir mais fundo e se lembrar dos pensamentos automáticos.

damos que os iniciantes utilizem o *role-play* primordialmente com pessoas com problemas como depressão aguda ou transtornos de ansiedade; para tais pacientes, a experiência de fazer o *role-play* normalmente será vista como uma tentativa simples e direta de ajudá-los a entender o seu modo de pensar.

3. **O *role-play* tocaria em questões relacionais de longo tempo ou seria focado em um evento mais restrito?** Em geral, é melhor fazer *role-plays* que lidem com preocupações do aqui e agora. Após terem adquirido experiência em fazer *role-plays* com alvo em situações atuais específicas, terapeuta e paciente podem usar esse método para explorar pensamentos automáticos associados a tópicos emocionalmente carregados, como se sentir rejeitado ou não amado por um dos genitores.

Apesar desses avisos para tomar precauções, o *role-play* pode ser um método especialmente útil para revelar pensamentos automáticos e é normalmente visto pelos pacientes como uma demonstração positiva do interesse e preocupação do terapeuta. Mais adiante, neste capítulo, discutiremos como o *role-play* pode ser usado para modificar pensamentos automáticos (ver seção "Geração de alternativas racionais", mais adiante, neste capítulo). Você também terá a oportunidade de utilizá-lo como um método para aprender a TCC. Ele pode ser um excelente método para os alunos praticarem as técnicas de TCC. Uma grande variedade de interações em terapia pode ser simulada, interrompida e reiniciada, tentada de uma maneira diferente, discutida e ensaiada. Além disso, fazer o papel do paciente para treinamento desse método pode ajudar os terapeutas a sentirem um pouco do que os pacientes vivenciam no processo de TCC. Sugerimos que você trabalhe no desenvolvimento de suas habilidades em *role-play* e outras técnicas de TCC para identificar cognições fazendo o exercício a seguir.

Exercício 5.1
Identificação dos pensamentos automáticos

1. Peça a um aluno em TCC, um supervisor ou um colega para ajudá-lo a praticar a identificar pensamentos automáticos. Faça uma série de exercícios de *role-play* nos quais você tenha a oportunidade de ser o terapeuta, e seu colega, um paciente. Depois, inverta os papéis para expandir suas experiências no uso das técnicas.
2. Utilize uma mudança de humor para descobrir pensamentos automáticos.
3. Implemente os princípios da descoberta guiada descritos anteriormente neste capítulo.* Por exemplo, concentre-se em uma situação específica, desenvolva uma formulação para nortear o questionamento e tente ir mais fundo, para trazer à tona outros pensamentos automáticos.
4. Pratique o uso de imagens mentais para uma situação para a qual o "paciente" está tendo dificuldades de reconhecer os pensamentos automáticos. Faça uma série de perguntas que estabeleçam o cenário e o auxilie a evocar memórias do evento.
5. Faça um *role-play* dentro do *role-play*. Para essa parte do exercício, peça a seu colega para construir um cenário no qual você instruirá o "paciente" no método de *role-play* e, então, use os métodos de *role-play* para explicitar os pensamentos automáticos.
6. Depois de praticar esses métodos com um colega, implemente-os com seus pacientes.

*Consulte a seção "Descoberta guiada" e o Capítulo 2.

Inventários para pensamentos automáticos

O inventário mais extensivamente pesquisado para pensamentos automáticos é o Questionário de Pensamentos Automáticos (QPA) de Hollon e Kendall (1980). Embora venha sendo utilizado primordialmente em pesquisas para medir as modificações nos pensamentos automáticos associados ao tratamento, esse instrumento também pode ser usado no consultório quando o paciente tiver dificuldades para detectar suas cognições. O QPA tem 30 itens (p. ex., "não sou bom"; "não aguento mais isso"; "não consigo terminar as coisas"), os quais são classificados quanto à frequência de ocorrência em uma escala de cinco pontos, de 0 ("Nunca") a 4 ("O tempo todo").

O programa de computador *Good Days Ahead* (Wright et al., 2016) contém um longo módulo sobre pensamentos automáticos que ensina os pacientes a reconhecer e modificar essas cognições. Um componente desse programa é o desenvolvimento de listas individualizadas de pensamentos automáticos negativos e de pensamentos positivos compensatórios. Os usuários desse programa podem extrair cognições de um inventário de pensamentos automáticos comuns, além de poder inserir qualquer outro pensamento que venham a identificar. O **Quadro 5.4** traz um inventário de pensamentos automáticos do *Good Days Ahead*, que também está disponível no Apêndice I e em http://apoio.grupoa.com.br/wright2ed.

MODIFICANDO PENSAMENTOS AUTOMÁTICOS

Questionamento socrático

Enquanto estiver aprendendo a ser um terapeuta cognitivo-comportamental, será fácil cair na armadilha de se desviar do questionamento socrático e preferir o registro de pensamentos, o exame das evidências, os cartões de enfrentamento ou outros métodos da TCC com formas ou procedimentos específicos. No entanto, colocamos o questionamento socrático em primeiro lugar em nossa lista de técnicas para modificar pensamentos automáticos, pois o processo de questionamento é a espinha dorsal das intervenções cognitivas para mudar pensamentos disfuncionais. Embora seja um pouco mais difícil aprendê-lo e implementá-lo com habilidade do que intervenções mais estruturadas, o questionamento socrático pode render grandes dividendos em seu trabalho de modificar pensamentos automáticos. Alguns de seus benefícios são: intensificação da relação terapêutica, estimulação da indagação, melhor entendimento de cognições e comportamentos importantes e promoção do engajamento ativo do paciente na terapia.

Os métodos para o questionamento socrático são explicados nos Capítulos 1 e 2. A seguir, estão listadas algumas das características-chave desse método que devem ser lembradas ao se utilizá-lo para modificar pensamentos automáticos.

1. **Faça perguntas que revelem oportunidades de mudança.** Boas perguntas socráticas geralmente abrem possibilidades para os pacientes. Ao usar como guia o modelo básico da TCC (os pensamentos influenciam as emoções e os comportamentos), tente fazer perguntas que ajudem os pacientes a ver o quanto a modificação do pensamento pode reduzir emoções dolorosas ou melhorar sua capacidade de enfrentamento.
2. **Faça perguntas que tragam resultados.** Perguntas socráticas funcionam melhor quando rompem um padrão de pensamento desadaptativo rígido e apresentam aos pacientes alternativas razoáveis e produtivas. São desenvolvidas novas percepções, e a modificação do pensamento está associada a uma mudança emocional positiva (p. ex., o humor ansioso ou deprimido é melhorado). Se seu questionamento socrático parecer não estar produzindo qualquer resultado emocional ou comportamental, recue, revise a formulação de caso e reveja sua estratégia.
3. **Faça perguntas que envolvam os pacientes no processo de aprendizagem.** Um dos objetivos do questionamento socrático é auxiliar os pacientes a se especializarem em "pensar sobre o pensamento". Suas perguntas devem estimular a curiosidade deles e incentivá-los a olharem a partir de novas perspectivas. O questionamento socrático deve servir como modelo para perguntas que os pacientes podem fazer a si mesmos.
4. **Elabore perguntas de forma que seja produtivo para o paciente.** Levando em consideração o nível de funcionamento cognitivo,

QUADRO 5.4 INVENTÁRIO DE PENSAMENTOS AUTOMÁTICOS

Instruções: marque um X ao lado de cada pensamento automático negativo que você tenha tido nas duas últimas semanas.

_________ Eu deveria estar me dando melhor na vida.
_________ Ele/ela não me entende.
_________ Eu o/a decepcionei.
_________ Eu simplesmente não consigo mais achar graça em nada.
_________ Por que sou tão fraco(a)?
_________ Eu sempre estrago tudo.
_________ Minha vida está sem rumo.
_________ Não consigo lidar com isso.
_________ Estou fracassando.
_________ Isso é demais para mim.
_________ Não tenho muito futuro.
_________ As coisas estão fora de controle.
_________ Tenho vontade de desistir.
_________ Com certeza, alguma coisa de ruim vai acontecer.
_________ Deve ter alguma coisa errada comigo.

Fonte: adaptado, com permissão, de Wright J.H., Wright A.S., Beck, A.T.: *Good Days Ahead*. Moraga, CA, Empower Interactive, 2016. Copyright © Empower Interactive, Inc. todos os direitos reservados. Disponível em: http://apoio.grupoa.com.br/wright2ed.

os sintomas e a capacidade de concentração do paciente, formule perguntas que sejam um desafio suficiente para fazer com que ele pense, mas que não o faça sentir-se pressionado ou intimidado. O questionamento socrático eficaz deve fazer o paciente se sentir melhor a respeito de suas habilidades cognitivas, e não como burro ou estúpido. Faça perguntas socráticas que você acredite que seu paciente tenha boas chances de ser capaz de responder.

5. **Evite fazer perguntas de comando.** Não se deve usar o questionamento socrático para estabelecer o terapeuta como um *expert* (i.e., o terapeuta sabe todas as respostas e comanda o paciente a essas mesmas conclusões), mas deve ser um método para aumentar a capacidade do paciente de pensar de maneira flexível e criativa. Certamente, você terá alguma ideia sobre onde o questionamento socrático pode levar e quais resultados você espera obter, mas faça perguntas de uma maneira que respeite a capacidade de os pacientes pensarem por si mesmos. Deixe-os fazerem o trabalho de responder às perguntas sempre que possível.
6. **Use perguntas de múltipla escolha.** Normalmente, o bom questionamento socrático é composto por perguntas abertas. Podem ser dadas muitas respostas, ou podem ser feitas mudanças nas respostas. Embora as perguntas do tipo sim ou não ou de múltipla escolha possam ser eficazes em algumas ocasiões, a maioria das perguntas socráticas deve deixar espaço para várias respostas.

Exame das evidências

A estratégia de examinar as evidências pode ser um método poderoso para ajudar os pacientes a modificarem os pensamentos automáticos. Essa técnica consiste em elaborar uma lista das evidências a favor e contra a validade de um pensamento automático ou outra cognição, avaliar essas evidências e, então, trabalhar na modificação do pensamento para que seja consistente com as evidências recém-descobertas. Há duas vinhetas em vídeo para ilustrar a utilização do exame das evidências para os pensamentos disfuncionais automáticos.

O primeiro vídeo vem do tratamento de Brian com a Dra. Sudak. Eles trabalham na modificação de um de seus pensamentos automáticos mais problemáticos, "Eu nunca vou fazer parte". Foi utilizado um formulário de duas colunas para registrar as evidências a favor desse pensamento e anotar as alternativas geradas por eles (**Figura 5.2**). Nessa sessão, no início da terapia, a Dra. Sudak faz perguntas abertas para encontrar evidências tanto a favor desses pensamentos como contra eles. Ela, então, toma a frente para ajudá-lo a entender que ele não tem muita experiência em se adaptar a uma mudança de cidade. Ela também normaliza a solidão dele. Em sessões posteriores, ela colocará mais ênfase em Brian tomando a frente para gerar pensamentos alternativos.

Vídeo 8
Examinando as evidências
Dra. Sudak e Brian (11:58)

O segundo vídeo mostra o Dr. Wright trabalhando com Kate para verificar a validade de seu pensamento automático de "vou desmaiar". Essa vinheta foi apresentada anteriormente no Capítulo 2 como um exemplo de relação terapêutica colaborativa empírica. Sugerimos que você assista a esse vídeo novamente, agora com sua atenção voltada para aprender como implementar a técnica de exame de evidências. O Dr. Wright demonstra uma intervenção no exame das evidências que não inclui um formulário escrito. O exame das evidências pode ser realizado rapidamente como parte de uma série de intervenções terapêuticas, como nesse exemplo, ou pode ser feito de maneira mais detalhada, com formulários, como é mostrado no tratamento de Brian com a Dra. Sudak (ver Figura 5.2). Em geral, recomendamos que o exame das evidências seja implementado em sua versão completa, fazendo uma lista por escrito das evidências, pelo menos uma vez na

Pensamento automático: *Eu nunca vou fazer parte.*

Evidências a favor do pensamento automático	**Evidências contra o pensamento automático**
1. Sou tão diferente de todo mundo.	*1. Trabalhei com Jack em vários projetos. Trabalhamos bem juntos. Temos algumas coisas em comum.*
2. Faz três meses que estou aqui e até agora nada mudou.	*2. Eu cumprimento algumas pessoas do meu prédio.*
3. Está piorando.	*3. Antes de vir para a Filadélfia, eu tinha amigos de corrida e do coro onde eu cantava.*
	4. Mantenho contato com meus amigos em minha cidade natal.

Erros cognitivos: Hipergeneralização[a]

Pensamentos alternativos: *Não tenho muita experiência em me mudar e estabelecer uma vida por conta própria. É normal me sentir solitário nesse tipo de situação. Talvez meus amigos que se mudaram tiveram problemas semelhantes.*

FIGURA 5.2 Formulário de exame de evidências.

[a]Outros erros cognitivos se refletem no pensamento automático e em algumas de suas evidências. Por exemplo, Brian está usando o pensamento do tipo "tudo ou nada" quando diz a palavra "nunca", está ignorando as evidências de que agora ele está se ajustando e de que já se ajustou no passado e está maximizando o quanto é diferente dos outros. Embora esteja registrado aqui somente um erro cognitivo, a Dra. Sudak o ajudará a aprender como reconhecer erros cognitivos nas próximas sessões.

parte inicial da terapia, para ensinar ao paciente como usar esse valioso método. Exercícios de exame das evidências também são um excelente exercício de casa. Uma cópia em branco do formulário é fornecida no Apêndice I.

Vídeo 2
Modificando os pensamentos automáticos
Dr. Wright e Kate (8:48)

Exercício 5.2
Exame das evidências

1. Solicite que um colega o auxilie a desenvolver suas habilidades em examinar as evidências fazendo um exercício de *role-play*.
2. Ao examinar as evidências, use um Formulário (ver Apêndice I) e anote as evidências a favor e contra o pensamento automático.
3. Em seguida, implemente o método de exame das evidências com um de seus pacientes e discuta seus esforços com um supervisor.

Identificação de erros cognitivos

Definições e exemplos de erros cognitivos comuns encontram-se no Capítulo 1. Para ajudar os pacientes a identificá-los, em primeiro lugar, será necessário ensinar a eles quanto à natureza dos problemas no raciocínio lógico. Descobrimos que solicitar ao paciente que leia sobre erros cognitivos em um livro escrito para o público geral - como *Getting your life back: the complete guide to recovery from depression* (Wright e McCray, 2011), *Feeling good* (Burns, 2008) ou *A mente vencendo o humor* (Greenberger e Padesky, 2015) - ou usar um programa de computador para terapia cognitiva, como o *Good Days Ahead* (Wright et al., 2016), normalmente é o modo mais eficaz de transmitir esses conceitos. Você pode tentar explicar os erros cognitivos em sessões de terapia, mas os pacientes, em geral, precisam de outras experiências de aprendizagem, como aquelas observadas anteriormente, antes de poderem assimilar completamente essas ideias. Além disso, dar explicações de erros cognitivos em sessões de terapia pode consumir muito tempo e desviar seus esforços de outros tópicos ou itens de agenda importantes. Portanto, em geral, explicamos rapidamente os erros cognitivos em uma sessão quando há um exemplo óbvio de uma dessas distorções da lógica. Então, sugerimos uma tarefa de casa para promover o processo de aprendizagem. Você pode fazer cópias dos nomes e das definições de erros cognitivos do Capítulo 1 para usar como material de apoio para seus pacientes. O trabalho de ensinar um paciente a identificar erros cognitivos é ilustrado no caso a seguir.

CASO CLÍNICO

Max, um homem de 30 anos de idade com transtorno bipolar, relatou uma explosão de raiva e irritação intensa durante uma briga com sua namorada, Rita, que lhe telefonara para contar que ela havia ficado presa no trabalho e que se atrasaria mais ou menos uma hora para sair para jantar. Eles tinham uma reserva para as 19:00, mas quando Rita chegou em casa já eram quase 21:00. A essa altura, Max já estava enfurecido. Ele relatou que "gritou com ela por 30 minutos e depois foi para um bar sem ela".

Na sessão, o terapeuta observou que Max tinha vários pensamentos automáticos desadaptativos entrelaçados com erros cognitivos.

Terapeuta: Você pode pensar naquela situação e me contar os pensamentos automáticos que passavam por sua cabeça? Tente pensar em voz alta agora, para que possamos entender por que você ficou tão irritado.

Max: Ela só pensa nela mesma e em seu maravilhoso emprego. Ela nunca pensa em mim. Esse relacionamento não vai dar em nada. Ela me faz parecer um idiota!

Terapeuta: Você me disse que se sentiu culpado hoje de manhã e achou que exagerou pelo fato de ela ter se atrasado. Você também disse que a ama e quer que o relacionamento dê certo. Acho que seria bom examinar o que você estava pensando na situação. Parece que você teve um olhar extremado para o comportamento dela.

Max: Sim, acho que realmente exagerei. Às vezes, fico assim e ultrapasso os limites.

Terapeuta: Uma das coisas que parecia estar acontecendo era que você estava pensando em termos extremos. Às vezes, chamamos isso de pensamento do tipo "tudo ou nada" ou "absolutista". Por exemplo, seu pensamento automático "ela só pensa nela mesma" é muito absolutista e não lhe deixa espaço para considerar qualquer outra informação sobre o modo como ela o trata. Como esse tipo de pensamento faz você se sentir e agir?

Max: Me enfureci e disse coisas realmente horríveis para ela. Se eu continuar fazendo isso, vou destruir o relacionamento.

O terapeuta, então, explicou o conceito de erros cognitivos e como a identificação dessas distorções poderia ajudar Max a lidar melhor com suas emoções e comportamentos.

Terapeuta: Então, falei a você sobre essas coisas que chamamos de erros cognitivos. Você estaria disposto a ler alguma coisa sobre eles antes da próxima sessão? Você também poderia tentar identificar alguns deles em seus registros de pensamentos.

Max: Claro, acho uma boa ideia.

Pode haver várias oportunidades para ajudar os pacientes a aprenderem como identificar erros cognitivos e reduzirem a frequência e a intensidade dessas distorções da lógica. O registro de pensamentos disfuncionais (RPD, descrito na próxima seção e ilustrado na Figura 5.3) pode ser usado para identificar erros cognitivos em pensamentos automáticos específicos. Pode-se também reconhecer erros cognitivos em outras intervenções, como no exame das evidências e na descatastrofização (um método descrito mais adiante neste capítulo). Para muitos pacientes, identificar e nomear erros cognitivos são uma das partes mais desafiadoras do desenvolvimento de habilidades na terapia cognitiva. Esses erros no modo de pensar foram repetidos durante muitos anos e se tornaram automáticos no processamento de informações. Portanto, o terapeuta pode precisar chamar a atenção do paciente repetidamente para esse fenômeno e sugerir várias maneiras de treinar uma maneira mais equilibrada e lógica de pensar.

Às vezes, os pacientes podem ficar confusos em seus esforços para identificar erros cognitivos, cujas definições podem ser difíceis de entender, podendo, além disso, haver uma sobreposição considerável entre os diferentes tipos de erros no raciocínio. É uma boa ideia explicar antecipadamente que é possível levar algum tempo até ganhar experiência na identificação de erros cognitivos. Dizemos aos pacientes que não é exatamente importante nomear os erros toda vez (p. ex., discriminar entre ignorar as evidências e hipergeneralizar) ou reconhecer todos os erros cognitivos que poderiam estar envolvidos em um pensamento automático (muitos deles incluem mais de um tipo de erro cognitivo). Tentamos transmitir a mensagem de que eles não devem se preocupar em captar essa parte da TCC de maneira exata. Reconhecer qualquer erro cognitivo pode auxiliá-los a pensar de maneira mais lógica e a lidar melhor com os seus problemas.

Registros de pensamentos disfuncionais

O automonitoramento, um elemento-chave da TCC, é totalmente feito por meio dos registros de pensamento com cinco colunas e métodos semelhantes de registro de pensamentos elaborados para ajudar os pacientes a modificarem os pensamentos automáticos. O RPD, um registro de pensamentos de cinco colunas, foi recomendado como um procedimento de alto impacto por Beck e colaboradores (1979) em seu clássico livro *Terapia cognitiva da depressão*, e continua sendo muito utilizado na TCC. O RPD incentiva os pacientes a:

1. reconhecer seus pensamentos automáticos;
2. aplicar muitos dos métodos descritos neste capítulo (p. ex., identificar erros cognitivos, examinar as evidências, gerar alternativas racionais);

3. observar resultados positivos em seus esforços para modificar seu pensamento.

Em geral, sugerimos que os pacientes preencham os RPDs regularmente como tarefa de casa e que tragam esses registros às sessões de terapia. Às vezes, os pacientes conseguem utilizar sozinhos o RPD e obtêm mudanças substanciais no pensamento. Em outras ocasiões, podem ficar estagnados e incapazes de gerar alternativas racionais. Independentemente do grau de sucesso na utilização dessa ferramenta fora das sessões, o RPD muitas vezes proporciona material importante para discussões em terapia e serve como um trampolim para futuras intervenções para modificar pensamentos automáticos.

No método do RPD, duas colunas – "pensamentos racionais" e "resultado" – são adicionadas ao registro em três colunas, usado normalmente para identificar pensamentos automáticos. Os pacientes são instruídos a usar a primeira coluna para escrever uma situação ou a lembrança de uma situação que estimulou os pensamentos automáticos. A segunda coluna é usada para registrar os pensamentos automáticos e o grau de crença nesses pensamentos no momento em que ocorreram. As emoções são registradas na terceira coluna.

Avaliações do grau de crença nos pensamentos automáticos também podem dar ao terapeuta pistas significativas sobre a maleabilidade ou a resistência para a mudança dessas cognições. Agrupamentos de pensamentos automáticos, nos quais os pacientes continuam acreditando fortemente, apesar de evidências contraditórias, podem sugerir que há um esquema mantido mais profundamente, que um padrão de comportamento arraigado precisará ser abordado ou, ainda, que será necessário um trabalho mais vigoroso para usar métodos como reatribuição, *role-play* ou ensaio cognitivo. Além disso, pensamentos que persistentemente geram emoções desagradáveis ou tensão física podem ser alvos de intervenções mais intensas.

A quarta coluna, "resposta racional", é a parte central do RPD. Essa coluna é usada para registrar alternativas racionais para pensamentos automáticos desadaptativos e para classificar os pensamentos modificados quanto ao grau de crença. Pode-se desenvolver alternativas racionais por meio do uso de vários dos métodos discutidos em seções posteriores deste capítulo. No entanto, o RPD sozinho geralmente estimula os pacientes a considerar alternativas e a desenvolver um estilo mais racional de pensamento. Alguns terapeutas cognitivo-comportamentais sugerem que a quarta coluna do RPD seja usada para anotar erros cognitivos identificados nos pensamentos automáticos, promovendo, assim, a análise de erros lógicos como uma maneira de construir o pensamento racional. Contudo, você pode recomendar que os pacientes evitem ou adiem nomear os erros cognitivos no RPD, se achar que esse processo os sobrecarregaria ou não seria benéfico no momento.

A quinta e última coluna do RPD é usada para documentar o resultado do trabalho do paciente para mudar pensamentos automáticos. Em geral, solicitamos aos pacientes que escrevam as emoções da terceira coluna e que avaliem novamente a intensidade de seus sentimentos em uma escala de 0 a 100%. A última coluna também pode ser usada para observar quaisquer mudanças no comportamento ou registrar planos que foram desenvolvidos para enfrentar a situação. Na maioria dos casos, haverá mudanças positivas anotadas na coluna "resultados". Em situações nas quais há pouca ou nenhuma melhora registrada nessa coluna, o terapeuta pode usar essa informação para identificar obstáculos e elaborar métodos para ultrapassá-los.

A **Figura 5.3** ilustra um RPD completo do tratamento de Richard, um homem com fobia social, conforme descrito no Capítulo 1. Nesse exemplo, Richard teve uma profusão de pensamentos automáticos negativos enquanto se preparava para ir a uma festa. Embora normalmente evitasse ir a eventos sociais, recusando convites de imediato ou dando uma

Situação	Pensamentos automáticos	Emoção	Resposta racional	Resultado
a. *Descreva* o evento que levou à emoção *ou* b. Fluxo de pensamentos que levou à emoção *ou* c. Sensações fisiológicas.	a. *Escreva* os pensamentos automáticos que precederam a emoção. b. *Classifique* a crença no pensamento automático, de 0 a 100%.	a. *Especifique* se triste, ansioso, com raiva, etc. b. *Classifique* o grau de emoção, de 0 a 100%.	a. *Identifique* os erros cognitivos. b. *Escreva* a resposta racional ao pensamento automático. c. *Classifique* o grau de crença na resposta racional, de 0 a 100%.	a. *Especifique e classifique* a emoção subsequente, de 0 a 100%. b. *Descreva* as mudanças no comportamento.
Preparando-se para ir a uma festa do bairro	1. *Não vou saber o que dizer. (90%)*	*Ansioso (80%)* *Tenso (70%)*	1. *Estou ignorando as evidências, maximizando. Leio muito e ouço as notícias no rádio. Tenho praticado como bater papo. Realmente, tenho algo a dizer. Só preciso começar a falar. (90%)*	*Ansioso (40%)* *Tenso (40%)* *Fui à festa e fiquei lá por mais de uma hora. Eu estava nervoso, mas me saí bem.*
	2. *Vou parecer deslocado. (75%)*		2. *Estou maximizando, hipergeneralizando, personalizando. Estou realmente exagerando. Posso parecer um pouco nervoso, mas as pessoas estarão mais interessadas em suas próprias vidas do que em julgar como pareço. Sou uma pessoa competente. (90%)*	
	3. *Vou "travar" e querer ir embora imediatamente.*		3. *Estou tirando conclusões precipitadas, catastrofizando. Ficarei nervoso, mas preciso me "segurar" e enfrentar meu medo.*	

FIGURA 5.3 Registro de pensamentos disfuncionais de Richard.

Fonte: adaptada de Beck AT, Rush AJ, Shaw BF, et al.: *Cognitive therapy of depression*. Nova York, Guilford, 1979, pp. 164–165. Reimpressa, com permissão, da Guilford Press. Disponível em: http://apoio.grupoa.com.br/wright2ed.

desculpa de última hora, Richard tentava aplicar os princípios da TCC para dominar seu medo. Observe que o paciente era capaz de gerar alternativas racionais para seus pensamentos automáticos e começou a desenvolver habilidades para enfrentar a ansiedade (ver Capítulo 7 para técnicas comportamentais para transtornos de ansiedade). O Apêndice I traz um RPD em branco para você fazer cópias e usar em sua prática clínica.

Exercício 5.3
Utilização do registro de pensamentos disfuncionais

1. Faça cópias do RPD em branco no Apêndice I.
2. Identifique um evento ou situação de sua própria vida que provocou ansiedade, tristeza, raiva ou alguma outra emoção desagradável.
3. Preencha o RPD, identificando pensamentos automáticos, emoções, pensamentos racionais e o resultado do uso do registro de pensamentos.
4. Apresente o RPD a pelo menos um de seus pacientes em uma sessão de terapia. Peça a essa(s) pessoa(s) que preencha(m) um RPD como tarefa de casa e revise o RPD em sessões posteriores.
5. Se o paciente tiver problemas para implementar o RPD ou não estiver fazendo muito progresso com esse método conforme o esperado, busque soluções para essas dificuldades.

Geração de alternativas racionais

Ao ensinar os pacientes a desenvolver pensamentos lógicos, é importante enfatizar que a TCC não é a "força do pensamento positivo". Tentativas de substituir pensamentos negativos por outros positivos irreais estão fadadas ao fracasso, principalmente se o paciente tiver sofrido perdas ou traumas reais ou se estiver enfrentando problemas com uma alta probabilidade de resultados adversos. Pode ser que o paciente tenha perdido o emprego devido ao declínio em seu desempenho, passado pelo rompimento de um relacionamento importante ou que esteja tentando lidar com uma doença física grave. Em tais situações, não é realista tentar mascarar o problema, ignorar possíveis dificuldades pessoais ou minimizar riscos genuínos. Ao contrário, o terapeuta deve tentar ajudar o paciente a enxergar as circunstâncias da forma mais racional possível e, depois, trabalhar maneiras adaptativas de lidar com problemas.

Você pode pensar nas opções apresentadas a seguir ao treinar seus pacientes no desenvolvimento de pensamentos lógicos.

1. **Explore diferentes perspectivas.** A depressão e outros transtornos mentais costumam estreitar o foco do pensamento em cognições autocondenatórias e geradoras de ansiedade, ao mesmo tempo bloqueando alternativas mais adaptativas e mais razoáveis. Para ajudar os pacientes a superarem essa tendência, você pode lhes solicitar que se imaginem de um ponto de vista diferente. Eles podem tentar pensar como um cientista ou um detetive – alguém que evite tirar conclusões apressadas, buscando por todas as evidências. Outra estratégia é sugerir que eles se coloquem no lugar de um amigo confiável ou de um familiar. O que essa pessoa diria sobre eles? Também se pode pedir aos pacientes que se imaginem dando conselhos a outra pessoa que está na mesma situação – uma técnica usada com bom efeito pela Dra. Sudak ao tratar Brian (ver Vídeo 9). Ou podem visualizar um *coach* afirmativo e eficaz que está desenvolvendo seus pontos fortes ao ajudá-los a enxergar alternativas positivas e precisas. Cada uma dessas estratégias estimula os pacientes a saírem de sua estrutura de pensamento atual e a considerarem outros pontos de vista que podem ser mais racionais, adaptativos e construtivos.
2. **Faça um *brainstorm*.** Explique que o *brainstorm* envolve deixar sua criatividade livre para imaginar uma grande variedade de possibilidades. Para aproveitar ao máximo essa técnica, o paciente deve ser encorajado a suspender qualquer "sim, mas" de seu processo de pensamento. Sugira fazer uma lista de todas as ideias possíveis, sem considerar se são factíveis ou não. Depois, o paciente pode examinar as possibilidades para ver quais podem ser alternativas lógicas – o *brainstorm* pode ajudá-lo a ultrapassar sua visão em túnel para enxergar opções que, de outra forma, passariam despercebidas.

3. **Saia do momento atual.** Tente ajudar o paciente a entrar em contato com a maneira como se via antes de ter ficado deprimido ou ansioso ou como poderia se ver se seus sintomas se resolvessem. Se ele conseguir se lembrar de cenas nas quais obteve sucesso ou sentimentos positivos (p. ex., quando se formou na faculdade, casou-se, teve um filho, recebeu um prêmio, foi contratado para um novo emprego), ele pode conseguir acessar pensamentos adaptativos que foram esquecidos com o peso dos problemas atuais. Faça perguntas como: "Quais alternativas seu antigo *eu* enxergaria e que seu *eu* deprimido está ignorando?" ou "Como você veria a situação se não estivesse mais deprimido?".
4. **Peça a opinião dos outros.** As pessoas com depressão, ansiedade e outros quadros clínicos se voltam para dentro de si mesmas e chegam a conclusões sem o benefício do *feedback* ou de sugestões de outras pessoas. Embora haja riscos em solicitar a opinião de outras pessoas, conversas criteriosas com amigos confiáveis, familiares ou colegas de trabalho podem ajudar o paciente a ganhar perspectivas mais precisas. Para facilitar conversas produtivas, você pode treinar o paciente para verificar seu modo de pensar com os outros e, assim, limitar os riscos e aumentar as chances de sucesso. Faça perguntas como: "Até que ponto você pode confiar que essa pessoa dirá a verdade a você e ainda assim lhe dará apoio?", "Quais são os riscos de pedir uma opinião a essa pessoa?" e "Se obtiver uma resposta decepcionante, como você pode lidar com ela?". Você também pode fazer um *role-play* dos cenários possíveis antecipadamente para preparar o paciente para fazer perguntas eficazes. Ensine-o a estruturar perguntas que protegerão seus interesses e, ao mesmo tempo, chegarão à verdade.

Dois vídeos demonstram métodos para gerar alternativas racionais. O primeiro deles mostra a Dra. Sudak ajudando Brian a desenvolver habilidades para gerar alternativas racionais. Eles estão trabalhando em um dos pensamentos automáticos recorrentes e especialmente problemáticos de Brian – "Eu nunca vou fazer parte". A Dra. Sudak começa pedindo a Brian que identifique erros cognitivos em seus pensamentos automáticos. Depois de o paciente perceber que estava usando pensamento do tipo "tudo ou nada" e hipergeneralização, a doutora sugere que ele tente gerar um pensamento alternativo. Sua primeira tentativa ("Talvez eu consiga fazer parte") é recebida com *feedback* positivo da Dra. Sudak. No entanto, ela acha improvável que essa modificação o "fortifique" suficientemente para levar a uma mudança substancial. Assim, ela solicita que ele olhe para a situação de "fazer parte" pela lente de um amigo que tenha passado por um desafio semelhante de mudar de cidade. Ao assistir a esse vídeo, você verá como essa estratégia destravou o potencial de Brian para gerar vários pensamentos alternativos realistas.

Vídeo 9
Desenvolvendo alternativas racionais
Dra. Sudak e Brian (8:50)

O segundo exemplo de como encontrar alternativas racionais vem do tratamento de Eric com o Dr. Brown. No Vídeo 10, Eric mostra ao Dr. Brown um RPD (três primeiras colunas de evento, pensamentos automáticos e emoções) que foi preenchido como exercício de casa. Eric estava sentado em seu carro em frente a uma loja de massas e pensando em ir a uma entrevista de emprego para o cargo de *chef* de cozinha. Dos vários pensamentos automáticos negativos no RPD, Eric escolheu "O que adianta tentar?" para eles abordarem na sessão. Ao assistir ao vídeo, tente identificar os métodos usados pelo Dr. Brown para ajudar Eric a procurar alternativas para o seu pensamento automático. Observe como o Dr. Brown faz perguntas engenhosas para ultrapassar a barreira da incapacidade de Eric de gerar qualquer evidência contra as suas cognições autodestrutivas. O Dr. Brown tem mais dificuldade de ajudar Eric a desenvolver alternativas racionais do que a Dra. Sudak teve com Brian. Todavia, é provável que a persistência e a paciência do Dr. Brown compensem para chegar a alternativas específicas aos pensamentos automáticos desadaptativos de Eric.

Vídeo 10
Dificuldade de encontrar alternativas racionais
Dr. Brown e Eric (10:37)

Exercício 5.4
Geração de alternativas racionais

1. Pratique o uso do questionamento socrático e a geração de alternativas racionais em um exercício de *role-play* com um colega. Tente ser criativo ao pensar em maneiras de abrir a mente do "paciente".
2. Em seguida, trabalhe com um de seus pacientes para gerar alternativas racionais. Concentre-se em fazer boas perguntas socráticas. Incentive o paciente a pensar como um cientista ou um detetive, ao examinar diferentes maneiras de enxergar a situação. Instrua-o sobre a técnica de *brainstorm*. Seu objetivo é ajudá-lo a aprender métodos para ultrapassar a visão em túnel.
3. Se possível, grave em vídeo ou áudio essas entrevistas e as examine com um supervisor. Uma das melhores maneiras de se tornar especialista no uso da TCC para gerar alternativas racionais é se ver em ação, obter uma opinião sobre seu estilo de entrevista e ouvir sugestões sobre como fazer um questionamento socrático eficaz.

Descatastrofização

As previsões catastróficas sobre o futuro são muito comuns entre indivíduos com depressão e ansiedade. Elas são frequentemente influenciadas pelas distorções cognitivas observadas nesses transtornos, mas, às vezes, os medos têm razão de ser. Assim, o procedimento de descatastrofização nem sempre tenta negar o medo catastrófico. Ao contrário, o terapeuta pode preferir auxiliar o paciente a trabalhar maneiras de enfrentar uma situação temida caso ela se torne real.

CASO CLÍNICO

Terry, um homem deprimido de 52 anos de idade que estava em seu segundo casamento, expressou grande ansiedade quanto à possibilidade de sua esposa deixá-lo. Como o relacionamento parecia instável, seu terapeuta decidiu usar a técnica do *cenário da pior hipótese* para auxiliá-lo a descatastrofizar e lidar melhor com a situação.

Terry: Acho que ela está por um fio comigo. Eu não conseguiria sobreviver a outra rejeição.

Terapeuta: Dá para ver que você está muito preocupado e aborrecido. Na sua opinião, quais são as probabilidades de vocês continuarem juntos?

Terry: Meio a meio.

Terapeuta: Como você está prevendo uma alta probabilidade de um rompimento, poderia ser útil pensar à frente, sobre o que aconteceria se ela pedisse o divórcio. Qual é o pior resultado que você poderia imaginar?

Terry: Eu ficaria destruído... fracassar duas vezes, sem nenhum futuro. Ela é tudo para mim.

Terapeuta: Sei que seria muito difícil se seu casamento acabasse em divórcio, mas vamos pensar em como você poderia lidar com isso. Podemos começar verificando suas previsões. Você disse que ficaria destruído. Vamos dar uma olhada nas evidências para ver se isso seria verdade?

Terry: Acho que não ficaria totalmente destruído.

Terapeuta: Quais aspectos de você ou de sua vida ficariam destruídas?

Terry: Meus filhos ainda me amariam. E meus irmãos não me abandonariam. Na verdade, alguns deles acham que eu ficaria melhor se meu casamento acabasse.

Terapeuta: Algum outro aspecto de sua vida ficaria bem?

Terry: Meu emprego, desde que eu não fique deprimido a ponto de atrapalhar o trabalho. Posso continuar a jogar tênis com meus amigos. Você sabe que o tênis é como uma grande terapia para mim.

O terapeuta prosseguiu com perguntas para auxiliar Terry a modificar seus pensamentos catastróficos absolutistas. Ao final dessa conversa, o paciente já havia desenvolvido uma visão diferente de um possível divórcio.

Terapeuta: Antes de continuarmos, você pode resumir o que aprendemos sobre como você poderia reagir se tivesse de enfrentar um divórcio?

Terry: Seria um grande tormento, não quero que isso aconteça. Mas eu tentaria me voltar para todas as coisas que eu tenho, em vez de pensar somente no que perdi. Ainda tenho minha saúde e o resto de minha família. Tenho um bom emprego e alguns amigos próximos. Ela tem sido uma grande parte de minha vida, mas não é tudo. A vida continuaria. Talvez fosse melhor para mim em longo prazo, como diz meu irmão.

O terapeuta, então, sugeriu que eles trabalhassem em um plano de enfrentamento a ser usado caso realmente acontecesse um divórcio. (Ver seção "Cartões de enfrentamento", mais adiante, neste capítulo, para mais informações.)

A descatastrofização também é uma técnica valiosa para auxiliar indivíduos com transtornos de ansiedade. Por exemplo, pessoas com fobia social costumam ter medo de se expor e parecer ansiosas ou socialmente incompetentes e de que essa revelação seja dolorosa demais para suportar. Você pode tentar as seguintes perguntas para reduzir as previsões catastróficas na fobia social: "Qual é a pior coisa que poderia acontecer se você fosse à festa?"; "O que há de terrível em não ter o que dizer?"; Você conseguiria aguentar isso por pelo menos 15 minutos?"; "Em comparação com outras coisas terríveis, como ter uma doença grave ou perder o emprego, como é se sentir ansioso em uma festa?". A força motriz dessas perguntas está em auxiliar os pacientes a enxergarem a imprecisão de suas previsões de consequências terríveis e de incapacidade de enfrentar a situação.

Reatribuição

No Capítulo 1, descrevemos as pesquisas sobre tendências atributivas na depressão. Atribuições são os significados que as pessoas dão a eventos em suas vidas. Para refrescar sua memória, resumimos brevemente as três dimensões de atribuições distorcidas a seguir.

1. **Interno *versus* externo.** Pessoas deprimidas tendem a internalizar a culpa ou a responsabilidade por resultados negativos, ao passo que pessoas não deprimidas fazem atribuições equilibradas ou externas.
2. **Geral *versus* específico.** Na depressão, as atribuições serão mais provavelmente devastadoras e globais do que específicas a um defeito, falha ou problema. Um exemplo de atribuição generalizada é "Aquela batidinha no carro foi a última gota; tudo na minha vida está indo ladeira abaixo".
3. **Invariável *versus* variável.** Pessoas deprimidas fazem atribuições que são invariáveis e preveem pouca ou nenhuma chance de mudança – por exemplo, "Nunca mais vou encontrar um amor". Em contrapartida, pessoas não deprimidas tem mais probabilidade de pensar: "Isso também vai passar".

Há uma série de métodos que podem auxiliar para que os pacientes façam atribuições mais saudáveis a eventos importantes em suas vidas. Qualquer uma das outras técnicas descritas neste capítulo pode ser empregada, como o questionamento socrático, o RPD ou o exame das evidências. Entretanto, geralmente iniciamos a reatribuição explicando rapidamente o conceito e, depois, fazendo um gráfico em um Formulário de papel para demonstrar as dimensões das atribuições (**Figura 5.4**). Em seguida, formulamos perguntas que estimulem o paciente a explorar e, possivelmente, modificar seu estilo atributivo.

CASO CLÍNICO

Sandy, uma senhora de 54 anos de idade, estava tendo problemas para lidar com a revelação de que sua filha casada, Mary Ruth, estava tendo um caso. Ela se culpava excessivamente, acreditava que sua filha estava estragando toda a sua vida e achava que o futuro de Mary Ruth era muito cinzento. A terapeu-

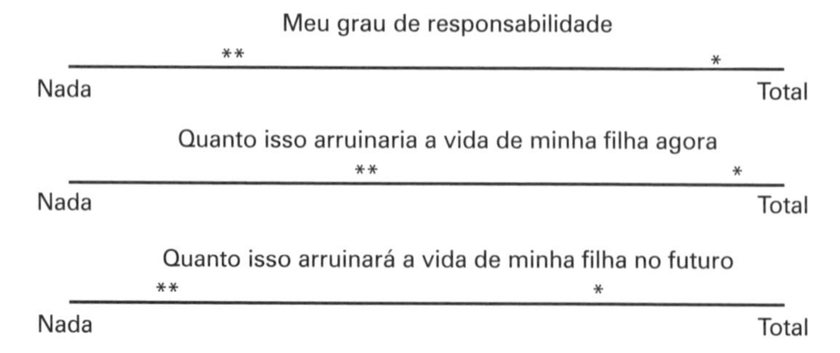

FIGURA 5.4 Escalas de atribuição de Sandy.
*O que eu penso hoje.
**Uma visão saudável da situação.

ta começou com perguntas focadas na correção das atribuições de Sandy. (O gráfico na Figura 5.4 foi usado para registrar as respostas de Sandy.)

Terapeuta: O quanto você se culpa pelos problemas de sua filha agora?

Sandy: Muito – provavelmente 80%. Eu nunca deveria tê-la apoiado naquela ideia de ir para a faculdade. Ela enlouqueceu lá e, desde então, não é mais a mesma. Eu sabia que casar com Jim não era uma boa ideia. Eu deveria ter dito a ela o que eu pensava sobre ele. Eles não têm nada em comum.

Terapeuta: Verificaremos toda essa culpa que você está pondo em si mesma mais tarde. Mas, agora, você pode fazer uma marca no gráfico para mostrar o quanto acha que é responsável pelo problema?

(Sandy faz uma marca mais ou menos em 90%.)

Terapeuta: Está bem, agora vamos tentar pensar qual seria um grau saudável de culpa. Onde você gostaria que a marca estivesse no gráfico?

Sandy: Sei que me deprecio demais. Mas acho que ainda deveria tentar ajudar e deveria assumir *alguma* responsabilidade. Provavelmente 25%.

(Sandy faz uma marca mais ou menos em 25%.)

Embora acreditasse que Sandy ainda estivesse assumindo culpa demais para a situação, a terapeuta não forçou a questão nesse momento. Elas continuaram a fazer gráficos para as outras dimensões de atribuições (ver Figura 5.4) e, depois, começaram a discutir maneiras de colocar as atribuições no ponto desejado.

Uma das técnicas que podem ser usadas para modificar atribuições é solicitar que o paciente faça um *brainstorm* dos possíveis fatores que contribuem para os resultados negativos. Como os pacientes geralmente têm uma visão em túnel, focada em seus próprios defeitos, pode ser útil fazer perguntas que os estimulem a pensar a partir de diferentes perspectivas, por exemplo: "E quanto a outras pessoas que poderiam influenciar a situação: os parentes? Seus amigos?"; "E o papel da sorte ou do destino?"; "Pode ser genético?". Depois de examinar uma série de perguntas desse tipo, às vezes usamos o gráfico em forma de pizza para auxiliá-los a ter uma visão multidimensional da situação. A **Figura 5.5** mostra um gráfico que Sandy construiu para suas atribuições acerca da culpa pelos problemas de sua filha.

Exercício 5.5
Examinando as evidências, descatastrofização e reatribuição

1. Novamente, solicite a um colega que o ajude a aprender os procedimentos da TCC fazendo exercícios de *role-play*. Peça a ele que dramatize uma situação na qual se poderia usar o exame das evidências, a descatastrofização ou a reatribuição para modificar pensamentos automáticos.
2. Depois, experimente sequencialmente cada uma das técnicas.
3. Ao praticar a descatastrofização, concentre-se na correção de previsões distorcidas. Entretanto, também trabalhe para preparar o "paciente" para enfrentar possíveis resultados adversos.

4. Escolha, então, um pensamento automático que poderia ser modificado com uma intervenção de reatribuição. Explique as tendências de atribuição e, depois, utilize um gráfico (como na Figura 5.4) e/ou um gráfico em pizza (como na Figura 5.5) para ajudar o "paciente" a fazer atribuições mais saudáveis.
5. O último passo nesse exercício de aprendizagem é implementar todos os três procedimentos com pacientes reais e discutir o seu trabalho com um supervisor.

Ensaio cognitivo

Quando está enfrentando uma reunião ou tarefa importante, você alguma vez pensa com antecedência no que vai dizer? Você ensaia seus pensamentos e comportamentos de modo a ter mais chances de sucesso? Nós certamente utilizamos essa estratégia em nossas próprias vidas, e descobrimos que isso pode ajudar os pacientes a levar os aprendizados da terapia para as situações do mundo real.

Quando explicamos essa técnica aos pacientes, frequentemente usamos o exemplo de atletas, como esquiadores, que conseguem visualizar os desafios de uma situação de competição e preparar suas mentes para a pista à frente. Um esquiador poderia usar imagens mentais para pensar sobre como reagiria diante de certas situações. Como ele resolveria seu problema, se batesse em um bloco de gelo ou começasse a soprar um vento forte? Ele provavelmente também se treinaria para manter uma mente positiva e acalmar sua ansiedade e se concentrar na competição.

O ensaio cognitivo é normalmente introduzido em uma sessão depois de o paciente já ter feito algum trabalho com outros métodos para modificar pensamentos automáticos. Essas experiências iniciais o preparam para "lançar mão de tudo" ao orquestrar uma resposta adaptativa a uma situação potencialmente estressante. Uma maneira de fazer o ensaio cognitivo é pedir ao paciente para utilizar os passos a seguir.

1. Pense sobre a situação com antecedência.
2. Identifique possíveis pensamentos automáticos e comportamentos.
3. Modifique os pensamentos automáticos fazendo um RPD ou aplicando uma outra intervenção da TCC.
4. Ensaie o modo mais adaptativo de pensar e de se comportar em sua mente.
5. Implemente a nova estratégia.

Evidentemente, isso geralmente facilita o treino com pacientes em métodos que os auxiliam a aumentar as chances de atingir seus objetivos. Pode-se utilizar o questionamento socrático para levá-los a enxergar opções diferentes e mini-intervenções didáticas para lhes ensinar habilidades, além disso, pode-se também tentar experimentos, para testar possíveis

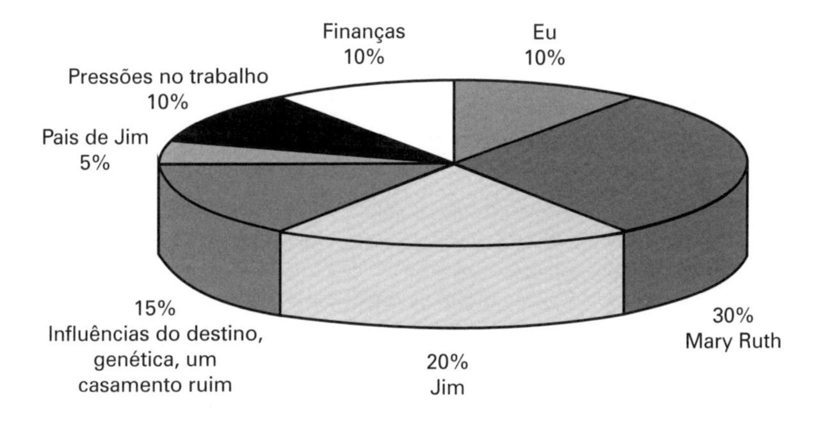

FIGURA 5.5 Gráfico de Sandy: os efeitos positivos da reatribuição.

soluções. No entanto, a técnica geralmente mais útil é ensaiar em uma sessão de terapia antes de experimentar o novo plano ao vivo. O Dr. Wright usou esse método com Kate para auxiliá-la a se preparar para dirigir até o novo escritório com seus colegas de trabalho.

Vídeo 11
Ensaio cognitivo
Dr. Wright e Kate (9:31)

Cartões de enfrentamento

Os cartões de enfrentamento podem ser uma maneira produtiva de auxiliar os pacientes a praticar as principais intervenções da TCC aprendidas na terapia. Podem ser utilizados cartões maiores ou cartões menores (como um cartão de visitas) para escrever instruções que os pacientes gostariam de dar a si mesmos para ajudá-los a enfrentar questões ou situações importantes. Quando bem utilizados, esses cartões identificam uma situação ou problema específico e depois detalham sucintamente uma estratégia de enfrentamento com alguns itens que focalizem os fundamentos do plano. O **Quadro 5.5** apresenta algumas dicas para ajudar os pacientes a elaborar frases que funcionem.

No Vídeo 11, o Dr. Brown ajuda Kate a registrar as ideias de um exercício de ensaio cognitivo em um cartão de enfrentamento. Kate escreveu essas cognições adaptativas e planejou guardar o cartão em sua carteira, de modo que pudesse lê-lo frequentemente antes de os executivos da empresa visitarem sua fábrica (**Figura 5.6**).

Um outro exemplo de cartão de enfrentamento vem do tratamento de Max, o homem com transtorno bipolar que relatou raiva intensa em seu relacionamento com sua namorada (**Figura 5.7**). Outras intervenções descritas nos capítulos sobre métodos comportamentais poderiam ser adicionadas mais tarde, para ajudá-lo a lidar de maneira mais eficaz com sua raiva, mas Max começou bem.

Exercício 5.6
Ensaio cognitivo e cartões de enfrentamento

1. Identifique uma situação em sua própria vida para a qual o ensaio prévio poderia ajudá-lo a ser mais eficaz ou ficar mais tranquilo. Agora, examine a situação em sua mente, identificando possíveis pensamentos automáticos, emoções, pensamentos racionais e comportamentos adaptativos. Em seguida, exercite pensar e agir da maneira mais adaptativa que puder imaginar.
2. Explicite os esforços de seu ensaio cognitivo em um cartão de enfrentamento. Siga as dicas no Quadro 5.5 para escrever cartões desse tipo. Escreva itens específicos que o treinarão da melhor maneira para lidar com a situação.
3. Exercite o ensaio cognitivo com pelo menos um de seus pacientes. Escolha uma situação com a qual você acredite que ele lidaria melhor se fosse considerada com antecedência. Também tente escolher oportunidades de ensaio que possam reduzir o risco de piora ou de recaída de sintomas.

QUADRO 5.5 DICAS PARA DESENVOLVER CARTÕES DE ENFRENTAMENTO

1. Escolha uma situação que seja importante para o paciente.
2. Planeje intervenções na terapia com o objetivo de produzir cartões de enfrentamento.
3. Avalie se o paciente está pronto para implementar estratégias com um cartão de enfrentamento. Não tente fazer muita coisa rápido demais. Comece com uma tarefa administrável. Deixe para mais tarde trabalhar com preocupações ou questões muito grandes, até que o paciente esteja preparado para enfrentar esses desafios.
4. Seja específico na definição da situação e dos passos a serem seguidos para lidar com o problema.
5. Filtre as instruções até a sua essência. Instruções facilmente memorizadas têm maior probabilidade de se solidificar.
6. Seja prático. Sugira estratégias que tenham alta probabilidade de sucesso.
7. Defenda o uso frequente do cartão de enfrentamento em situações da vida real.

Situação: Dirigir sobre a ponte com os colegas de trabalho até o novo escritório.

Estratégias de enfrentamento:

Sou diferente de meu pai. Ele era fumante e diabético.

Meu cardiologista diz que não tenho a menor chance de ter um ataque cardíaco.

Consigo fazer isso, mesmo que seja difícil.

Posso praticar algumas habilidades que vão me ajudar.

FIGURA 5.6 Cartão de enfrentamento de Kate.

Situação: Minha namorada chega tarde ou faz alguma outra coisa que me faz pensar que ela não se importa comigo.

Estratégias de enfrentamento:

Perceber meu pensamento extremado, especialmente quando empregar palavras absolutistas como nunca ou sempre.

Distanciar-me da situação e verificar meu pensamento antes de começar a gritar ou esbravejar.

Pensar nas coisas positivas de nosso relacionamento – acho que ela realmente me ama.

Estamos juntos há quatro anos e quero que o relacionamento dê certo.

Dar um tempo se eu começar a me enfurecer. Dizer a ela que eu preciso de um tempo para me acalmar. Dar uma volta ou ir para outra sala.

FIGURA 5.7 Cartão de enfrentamento de Max.

Por exemplo, voltar ao trabalho, saber notícias ruins sobre a saúde de um parente ou ser criticado por uma pessoa importante para ele.

4. Escreva pelo menos três cartões de enfrentamento com seus pacientes. Estimule o uso dos cartões solicitando aos pacientes que implementem as estratégias de enfrentamento como tarefa de casa.

RESUMO

A TCC focaliza-se na identificação e na mudança de pensamentos automáticos disfuncionais, uma vez que essas cognições têm uma forte influência sobre as emoções e o comportamento. Durante a fase inicial do trabalho com esses pensamentos, os terapeutas ensinam os pacientes sobre esse fluxo de cognições privadas, geralmente não reconhecidas, e os auxilia a prestar atenção a esse diálogo interno. A descoberta guiada é o método mais importante usado para revelar pensamentos automáticos, porém existem muitas outras técnicas. Reconhecer uma mudança de humor é uma maneira poderosa de mostrar aos pacientes o impacto do modo de pensar automático sobre seus sentimentos. Outros métodos valiosos para evocar pensamentos automáticos incluem o registro de pensamentos, a geração de imagens mentais, o *role-play* e o uso de inventários.

Depois que o paciente tiver aprendido a identificar seus pensamentos automáticos, o trabalho terapêutico pode se voltar para o uso de intervenções para modificar essas cognições. O questionamento socrático eficaz é a parte fundamental do processo de mudança. Também são usados extensivamente na TCC os registros de modificação de pensamento para auxiliar os pacientes a desenvolver um estilo de pensamento mais lógico e adaptativo. Os terapeutas podem escolher entre uma série de outras técnicas úteis – como o exame das evidências, a descatastrofização, a reatribuição, o ensaio cognitivo e os cartões de enfrentamento – para rever os pensamentos automáticos. Conforme a TCC passa de uma fase para outra, os pacientes adquirem habilidades para modificar os pensamentos automáticos, que podem aplicar por si mesmos para reduzir sintomas, enfrentar melhor os estresses da vida e diminuir as chances de recaída.

REFERÊNCIAS

Beck AT: Cognitive therapy and research: a 25-year retrospective. Paper presented at the World Congress of Cognitive Therapy, Oxford, UK, June 28–July 2, 1989

Beck AT, Rush AJ, Shaw BF, et al: Cognitive Therapy of Depression. New York, Guilford, 1979

Burns DD: Feeling Good: The New Mood Therapy, Revised. New York, Harper-Collins, 2008

Greenberger D, Padesky CA: Mind Over Mood: Change How You Feel by Changing the Way You Think, 2nd Edition. New York, Guilford, 2015

Hollon SD, Kendall PC: Cognitive self-statements in depression: development of an automatic thoughts questionnaire. Cognit Ther Res 4:383–395, 1980

Wright JH, McCray LW: Breaking Free From Depression: Pathways to Wellness. New York, Guilford, 2011

Wright JH, Salmon P: Learning and memory in depression, in Depression: New Directions in Research, Theory, and Practice. Edited by McCann D, Endler NS. Toronto, ON, Wall & Thompson, 1990, pp. 211–236

Wright JH, Wright AS, Beck AT: Good Days Ahead. Moraga, CA, Empower Interactive, 2016

6

Métodos comportamentais I:

melhorando o humor, aumentando a energia, concluindo tarefas e solucionando problemas

Energia baixa, capacidade diminuída de desfrutar das atividades e dificuldade de concluir tarefas ou resolver problemas são queixas comuns das pessoas com depressão. Não se envolver em atividades potencialmente prazerosas ou recompensadoras geralmente resulta em um agravamento dos sintomas. Isso pode resultar em um ciclo vicioso, no qual o menor envolvimento em atividades estimulantes ou produtivas é seguido de mais falta de interesse ou prazer, baixo humor (sentimento de tristeza e desespero), maior desamparo ou falta de valor. Tal reação, por sua vez, pode levar ao maior desligamento do indivíduo das atividades prazerosas ou recompensadoras e a uma subsequente piora dos sintomas depressivos. Por fim, uma espiral descendente pode continuar acontecendo até que o indivíduo assumir que é incapaz de sentir prazer, de concluir tarefas ou de resolver problemas. Pacientes com os níveis mais profundos de depressão podem perder a esperança e desistir de fazer qualquer tentativa de mudança.

Os métodos cognitivo-comportamentais para tratar a depressão e outros transtornos psiquiátricos incluem intervenções específicas, elaboradas para reverter níveis diminuídos de atividade, depleção da energia, piora da anedonia e capacidade reduzida de concluir tarefas ou resolver problemas. Neste capítulo, iremos apresentar e exemplificar algumas das intervenções comportamentais mais úteis para ajudar as pessoas com essas dificuldades. Embora sejam mais frequentemente utilizadas no tratamento da depressão, as técnicas descritas aqui também podem ser aplicadas com sucesso na terapia cognitivo-comportamental (TCC) para outros quadros, como os transtornos de ansiedade, alimentares e de personalidade (ver Capítulo 10).

Ao implementar procedimentos comportamentais, é importante lembrar-se do princípio de que as mudanças comportamentais positivas provavelmente estão associadas à autoestima mais elevada ou a atitudes mais adaptativas. Do mesmo modo, as modificações nos pensamentos automáticos ou esquemas negativos podem ajudar a promover o comportamento adaptativo. Assim, os métodos comportamentais são aplicados em consonância com as técnicas cognitivas como uma estratégia global para alcançar os objetivos do tratamento. Os casos clínicos neste capítulo ilustram como as intervenções comportamentais e cognitivas frequentemente incrementam umas às outras e como os terapeutas podem mesclar essas técnicas na prática clínica.

Utilizamos o termo *ativação comportamental* para descrever qualquer método destinado a reenergizar os pacientes e ajudá-los a fazer mudanças positivas, que pode variar desde um simples *plano de ação comportamental* com um ou dois passos até a *programação de atividades* e *procedimentos de tarefa graduada* totalmente desenvolvidos.

PLANOS DE AÇÃO COMPORTAMENTAL

Um *plano de ação comportamental* prático e exequível pode envolver o paciente em um processo de mudança positiva e instilar um senso de esperança. O terapeuta auxilia o paciente na escolha de uma ou duas atividades específicas que poderiam levar a uma melhora no humor e, depois, o auxilia a trabalhar em um plano realista para realizar essa atividade. A ativação comportamental costuma ser usada nas primeiras sessões, antes de se poder realizar uma análise cognitivo-comportamental mais detalhada ou intervenções mais complexas (p. ex., programação de atividades, reestruturação cognitiva). Entretanto, descobrimos que essa técnica também pode ser aplicada em outros estágios da terapia, quando se pode usar um plano de ação comportamental focado simples, com benefícios significativos. O exemplo a seguir mostra que esse método pode ser utilizado para envolver os pacientes rapidamente em atividades produtivas logo no início da terapia.

CASO CLÍNICO

Meredith é uma mulher de 30 anos de idade, em seu sexto mês de gravidez, que está com depressão. Seus sintomas são moderados em termos de severidade desde o segundo mês de gravidez, quando ela começou a apresentar esse quadro clínico. Seu único episódio depressivo anterior ocorreu quando estava na faculdade. Ela tomou sertralina e recebeu algum aconselhamento de apoio naquele momento. A medicação pareceu ajudar, mas agora ela não quer tomá-la devido à gravidez.

Meredith é atendente em um restaurante luxuoso e espera continuar trabalhando até quando for possível. Seu diploma é em tecnologia da informação, porém ela não conseguiu encontrar emprego em sua área. Atualmente, mora sozinha, e sua família mora perto de sua casa. Embora ela não tenha tido muito apoio de sua mãe, que também está deprimida, seu irmão mais velho, que está casado e tem dois filhos, lhe dá muito apoio. Também tem duas amigas muito próximas: uma de infância e outra que conheceu no trabalho. Apesar de sua gravidez não ter sido planejada, ela sempre quis ter uma família. Ela tem sentimentos positivos em relação ao bebê, mas se critica muito, pois acha que não será uma boa mãe. Também critica a si mesma por comer porcarias e não manter uma dieta saudável. Meredith quer manter a amizade com o pai de seu bebê, pelo bem da criança, mas não quer reacender o relacionamento romântico.

Ela relata não ter nenhum histórico psiquiátrico além do que foi previamente observado. Não tem ideação ou comportamento suicida. Não há doenças físicas e, a não ser por alguma dor nas costas, azia e menos energia, sua gravidez está indo bem.

No Vídeo 12, Meredith e a residente psiquiátrica, Dra. Wichmann, concentram-se em algumas maneiras de ajudar Meredith a voltar a ser mais ativa. Perto do final da segunda sessão, elas desenvolvem um plano de ação comportamental promissor (**Figura 6.1**). A pequena parte do diálogo apresentada a seguir lhe dará uma ideia de como a Dra. Wichmann moldou essa intervenção. Sugerimos que você assista ao vídeo agora para poder ver como criar um plano específico com boas chances de sucesso.

Vídeo 12
Plano de ação comportamental
Dra. Wichmann e Meredith (3:34)

1. *Ir à mercearia comprar alimentos saudáveis para a semana.*
2. *Marcar um horário específico, domingo às 10 horas da manhã, quando é mais provável que eu vá.*
3. *Dar uma recompensa a mim mesma, parando em minha padaria favorita no caminho para casa.*

FIGURA 6.1 Plano de ação comportamental de Meredith.

Dra. Wichmann: Se você pudesse fazer algo esta semana que poderia ajudá-la a se sentir melhor, o que acha que poderia ser?

Meredith: Acho que quero comer de forma saudável.

Dra. Wichmann: Quando você diz que quer comer de forma saudável, o que isso quer dizer?

Meredith: Quero parar de comer sanduíches. Quero fazer minhas refeições nos horários certos e ingerir somente alimentos saudáveis.

Dra. Wichmann: Todas essas ideias são muito importantes... Só fico pensando se não é demais fazer tudo de uma vez. Você acha que haveria metas menores e mais específicas para trabalhar em direção a isso?

Meredith: Acho que, pelo menos, preciso ir à mercearia.

Dra. Wichmann: Certo. Você não tem feito isso?

Meredith: Não, ultimamente, não. Tenho apenas pegado algo para comer no trabalho ou vou a um *fast food* no caminho para casa.

Dra. Wichmann: Bem, ir à mercearia acho que é uma meta mais factível e algo com o qual esperamos que você consiga trabalhar mais facilmente do que comer somente alimentos saudáveis de repente. Quais são os possíveis obstáculos ou barreiras que poderiam dificultar sua ida à mercearia?

Como Meredith estava moderadamente deprimida e tendo dificuldades para envolver-se em qualquer atividade que lhe daria uma sensação de bem-estar ou prazer, a Dra. Wichmann, com prudência, evitou um plano de ação comportamental que fosse muito desafiador ou improvável de ser realizado. Nesse caso, Meredith escolheu algumas ações que achava que ajudariam, mas a Dra. Wichmann lhe sugeriu planejar uma atividade menos ambiciosa. Havia várias outras estratégias usadas para aumentar a probabilidade de Meredith conseguir concluir o plano de ação, as quais incluíam perguntar-lhe sobre os possíveis obstáculos ou barreiras para concluir o plano e, então, envolvê-la na resolução de problemas para abordar esses obstáculos. Além disso, a Dra. Wichmann encoraja a paciente a identificar um dia e um horário específicos para realizar essa atividade. Por fim, a doutora anotou o plano de ação comportamental em um cartão para servir de lembrete para colocar o plano em prática. Meredith e ela colaboraram bem no desenvolvimento do plano de ação comportamental. Observe que a Dra. Wichmann pediu sugestões a Meredith com base em suas experiências anteriores, em vez de simplesmente dizer-lhe o que fazer.

Quando buscam tratamento, os pacientes geralmente estão interessados em fazer mudanças. Eles querem começar a seguir por uma direção positiva e estão em busca de orientação sobre os passos que podem começar a dar. Portanto, quando o terapeuta sugere tomar uma ação comportamental imediata (mesmo sendo rudimentar) durante as sessões iniciais, essa sugestão costuma ser recebida pelos pacientes como um sinal de que eles serão capazes de trabalhar junto com o terapeuta para obter maiores ganhos e resolver problemas maiores. Os planos de ação comportamental não utilizam técnicas sofisticadas ou complicadas, mas podem ajudar os pacientes a começar a romper os padrões de distanciamento ou inatividade e mostrar-lhes que podem progredir. Esse tipo de intervenção também pode ser usado com bom efeito em estágios posteriores da terapia ou na fase de manutenção do tratamento de quadros crônicos. As sugestões apresentadas no **Quadro 6.1** podem ajudar a implementar planos de ação comportamental eficazes.

QUADRO 6.1 DICAS PARA USAR PLANOS DE AÇÃO COMPORTAMENTAL

1. **Desenvolva um relacionamento colaborativo antes de tentar a ativação comportamental.** Não coloque a carroça na frente dos bois. Sem uma boa colaboração entre paciente e terapeuta, as tentativas de implementar planos de ação comportamental podem fracassar. O motivo para o paciente realizar a tarefa é, em parte, que ele quer trabalhar junto com você e entender as razões para fazer mudanças.
2. **Deixe o paciente decidir.** Embora você possa ajudar a orientar o paciente sobre as ações que podem ser úteis, sempre que possível, peça-lhe sugestões para desenvolver um plano de ação e, depois, ofereça-lhe algumas opções para implementar o plano.
3. **Avalie se o paciente está pronto para mudar.** Antes de sugerir planos de ação comportamental, meça a motivação e a abertura do paciente para dar esse passo. Se ele não estiver interessado em fazer as coisas de maneira diferente imediatamente ou não estiver pronto para agir, adie a intervenção. Por outro lado, se ele estiver aberto para começar a seguir em uma direção positiva, aproveite o momento.
4. **Prepare o paciente para a ativação comportamental.** Introduza a tarefa com questionamento socrático ou outras intervenções da TCC que preparem o terreno para a mudança. Tente fazer perguntas que eduquem o paciente sobre os benefícios de agir ou que acessem as motivações para fazer as coisas de maneira diferente. Uma das melhores perguntas é: "Como essa mudança faria você se sentir?". Se a resposta for positiva e a ação tiver uma chance razoável de ser efetiva, o paciente terá maior probabilidade de completá-la.
5. **Elabore tarefas que sejam praticáveis.** Escolha exercícios de ativação comportamental que correspondam ao nível de energia e à capacidade para mudar do paciente. Verifique os detalhes do plano comportamental para ter certeza de que ele oferece um desafio suficiente sem que sobrecarregue o paciente. Se necessário, treine-o rapidamente em como fazer o plano funcionar bem.
6. **Facilite a implementação do plano de ação.** Peça ao paciente para identificar uma data e uma hora específicas para concluir a atividade. Identifique e aborde qualquer barreira à realização da atividade e, se houver alguma, ajude o paciente a abordar tais obstáculos. Sempre escreva a tarefa como um lembrete para realizá-la.

PROGRAMAÇÃO DE ATIVIDADES

Quando a fadiga e a anedonia evoluem a ponto de os pacientes se sentirem exaustos e acreditarem que podem obter pouco ou nenhum prazer, eles podem se beneficiar com a programação de atividades. Esse método comportamental sistemático é utilizado, com frequência, na TCC para reativar as pessoas e ajudá-las a encontrar maneiras de melhorar seu interesse pela vida. A programação de atividades é mais frequentemente aplicada em pacientes com depressão de moderada a grave, mas também pode ter seu espaço no tratamento de outros pacientes com dificuldade para organizar seus dias ou se envolver em atividades produtivas. Essa metodologia tem foco na avaliação das atividades e no aumento da maestria e das atividades prazerosas. Esses métodos, apresentados no caso de Juliana, a seguir, são descritos mais adiante, após o relato do caso clínico.

CASO CLÍNICO

Juliana tinha depressão grave e era uma boa candidata para a programação de atividades. Era uma jovem porto-riquenha de 22 anos, solteira, que sofria pela perda de seu irmão em um acidente de carro um ano antes de ela começar o tratamento com a TCC. Após a morte de seu irmão, Juliana desistiu da faculdade para voltar para casa e confortar seus pais. Contudo, seu próprio luto era intenso e contínuo. Ela foi incapaz de voltar à faculdade no semestre seguinte. Seus pais entenderam o luto de Juliana e não a forçaram a retomar os estudos ou procurar um emprego. Seus amigos tentaram lhe dar apoio por muitos meses depois da morte de seu irmão. Todavia, quando ela passou a recusar constantemente convites para jantar fora e parou de retornar as ligações, eles acabaram por se afastar.

Juliana era bem amparada por sua família. Não tinha necessidade real de trabalhar, portanto, não eram impostas exigências a ela. Depois de cerca de um ano, seus pais pensaram que Juliana já havia superado muito de sua tristeza pela morte de seu irmão. No entanto, ainda assim, ocorrera uma mudança muito distinta em seu comportamento. Ela havia desenvolvido uma postura mais séria, uma preferência pela solidão e uma maior tendência à introspecção. Os pais de Juliana se sentiam bem em deixar Juliana em casa enquanto iam trabalhar ou viajar, pois ela parecia melhor. Entretanto, uma noite, sua mãe chegou em casa cedo do trabalho e encontrou Juliana se preparando para se enforcar em seu *closet*.

Após uma breve hospitalização e início de farmacoterapia, Juliana melhorou a ponto de poder ser encaminhada a um terapeuta cognitivo-comportamental para tratamento ambulatorial. Dada a gravidade de seus sintomas, uma das primeiras iniciativas no tratamento foi aumentar as atividades de Juliana de modo que ela pudesse obter o benefício do apoio de amigos, sentir-se melhor a respeito de sua aparência pessoal, praticar suas habilidades sociais e se sentir mais como era no passado. A intervenção começou com uma avaliação de seu grau atual de atividades, das experiências que lhe davam prazer e do quanto ela sentia que tinha habilidade para lidar com o seu mundo.

Avaliação das atividades

Como os pacientes deprimidos tendem a minimizar as experiências positivas, enfatizar as percepções negativas e se concentrar nos fracassos mais do que nos sucessos, os autorrelatos podem não ser tão confiáveis quanto um diário de atividades de um dia ou uma semana entre as sessões de terapia. A avaliação – ou monitoramento – das atividades também pode ser usada para perceber os padrões ao se envolver em atividades prazerosas ou recompensadoras e as mudanças correspondentes no humor. Os pacientes que reconhecem a associação entre tipos específicos de atividades e seu humor têm maior probabilidade de se envolver em outras ações para melhorar seu humor e diminuir a gravidade de sua depressão.

A programação de atividades apresentada na **Figura 6.2** pode ser combinada como exercício de casa, porém deve ser iniciada na sessão, a fim de garantir que o paciente entendeu a linha de raciocínio da programação de atividades e para praticar como usar o formulário. Começando pelo dia da sessão da terapia, peça ao paciente para preencher o formulário com suas atividades para cada espaço de tempo antes da sessão de tratamento. Incentive-o a escrever as atividades que realmente ocorreram, não importando se estas forem muito triviais. Por exemplo, as atividades podem incluir tomar banho, vestir-se, alimentar-se, viajar, conversar com outras pessoas pelo telefone ou pessoalmente, assistir à televisão e dormir. Se o paciente tiver expressado perda de energia ou dificuldade significativa para se concentrar, pode ser recomendável pedir que ele registre a programação de apenas um dia ou de uma parte dele. Para pacientes internados, a aplicação da programação de atividades geralmente é diária, em vez de semanal (Wright et al., 1993).

Para determinar o impacto das atividades citadas em um registro semanal ou diário, peça ao paciente que classifique o grau de prazer experimentado em cada ação, bem como a percepção de habilidade ou maestria associada a ela. Pode-se usar uma escala de classificação de 0 a 5 ou de 0 a 10 (Beck et al., 1979, 1995; Wright et al., 2014). Em uma escala de 0 a 10, a classificação 0 em domínio da atividade sugere que a atividade não trouxe uma sensação de realização, ao passo que a classificação 10 indica que houve uma grande sensação de realização. Ao treinar os pacientes em como usar ambas as escalas de classificação, geralmente é útil pedir-lhes exemplos específicos de atividades que correspondam a nenhum prazer/realização, prazer/realização moderados e muito prazer/realização. Alguns pacientes darão uma classificação baixa para tarefas simples, como lavar a louça ou preparar uma xícara de café, pois não consideram essas atividades significativas. Quando isso ocorrer, ajude os pacientes a reconhecerem o valor de participar das atividades cotidianas. Outra estratégia bastante utilizada ao classificar atividades específicas é solicitar aos pacientes que classifiquem seu nível de humor usando uma escala de 0 a 10, enquanto se envolvem em cada atividade ou ao final de cada dia.

Registro semanal de atividades

Instruções: anote suas atividades para cada hora e depois as classifique em uma escala de 0 a 10 para habilidade **(h)**, ou grau de realização, e para prazer **(p)**, ou o quanto gostou de fazê-las. Uma classificação 0 significa que você não sentiu nenhuma habilidade ou prazer. Uma classificação 10 significa que você sentiu o máximo de habilidade ou prazer.

	Domingo	Segunda-feira	Terça-feira	Quarta-feira	Quinta-feira	Sexta-feira	Sábado
8h							
9h							
10h							
11h							
12h							
13h							
14h							
15h							
16h							
17h							
18h							
19h							
20h							
21h							

FIGURA 6.2. Registro semanal de atividades.

Essa classificação auxilia os pacientes a se conscientizarem mais de como as atividades específicas estão associadas às mudanças em seu humor.

Os pacientes devem tentar dar-se crédito por pequenas realizações, pois o progresso, em geral, ocorre em pequenos passos, um após o outro. Algumas tarefas simples podem receber classificações altas para domínio. Por exemplo, depois de estar imobilizado pela depressão há algum tempo, preparar o café da manhã pode ser um grande feito e, portanto, poderia receber um grau 8 ou 9. O exemplo do monitoramento das atividades de Juliana é apresentado na **Figura 6.3**. Para ela, retornar ligações telefônicas foi uma realização importante, já que havia evitado fazer isso por vários meses. Portanto, quando conseguiu fazer algumas, ela se deu um grau de habilidade 8 em uma escala de 0 a 10. No passado, Juliana teria classificado seu retorno das ligações apenas com um 4 para habilidade, pois exigiria muito pouco esforço.

Quando os sintomas da depressão são moderados a graves, deve-se esperar baixos graus de habilidade por duas razões:

1. normalmente, há pouco envolvimento em atividades que a maioria das pessoas consideraria altamente prazerosas;
2. a capacidade de sentir alegria e prazer em geral está embotada.

Se um evento, que costumeiramente faria o paciente rir ou sorrir, evocar não mais do que a compreensão intelectual de que o estímulo foi divertido, é provável que receba uma classificação baixa para prazer. Quando esse fenômeno ocorre, pode ser benéfico desenvolver expectativas mais realistas de sentir prazer, até que a depressão melhore. Como alternativa para o sentimento de decepção com os eventos e o ímpeto de lhes dar uma classificação 0, incentive o paciente a classificar com 1 a 3, pelo menos, se tiverem sido experimentados sentimentos prazerosos ou positivos.

Ao concluir a programação de atividades, Juliana deu ao fato de jantar com seus pais uma classificação de apenas 1 para prazer. Quando questionada a respeito dos itens do jantar que mais gostou, ela falou do conforto de estar com sua mãe, o purê de batatas com manteiga e o pudim de banana – seu favorito na infância –, que comeu de sobremesa. Quando indagada sobre o porquê de três coisas prazerosas diferentes resultarem em uma classificação 1 para prazer, ela a reconsiderou e a subiu para 4. Era difícil para ela não estar consciente da ausência de seu irmão nas refeições familiares, e pensar em sua perda fazia seu humor cair. No entanto, quando pensou melhor nas partes positivas da refeição, esta pareceu mais agradável, de modo geral. Com isso em mente, Juliana reclassificou algumas das atividades em sua programação e, assim, aumentou as classificações de prazer.

As questões no **Quadro 6.2** destinam-se a ajudar os pacientes a avaliarem e a modificarem seus níveis de atividade para aumentar as atividades prazerosas ou recompensadoras e melhorar o humor. Ao revisar o formulário de programação de atividades com os pacientes, é importante assumir uma abordagem colaborativa e utilizar as questões do Quadro 6.2 para ajudá-los a chegar às suas próprias conclusões sobre o papel das atividades prazerosas e recompensadoras e para encorajá-los a fazer sugestões de mudança de seu comportamento.

O exercício de monitoramento de atividades de Juliana revelou um padrão de maior prazer quando ela se envolvia em atividades fora de casa ou quando tentava fazer contato com os amigos (p. ex., dar telefonemas). Ela deu uma das classificações mais altas para prazer à tarefa de passear com o cachorro. Por outro lado, as classificações mais baixas para prazer foram dadas a ficar em casa sozinha sem nada para fazer. Como o seu envolvimento em atividades produtivas havia caído a um grau tão baixo, suas classificações para habilidade eram geralmente mínimas. As classifica-

Programação semanal de atividades

Instruções: anote suas atividades para cada hora e depois as classifique em uma escala de 0 a 10 para domínio **(h)**, ou grau de realização, e para prazer **(p)**, ou o quanto gostou de fazê-las. Uma classificação de 0 significa que você não sentiu nenhuma habilidade ou prazer. Uma classificação de 10 significa que você sentiu máxima habilidade, ou prazer.

	Domingo	Segunda-feira	Terça-feira	Quarta-feira	Quinta-feira	Sexta-feira	Sábado
8h	Acordar h: 2 Vestir-me p: 0				Acordar h: 3 Vestir-me p: 1		
9h	Igreja com pais h: 3 p: 4				Passear com cachorro h: 5 p: 7		
10h		Acordar h: 3 Vestir-me p: 1	Acordar h: 3 Vestir-me p: 1	Acordar h: 3 Vestir-me p: 1	Terapia h: 7 p: 6		Acordar h: 2 Vestir-me p: 1
11h		Passear com cachorro h: 4 Café da manhã p: 6	Passear com cachorro h: 4 p: 5	Passear com cachorro h: 4 p: 5		Acordar h: 3 Vestir-me p: 1	Passear com cachorro h: 4 Café da manhã p: 5
12h	Almoço com pais h: 4 p: 2					Passear com cachorro h: 5 p: 6	Arrumar meu quarto h: 6 p: 3
13h			Almoço h: 2 p: 2	Almoço h: 2 p: 2			Lavar roupas à mão h: 7 p: 4
14h	Ler jornal h: 4 p: 2	Buscar a correspon- dência h: 3 p: 1	Buscar a correspon- dência h: 3 p: 1	Buscar a correspon- dência h: 3 p: 1	Buscar a correspon- dência h: 4 p: 2	Buscar a correspon- dência h: 4 p: 3	
15h	Ler revista h: 4 p: 4						
16h		Assistir Oprah h: 1 p: 3	Assistir Oprah h: 1 p: 3	Assistir Oprah h: 1 p: 3	Assistir Oprah h: 1 p: 3	Comprar comida para o jantar h: 6 p: 2	
17h						Passear com cachorro h: 5 p: 7	Passear com cachorro h: 5 p: 7
18h	Passear com cachorro h: 4 p: 5	Jantar com pais h: 2 p: 4	Jantar com pais h: 3 p: 4	Jantar com pais h: 3 p: 4	Jantar com pais h: 3 p: 4	Jantar sozinha h: 5 p: 3	Cozinhar e jantar sozinha h: 5 p: 4
19h	Jantar com pais h: 2 p: 4	Passear com cachorro h: 4 p: 6	Passear com cachorro h: 4 p: 6	Passear com cachorro h: 4 p: 5	Passear com cachorro h: 5 p: 7		
20h	TV com mãe h: 2 p: 4	Dar telefonemas h: 8 p: 5		TV com mãe h: 2 p: 5		TV sozinha h: 2 p: 2	TV sozinha h: 2 p: 3
21h							

FIGURA 6.3 Programação de atividades de Juliana.

QUADRO 6.2 MONITORAMENTO DE ATIVIDADES

- Há momentos distintos em que o paciente sente prazer? Que tipo de atividades parecem dar prazer ao paciente?
- Essas atividades prazerosas podem ser repetidas em um outro dia? Quais delas parecem dar ao paciente uma sensação de realização? Esse tipo de atividades pode ser programado para outros dias?
- Há determinados momentos do dia que parecem ser baixos em termos de habilidade ou prazer? O que pode ser feito para melhorar o padrão de atividades nesses momentos do dia?
- As classificações tendem a ser mais altas para atividades que envolvem outras pessoas? Em caso positivo, o contato social pode ser aumentado?
- Quais atividades o paciente teve no passado que foram interrompidas ou reduzidas? Há formas de reacender o interesse nelas?
- Existe algum tipo de atividade (p. ex., exercícios, música, envolvimento espiritual, arte, trabalhos manuais, leitura, trabalho voluntário, cozinhar) que o paciente está ignorando, mas que pode lhe interessar? Ele está aberto a pensar em acrescentar atividades novas ou diferentes à sua programação semanal?

ções de habilidade também parecem ter sido influenciadas pela falta de objetivos para o futuro. Juliana se queixava que sua vida não tinha sentido. Ela tinha poucas responsabilidades em relação à casa, não estava mais estudando, não tinha emprego, tinha perdido o contato com seus amigos e não tinha perspectivas claras de se tornar mais envolvida com a vida. Portanto, precisava encontrar atividades ou compromissos que lhe dessem uma sensação de propósito e completude.

No Vídeo 13, Meredith e a Dra. Wichmann revisaram uma tarefa de monitoração de atividades durante sua terceira sessão. Meredith havia concluído sua ida planejada à mercearia (ver Vídeo 12) e registrou essa atividade e classificações na programação de atividades. Ao revisar o formulário durante a sessão, Meredith observou que havia tido uma sensação de maestria e prazer com essa atividade e estava surpresa por essa ação ter lhe feito sentir tão bem. Embora tenha achado meio desafiador ir à mercearia, seu humor melhorou claramente depois disso. Meredith e a Dra. Wichmann também revisaram outros padrões de engajamento em atividades prazerosas e como eles influenciavam suas classificações do humor. Finalmente, a doutora perguntou a Meredith se ela já tinha pensado em se envolver em alguma nova atividade.

Vídeo 13
Programação de atividades
Dra. Wichmann e Meredith (9:32)

Aumentando o domínio e o prazer

Se você e seu paciente tiverem determinado que há déficits na percepção de maestria ou prazer na vida cotidiana, você pode ajudá-lo a melhorar, auxiliando-o na programação de atividades entre as sessões que o farão se sentir bem consigo mesmo. Comece solicitando ao paciente que gere uma lista de atividades prazerosas com base em suas experiências anteriores. Ele também pode querer incluir atividades do exercício de monitoramento que tiveram as classificações mais altas para prazer. Em seguida, você pode fazer um *brainstorm* com ele para criar uma lista de algumas novas atividades que possam valer a pena tentar (ver as perguntas no Quadro 6.2).

Alguns pacientes podem ter dificuldade de identificar atividades prazerosas mesmo depois de revisar a programação de atividades ou quando são questionados sobre suas experiências anteriores. Para estes, pode ser útil revisar uma lista de atividades potencialmente prazerosas usando um questionário como o Pleasant Events Schedule (MacPhillamy e Lewinsohn, 1982; disponível em: www.healthnetsolutions.com/dsp/PleasantEventsSchedule.pdf, conteúdo em inglês.). Depois de identificar algumas dessas atividades, paciente e terapeuta determinam colaborativamente quais delas devem ser acrescentadas à rotina diária.

Em seguida, utilize o exercício de monitoramento de atividades para ajudar o paciente a determinar o tipo de atividade que parece produzir uma percepção de domínio da atividade. Por exemplo, a programação de atividades de Juliana (ver Figura 6.3) apresenta escores mais altos de habilidade quando ela era responsável por fazer seu próprio jantar e quando fazia suas próprias tarefas. Usando a descoberta guiada, você pode auxiliar o paciente a reconhecer que continuar as atividades atuais que têm altos escores de domínio ou modificá-las pode aumentar seu valor para ele e melhorar seu humor. Se o paciente tiver completado uma lista de metas, o esforço para alcançar qualquer uma das metas estabelecidas pode ser acrescentado à programação de atividades.

Após a conclusão da programação, verifique as expectativas do paciente quanto ao sucesso em modificar seu grau de atividade e a probabilidade de envolver-se nela. Pergunte sobre qualquer barreira ou obstáculo que poderia afetar a capacidade dele de seguir a programação de atividades conforme planejada. Depois, trabalhe com ele na elaboração de uma estratégia para superar esses obstáculos. Instrumentado com essas informações, combine a nova programação para a semana seguinte e solicite que ele classifique cada evento quanto ao domínio da atividade e ao prazer. Revise o plano na próxima sessão e o modifique, se necessário. Em geral, a programação de atividades é utilizada na fase inicial da terapia e pode ser interrompida quando o paciente for capaz de realizar espontaneamente atividades com prazer e habilidade. Entretanto, às vezes, utilizamos a programação de atividades mais adiante na terapia, quando há problemas persistentes de anedonia, de organização de planos comportamentais eficazes ou de procrastinação.

Trabalhando nas dificuldades de programação de atividades

CASO CLÍNICO

Charles é um senhor de 75 anos de idade que perdeu sua esposa para o câncer quando tinha 63 anos. A vida era ótima antes de ela morrer. Eles viajavam muito, faziam cruzeiros e iam ao cinema e ao teatro. Charles teve um profundo luto quando sua esposa morreu, mas se recompôs e se jogou no trabalho como gerente de vendas de uma concessionária de carros. Ele ainda sente muita falta dela, porém conseguiu seguir em frente depois de sua morte, sem cair em depressão profunda.

Ele tem história anterior de depressão, quando tinha por volta de 40 anos e perdeu seu emprego como gerente na indústria automobilística. Naquela época, ele foi a um médico de cuidado primário e recebeu uma prescrição de um antidepressivo que foi eficaz no alívio da enfermidade. Ele, então, conseguiu um emprego como vendedor. Continuou a vender carros, mas reduziu suas horas de trabalho até os 73 anos de idade, quando se aposentou totalmente, pois estava tendo problemas para ficar em pé na concessionária. A artrite em seus joelhos e pés estava provocando muita dor depois de uma ou duas horas de trabalho.

Depois de se aposentar, Charles começou a cair em depressão. A maioria de seus amigos eram seus colegas de trabalho na concessionária. Ele manteve contato com eles por alguns meses, mas depois sentiu que era apenas um "velho" que estava no caminho deles. Assim, parou de visitar a concessionária ou de sair com eles depois do trabalho, como costumava fazer. Sua energia caiu e ele se afastou de muitas atividades que antes lhe davam satisfação, incluindo trabalhar com marcenaria e assistir a filmes. Uma vez por mês, mais ou menos, ele costumava dirigir durante quatro horas até a casa de seu filho para passar um final de semana prolongado, porém parou de fazer isso. Outras mudanças de comportamento foram deixar de se alimentar bem ou regularmente e deixar de preparar sua comida (ele costumava cozinhar para a família e os amigos). Charles também deixou de socializar. Ele acha que dá muito trabalho, por isso, tem recusado convites.

Charles foi solicitado a fazer um exercício de casa por seu terapeuta, o Dr. Chapman. A tarefa era monitorar e registrar suas atividades durante um dia usando a programação de atividades. Eles também conversaram sobre algumas atividades positivas, como sair para jantar com um amigo ou fazer algum trabalho de marcenaria. No Vídeo 14, o Dr. Chapman revisa a programação de atividades que Charles havia registrado para um dia. Embora houvesse classificações de prazer para as atividades, não havia classificações para o domínio das atividades. Quando questionado sobre a dificuldade para completar as classificações de domínio das atividades, Charles indicou que não "via motivo" para classificar atividades como fazer uma refeição, que envolviam pouca sensação de maestria.

De modo geral, Charles parecia estar preso em seu baixo padrão de atividade e indiferente à possibilidade de que o valor da programação de atividades pudesse fazer diferença. Portanto, o Dr. Chapman introduziu um formulário de equilíbrio de decisões (**Figura 6.4**) que incluía os custos e os benefícios de se envolver em outras atividades, bem como de não se envolver em nenhuma nova atividade (ou de não mudar de comportamento). Usando a descoberta guiada, ele auxiliou Charles a preencher o formulário.

Depois de concluir o exercício, o Dr. Chapman perguntou a Charles quais eram suas conclusões sobre os prós e os contras de fazer mudanças em seu comportamento. Charles enxergou os benefícios de mudar seu comportamento e decidiu que entraria em contato com um amigo na próxima semana. Também concordou em preencher a programação de atividades, incluindo as classificações de domínio da atividade e prazer, por um dia, como tarefa de casa. Assistir ao próximo vídeo o auxiliará a resolver problemas no uso da programação de atividades.

Vídeo 14
Dificuldade em preencher a programação de atividades
Dr. Chapman e Charles (8:03)

O Guia de resolução de problemas 3 inclui algumas diretrizes e sugestões para responder à falta de conclusão da tarefa de casa. Ao abordar esses problemas, é importante que o terapeuta não julgue e não culpe ou rotule o paciente por "não cumprir com o combinado". É mais útil que o terapeuta seja solidário, compreensivo e empático quando discutir as tarefas de casa e que escolha uma abordagem colaborativa de resolução de problemas, seguindo algumas ou todas as diretrizes descritas no Guia de resolução de problemas 3.

	Prós/Benefícios	Custos/Contras
Mudar	1. *Estar na companhia dos amigos.* 2. *Colocar a oficina em ordem.* 3. *Limpar a casa.*	1. *Meu amigo pode estar ocupado ou não atender minha ligação.* 2. *Ficarei mais cansado com o esforço de limpar e arrumar minha bagunça.*
Continuar igual	1. *Requer menos esforço.* 2. *Não preciso ver as pessoas e ter de explicar por que me afastei.*	1. *Vou continuar deprimido e solitário.* 2. *Não vou realizar nada.* 3. *As pessoas vão desistir de mim se eu continuar a ignorá-las.*

FIGURA 6.4 Formulário de equilíbrio de decisões de Charles.

Guia de resolução de problemas 3

Dificuldades para concluir as tarefas de casa

1. **O paciente não entende a linha de raciocínio para a tarefa de casa.** Dispense algum tempo para explicar o valor da tarefa de casa mais uma vez. Esclareça mal-entendidos. Dê exemplos de como outras pessoas a usaram em seu benefício.
2. **O paciente não acha que a tarefa de casa seja benéfica.** Verifique as reações do paciente às tarefas dadas por você. Elas são vistas como significativas e factíveis? Se você não estiver sugerindo tarefas que sejam vistas como úteis, recue e repense o seu plano de tratamento. Além disso, certifique-se de conferir a tarefa de casa de sessões anteriores em cada sessão subsequente. Se você não fizer isso, o paciente chegará à conclusão de que você não a considera muito importante.
3. **A tarefa de casa não pareceu viável para o paciente.** Tenha cuidado ao dar muita leitura, uma semana inteira de programação de atividades ou uma tarefa trabalhosa a um paciente com depressão profunda e energia limitada. Ajuste as tarefas de casa para serem realistas e consistentes com a capacidade, a motivação e os fatores situacionais do paciente.
4. **O paciente não entendeu totalmente a tarefa, esqueceu algumas partes ou teve dificuldade de se concentrar na atividade.** A tarefa é específica e foi claramente explicada? O paciente está mantendo um caderno ou outro tipo de registro? Como os pacientes com depressão podem ter problemas de concentração e compreensão, peça *feedback* sobre o que entenderam. Pergunte os principais pontos que o paciente vai levar para casa no final das sessões. Solicite que ele repita os passos que planejou dar para fazer a tarefa de casa. Use auxílios de memória, como *post-its*, lembretes no celular ou programações diárias para facilitar que o paciente se lembre e faça a tarefa de casa.
5. **A probabilidade de fazer a tarefa de casa não foi avaliada.** Se você sugerir um exercício para casa que seja improvável que o paciente faça, as chances de sucesso já começam comprometidas. Ao dar uma tarefa de casa, avalie a probabilidade de o paciente realmente fazê-la: 80%? 10%? Se ele indicar que é improvável que a faça, resolva as razões para a baixa estimativa e/ou gere uma tarefa de casa alternativa.
6. **O paciente tem pensamentos negativos sobre a tarefa de casa em geral ou a tarefa específica.** A maioria dos pacientes adultos não terá reações negativas em relação ao uso da expressão tarefa de casa. Eles entenderão que você está sugerindo exercícios práticos que podem ajudá-los a enfrentar melhor os seus problemas. Contudo, podem ser úteis termos alternativos ao tratar pacientes em idade escolar ou que tenham uma visão negativa de suas experiências escolares. Você pode chamar a tarefa de plano de ação ou de exercício de autoajuda. Além disso, certifique-se de enfatizar a colaboração na geração de tarefas para o paciente não achar que você está dizendo a ele o que fazer. Quando ele contribui com a elaboração das tarefas de casa, é mais provável que as faça. Tarefas específicas devem ser sugeridas pelo paciente o mais frequentemente possível.

   Exemplos de pensamentos desadaptativos sobre tarefas de casa incluem "eu nunca fui bom na escola... não consigo fazer isso", "tenho que fazer a tarefa de casa perfeitamente ou prefiro não fazer", "não consigo fazer nada direito... por que tentar?". Quando identificar esses tipos de reações a elas, você pode trabalhar para modificar as cognições com registros de pensamentos, exame de evidências ou outros métodos da TCC.

   Outra estratégia útil é normalizar a não conclusão da tarefa de casa. Fale sobre como as pessoas costumam ter esses problemas e explique que você não esperava perfeição nas tarefas. Afirme que, se forem encontradas dificuldades, você entenderá e ajudará o paciente a usar a experiência como uma oportunidade de aprendizagem.

(*Continua*)

Guia de resolução de problemas 3 *(Continuação)*
Dificuldades para concluir as tarefas de casa

7. **Obstáculos como agendas cheias, falta de apoio da família ou estressores situacionais repetidamente tiram o paciente dos trilhos para fazer as tarefas de casa.** Você pode precisar passar mais tempo buscando maneiras de ultrapassar os obstáculos. É possível aprimorar o foco nas metas que sejam mais realistas ou atingíveis? É possível procurar atividades que sejam menos prováveis de serem afetadas por esses obstáculos? É possível que o paciente consiga o apoio de amigos ou outras pessoas para concluir os exercícios? Se essas ações não forem de muito auxílio, lembre-se de que você pode fazer a tarefa nas sessões. Você pode usar o ensaio cognitivo-comportamental para identificar os obstáculos que poderiam ser ultrapassados e para desenvolver habilidades para concluir os exercícios.
8. **O paciente apresenta um padrão arraigado de procrastinação e dificuldade para concluir as tarefas.** Se a procrastinação for um problema crônico, você pode aplicar os métodos básicos da TCC para ajudar o paciente a se tornar mais ativo e produtivo. Por exemplo, evidenciar e tentar modificar cognições associadas ao comportamento de procrastinação (p. ex., "vou estragar tudo, então por que tentar... vai ser muito difícil... já tentei antes e não deu certo... todos os outros conseguem avançar"). Avalie os comportamentos básicos, como a organização das atividades e das programações diárias. Em seguida, auxilie o paciente a organizar planos realistas para fazer os exercícios de casa. Use esses exercícios como oportunidades de alterar os hábitos de procrastinação. Por exemplo, treine o paciente nos métodos passo a passo para as tarefas graduais discutidas na próxima seção deste capítulo.

Exercício 6.1
Programação de atividades

1. Complete pelo menos um dia de uma programação de atividades para sua própria vida. Revise as classificações de habilidade e prazer.
2. Desenvolva uma programação de atividades em um exercício de *role-play* com um colega.
3. Utilize a programação de atividades em sua prática clínica.

PLANEJAMENTO DE TAREFAS GRADUAIS

O *planejamento de tarefas graduais* (PTG) é um método para fazer tarefas muito grandes parecerem mais administráveis mediante a sua divisão em partes menores e, assim, serem mais facilmente realizadas. Pode ser aplicado juntamente com a programação de atividades, a fim de aumentar a percepção de habilidade, sendo especialmente útil quando os pacientes estiverem atrasados em suas atividades (p. ex., arrumação da casa ou trabalho no jardim), adiando tarefas difíceis que têm prazos (p. ex., pagar contas ou impostos), ou quando os objetivos que desejam realizar são complicados e requerem esforços continuados (p. ex., entrar em forma, receber um certificado de um curso ou o diploma da faculdade, entrar com papéis de divórcio). Se a percepção da magnitude das tarefas estiver impedindo os pacientes de agir, o planejamento de tarefas graduais pode ser a resposta.

Comece o planejamento de tarefas graduais explicitando as percepções dos pacientes sobre as tarefas que exigem atenção. Observe os pensamentos automáticos e avalie sua validade antes de dar início a esta ação. Pensamentos catastróficos e o pensamento do tipo tudo ou nada podem interferir na iniciativa. Peça aos pacientes que anotem seus pensamentos modificados e revisem essa análise cognitiva antes de iniciarem os exercícios comportamentais. Sugira que se fixem nesse registro escrito como lembrete para o caso de os pensamentos negativos voltarem. A seguir, um excerto do tratamento de Robert ilustra o valor de explicitar os pensamentos automáticos acerca de ações comportamentais.

CASO CLÍNICO

Terapeuta: Quando você pensa em fazer a declaração de imposto de renda, o que passa por sua cabeça?

Robert: Dá um branco. Não sei por onde começar.

Terapeuta: Pare um momento e imagine-se em casa e vendo um comercial da Receita Federal na televisão. O que você pensaria?

Robert: Sinto um aperto na garganta. Tenho vontade de mudar de canal.

Terapeuta: Mudar o canal por que você pensa o quê?

Robert: Eu sei que tenho que fazer meu imposto de renda. Não entreguei a declaração no ano passado e sei que a Receita Federal vem atrás de mim se eu não entregar a deste ano. Não sei como começar. Não tenho os formulários. Não posso pedir para ninguém me ajudar, pois teria de contar que não entreguei no ano passado. Isso seria muito constrangedor. Isso tudo é demais para mim neste momento.

Terapeuta: Então, quando você lembra que tem de fazer sua declaração de imposto de renda, você fica bastante aborrecido.

Robert: Exatamente.

Terapeuta: E quando você fica aborrecido, o que acontece com sua motivação para começar a trabalhar na declaração?

Robert: Não quero ter de fazê-la. Adio para outro dia.

Terapeuta: Se você achasse que teria a capacidade de lidar com o estresse de fazer a declaração de imposto de renda, você estaria disposto a começar a enfrentar o problema?

Robert: Tenho de fazer alguma coisa a esse respeito.

Terapeuta: O que aconteceria se nós pudéssemos encontrar um jeito de tornar isso mais fácil para você?

Robert: Se fosse mais fácil, acho que eu poderia ser capaz de lidar com isso. Mas não é fácil.

Terapeuta: Acho que sei um jeito de ajudar.

Robert estava se sentindo angustiado pelo pensamento de fazer a declaração de imposto de renda, em parte porque não tinha certeza sobre como começar. Ele também tinha feito uma série de pressupostos sobre as reações dos outros, caso pedisse ajuda. O terapeuta começou a trabalhar com ele na modificação da crença de que não podia pedir ajuda. Quando isso foi conseguido, eles foram capazes de dividir a tarefa em partes menores e fazer uma programação para sua execução.

O componente comportamental do PTG consiste em fazer uma lista das partes de uma tarefa e depois colocá-las em uma ordem lógica. Como normalmente existem muitas maneiras de enfrentar uma tarefa não concluída, em geral é útil discutir várias abordagens possíveis antes de criar um plano de ação específico.

Robert achou melhor começar por encontrar alguém para ajudá-lo com a declaração de imposto de renda. Sua irmã, Celeste, achou que seria melhor que Robert organizasse seus papéis e obtivesse os formulários apropriados antes de pedir ajuda a alguém. Sua mãe, Brenda, sugeriu que ele começasse telefonando para a Receita Federal para descobrir se seria melhor enviar a declaração do ano anterior primeiro ou fazer a deste ano. Depois de discutir essas opções com o seu terapeuta, Robert decidiu seguir sua primeira tendência e pedir auxílio. Ele estava se sentindo tão angustiado com a tarefa que não achava que poderia começar as coisas por si mesmo. Assim, decidiu pedir ajuda à Celeste como seu primeiro passo.

Os passos restantes eram encontrar os papéis que tinha em casa e organizá-los; baixar os formulários apropriados do *site* da Receita na internet; marcar um horário com Celeste para começar a preenchê-los; preencher todos eles e telefonar para a Receita, para discutir os impostos do ano anterior. Como ele tinha dúvidas sobre a ordem dos passos a serem tomados e achava possível que houvesse outras coisas que precisaria fazer, Robert pediu o conselho de Celeste sobre a organização das outras tarefas e também sugestões sobre qualquer outro passo que pudesse ser necessário.

Quando os pacientes relatam seu progresso em sessões posteriores, seus esforços devem ser elogiados, e se deve perguntar como essas ações fizeram se sentirem a respeito de si mesmos. Reforce o modelo cognitivo-comportamental, explicando mais uma vez que as mudanças positivas na ação ajudarão a melhorar o humor, fortalecerão a autoestima e criarão otimismo em relação a esforços futuros. Pergunte sobre sua motivação para dar o próximo passo e explicite e modifique pensamentos negativos, se necessário. Depois da execução dos primeiros itens do PTG, alguns pacientes podem sentir-se suficientemente capazes de completar as outras tarefas sem o auxílio do terapeuta. Outros precisarão de orientação continuada para manter o progresso. À medida que os níveis de energia e de motivação forem voltando ao normal, a tarefa gradual pode não ser mais necessária para iniciar a atividade.

Haverá ocasiões em que o PTG não terá sucesso. Um motivo comum é que os passos são complicados demais para o paciente realizar ou requerem mais energia do que ele possui. Nesses casos, as tarefas complexas têm de ser divididas em partes menores. Você terá de fazer a correspondência da complexidade ou do escopo da tarefa com o nível de energia e o tempo disponível para o paciente. Um outro motivo comum é que a pessoa está mergulhada em pensamentos automáticos que a desanimam ou interferem na tomada de ação. Quando as tarefas são difíceis, as tentativas iniciais de realizá-las podem não ser totalmente bem-sucedidas. A pessoa tendenciosa ao pensamento do tipo tudo ou nada pode não valorizar o progresso feito em direção a uma meta. Em vez disso, o sucesso parcial é visto como um fracasso. Ao elaborar uma intervenção de PTG, deve-se tomar cuidado para manter cada passo dentro da capacidade do paciente. Quando em dúvida, é melhor planejar uma tarefa muito fácil de realizar do que uma muito difícil.

Para saber mais sobre como implementar PTGs, assista ao Vídeo 15, uma cena de engajamento do tratamento de Charles com o Dr. Chapman. Apesar das muitas tentativas e boas intenções, Charles não conseguiu voltar ao seu trabalho de marcenaria – algo que costumava lhe dar muita satisfação. Ele está atordoado com a situação da oficina e está enrolado nos esforços de fazer brinquedos para um neto, uma tarefa de casa anterior. Nesse vídeo, você verá como mesclar de maneira eficaz métodos cognitivos e comportamentais para elaborar um PTG que funcione.

Vídeo 15
Desenvolvendo uma tarefa graduada
Dr. Chapman e Charles (7:43)

ENSAIO COMPORTAMENTAL

Qualquer plano comportamental que você queira que o paciente faça fora da terapia pode ser primeiramente ensaiado na sessão, para:

1. avaliar a compreensão do paciente da linha de raciocínio para o plano;
2. verificar a capacidade e a motivação do paciente para realizar a atividade;
3. praticar as habilidades comportamentais;
4. dar *feedback* sobre as habilidades;
5. identificar e discutir os possíveis obstáculos;
6. treinar o paciente quanto às maneiras para garantir que o plano terá um resultado positivo.

O ensaio comportamental tem muitas aplicações na TCC. Por exemplo, você pode praticar o treinamento de respiração para reduzir a ansiedade e o de exposição para superar o pânico e a evitação ou estratégias para cessar rituais compulsivos (ver Capítulo 7). Comportamentos que possam aumentar a adesão medicamentosa (p. ex., utilizar comunicação eficaz com o médico que prescreve, organizar um esquema complexo de tomadas de medicações, implementar um sistema de lembretes) também podem ser ensaiados em uma sessão. Outras formas de aplicar o ensaio comportamental podem incluir o *role-play* de um plano elaborado em um exercício de resolução de problemas (ver Exercício 6.2) ou praticar habilidades para controlar a ansiedade social (p. ex., como estabelecer um bate-papo).

Exercício 6.2
Conclusão de tarefas

1. Em um exercício de *role-play* com um colega, objetive uma tarefa desafiadora ou difícil.
2. Primeiro, pratique o método de planejamento de tarefa gradual, a fim de elaborar um plano para concluir a tarefa.
3. Depois, aplique o ensaio comportamental para desenvolver habilidades ou identificar possíveis problemas ao realizar o plano.
4. Faça um *role-play* de outro exercício de ensaio comportamental.

SOLUÇÃO DE PROBLEMAS

Quando as pessoas têm dificuldades em resolver seus problemas, isso pode dever-se parcialmente a um déficit de *desempenho* ou de *habilidade*. Aqueles com déficits de desempenho possuem habilidades adequadas de resolução de problemas, porém – devido à depressão, à ansiedade, ao estresse extremo ou a sentimentos de desamparo – têm dificuldade de acessá-las e utilizá-las. Por outro lado, pessoas com déficits de habilidade podem ser incapazes de analisar a natureza de um problema e parecem não conseguir chegar a boas ideias para resolvê-lo. Indivíduos com déficits de habilidade frequentemente têm problemas para resolver problemas em muitas áreas específicas de suas vidas ou repetidamente escolhem soluções que não funcionam ou que pioram as coisas. Pessoas com déficits de desempenho podem ser auxiliadas por meio da identificação e da modificação, sempre que possível, dos fatores que impedem que utilizem suas habilidades existentes. No entanto, aquelas com déficits de habilidade podem precisar de treinamento básico em métodos de resolução de problemas.

Trabalhando com os déficits de desempenho na resolução de problemas

Alguns dos fatores mais comuns que interferem na solução eficaz de problemas estão listados no **Quadro 6.3**. Essa lista inclui obstáculos que podem estar associados aos sintomas de uma doença mental ou física. Por exemplo, a depressão frequentemente compromete a concentração e interfere no funcionamento cognitivo necessário para resolver problemas.

QUADRO 6.3 OBSTÁCULOS À EFETIVA RESOLUÇÃO DE PROBLEMAS

Comprometimento cognitivo	Baixa concentração, pensamento lento, tomada de decisão comprometida
Sobrecarga emocional	Sentir-se sobrecarregado, disfórico, ansioso
Distorções cognitivas	Pensamentos automáticos negativos, erros cognitivos (p. ex., catastrofização, pensamento do tipo tudo ou nada, maximização), desesperança, autocrítica
Evitação	Procrastinação, esquecimento
Fatores sociais	Conselhos contraditórios dos outros, críticas, falta de apoio
Problemas práticos	Tempo insuficiente, recursos limitados, o problema está além do controle
Fatores estratégicos	Tentar encontrar a solução perfeita, buscar uma solução geral que resolva vários problemas relacionados

Outras barreiras ocorrem quando os pacientes não têm recursos para abordar seus problemas de maneira apropriada (p. ex., limitações financeiras, intelectuais ou físicas) ou buscam soluções ideais ou perfeitas quando tais padrões não são atingíveis.

Comprometimento cognitivo

Quando o grau de atenção reduzido e a concentração comprometida impedem que uma pessoa seja capaz de se focar em um problema, podem ser necessárias medidas de controle de estímulos. Esses procedimentos envolvem organizar o ambiente físico de modo que os estímulos que poderiam interferir na realização de uma tarefa sejam limitados ou evitados, ao passo que os fatores ambientais que podem facilitar a realização da tarefa sejam identificados e melhorados. Se a concentração for um problema, um ambiente barulhento e confuso pode distrair a pessoa de uma tarefa, ao passo que a paz e o silêncio podem facilitar sua conclusão.

CASO CLÍNICO

Jonathan estava tão preocupado, pensando se seria possível pagar todas as suas contas que não conseguia dormir, estava distraído no trabalho por inquietar-se com as finanças e sentia dores de cabeça frequentes. Ele precisava resolver o problema, examinando quais contas precisavam ser pagas, quais delas podiam ser deixadas para depois, quando elas venceriam e qual a quantia total que devia. Ele sentou para trabalhar nisso à mesa da cozinha depois do jantar, mas não conseguiu se concentrar o suficiente para fazer o trabalho. Quando seu terapeuta perguntou o que acontecia à sua volta enquanto ele tentava organizar as contas, Jonathan descreveu uma sala de jantar barulhenta, com sua esposa tirando os pratos da mesa. A televisão estava ligada e seus filhos estavam assistindo a uma comédia e rindo histericamente. Embora desejasse que eles ficassem quietos, ele sabia que eram apenas crianças e que o som de suas risadas lhe fazia bem. Sua filha mais velha normalmente estava na cozinha ao telefone. Ele nunca ficava ouvindo suas conversas, mas se preocupava que ela pudesse estar falando com um rapaz mais velho que lhe dava carona de vez em quando. O terapeuta concluiu que o ambiente de Jonathan não era propício para a concentração e a resolução de problemas.

Jonathan precisava de um lugar para trabalhar que estivesse livre de estímulos visuais e auditivos externos. Ele precisava de um espaço físico de tamanho suficiente para examinar suas contas, de materiais para realizar a tarefa (como papel, lápis e uma calculadora) e tempo e energia suficientes para concluí-la. Essas condições eram difíceis de se obter durante a semana, pois sua casa era pequena, não havia um lugar silencioso para trabalhar e ele estava sempre cansado no fim do dia. Quando não estava deprimido, Jonathan conseguia se desligar de todos e fazer o trabalho. Contudo, agora, sua concentração estava baixa, e ele não percebia que seu ambiente era parte do problema. Depois de o terapeuta ter explicado os princípios do controle de estímulos, Jonathan concluiu que precisava separar um tempo no sábado logo cedo para organizar suas contas. Ele escolheu um horário antes de as crianças acordarem e antes de sua esposa começar a preparar o café da manhã.

Sobrecarga emocional

Os esforços para minimizar a intensidade da emoção também podem facilitar a resolução de problemas. Os métodos de reestruturação cognitiva descritos a seguir, no item "Distorções cognitivas", estão entre as principais técnicas de resolução de problemas utilizadas para reduzir emoções dolorosas ou sobrecarregadas. Várias outras ideias podem ser tentadas, como exercícios de relaxamento, rezar, ouvir música, exercícios físicos, massagem, yoga ou cuidados consigo mesmo que induzam a sensação temporária de bem-estar. Pode-se incluir também dar um passeio, tomar um banho quente, comer sua comida favorita ou sentar em um jardim. O objetivo é reduzir a tensão – e não incentivar a se esquivar da tarefa. Quando a pessoa se sentir mais tranquila, ela pode começar a enfrentar o problema. Se se sentir sobrecarregada novamente, deve fazer um breve intervalo para reduzir a tensão.

Distorções cognitivas

A chave para utilizar os métodos de reestruturação cognitiva (ver Capítulo 5) para a resolução de problemas é ensinar aos pacientes como levar os aprendizados da terapia para as situações da vida real. Depois de aprender no tratamento como reconhecer os pensamentos automáticos negativos e como corrigir as distorções cognitivas, eles podem começar a aplicar esse conhecimento para conceitualizar e enfrentar os problemas ao seu redor. Uma boa ilustração da utilidade da reestruturação cognitiva é a aplicação de métodos para identificar e corrigir erros cognitivos. Pacientes com depressão podem exagerar a seriedade dos problemas, minimizar seus recursos ou vigores para enfrentar a dificuldade, assumir culpa excessiva pela situação (i.e., personalização) e generalizar um problema quando este pode ter relevância circunscrita. Se conseguir reconhecer e revisar esses erros cognitivos, a pessoa será capaz de desenvolver um quadro mais claro dos desafios a enfrentar e visualizar formas de resolver o problema.

Evitação

As técnicas descritas neste capítulo (ver "Programação de atividades" e "Planejamento de tarefas graduais", anteriormente) podem ser utilizadas de maneira eficaz para ajudar as pessoas a superar a evitação. No Capítulo 7, discutimos outros métodos comportamentais que podem ajudar os pacientes a enfrentar os problemas de evitação associados aos transtornos de ansiedade. Todos esses métodos comportamentais envolvem a organização de um plano sistemático que supere a sensação de desamparo ou o medo paralisante e a utilização de métodos graduais ou em passos para agir.

Fatores sociais

Quando pedem conselhos a entes queridos, as pessoas podem receber uma série de sugestões com potencial para serem úteis. No entanto, os conselhos podem ser conflituosos, ineficazes ou prejudiciais. Para ajudar o paciente a discernir os conselhos recebidos, pode-se recomendar que ele analise os prós e os contras de cada sugestão dada pelos outros, bem como quaisquer ideias que ele mesmo possa ter. Elabore uma solução que apresente o maior número de vantagens e o menor de desvantagens. A possibilidade de decepcionar os outros por não seguir seus conselhos pode criar um novo problema para o paciente indeciso com baixa autoestima. Assim, pode ser preciso treiná-lo em habilidades para comunicar-se de maneira eficaz com essas pessoas.

Algumas das barreiras mais difíceis para resolver problemas são:

1. falta de apoio social;
2. críticas e depreciação por parte de familiares, amigos ou outras pessoas;
3. esforço ativo de outras pessoas para bloquear a resolução de problemas.

Exemplos desse último item acontecem quando o cônjuge, em um caso de divórcio, recusa a mediação e parece determinado a provocar a maior angústia possível ao paciente; um filho que continua a usar drogas ilícitas, apesar dos intensos esforços feitos pelo paciente para ajudá-lo a se tratar, ou um chefe que é extremamente crítico e que não está disposto a dar ao paciente nenhuma ideia construtiva de como satisfazer suas expectativas. Alguns desses problemas não podem ser facilmente resolvidos, se é que podem o ser. Portanto, a estratégia deve incluir uma avaliação realista das chances de ocorrer alguma mudança, dos recursos que o paciente dispõe para resolver o problema e de ideias alternativas que talvez ainda não tenham sido tentadas. Pode ser necessário o aconselhamento de um especialista. O paciente também pode obter ajuda lendo livros, assistindo a fitas de vídeo, participando de grupos de apoio, consultando um assistente social em um programa de assistência ao trabalhador ou utilizando outros recursos para ter ideias sobre como lidar com a situação.

Problemas práticos

Quando o funcionamento declina durante um longo episódio de depressão, não é raro descobrir que o paciente desenvolveu problemas práticos significativos, principalmente quando os sintomas foram graves o suficiente para interferir em sua capacidade de manter seu emprego. Dificuldades financeiras podem rapidamente se acumular. Problemas de saúde podem ser negligenciados, devido à falta de convênio médico. A moradia pode estar em risco em virtude de uma incapacidade de continuar a fazer os pagamentos de aluguel ou de parcelas do financiamento. O desespero dos pacientes nessas situações pode ser desalentador para os terapeutas. Se suas cognições começarem a refletir a desesperança do paciente, você pode começar a perder a capacidade de ser objetivo e criativo na resolução de problemas. Portanto, ao se defrontar com um paciente com recursos limitados para resolver seus problemas, é importante processar seus próprios pensamentos automáticos negativos quanto à dificuldade da situação.

Se conseguir manter um grau razoável de otimismo de que é possível encontrar soluções, será mais provável que você consiga ajudar o paciente a ser perseverante. Ajude-o a pensar em ideias para enfrentar o problema. Se as ideias não vierem de forma fácil, pergunte ao paciente o que ele teria feito em relação ao mesmo problema em um momento de sua vida em que não estava deprimido. Ou pergunte qual seria o conselho que alguém atencioso e solidário lhe daria. Não permita que o paciente descarte soluções tão rapidamente quanto são geradas. Mantenha uma lista contínua de ideias e espere até que o *brainstorm* tenha terminado para avaliar o potencial de cada uma.

Quando estão deprimidas, as pessoas frequentemente se sentem sozinhas em seu sofrimento e esquecem que há pessoas em seu mundo que poderiam auxiliá-las, se soubessem que têm uma necessidade. A maioria dos pacientes concordaria em ajudar outras pessoas em situações semelhantes. Se as soluções consideradas pelo paciente não incluírem solicitar o apoio da família, de amigos, de comunidades religiosas ou de agências de serviço social, incentive-o a pensar nessas possibilidades. O constrangimento e o orgulho podem impedir que peçam ajuda. Todavia, em momentos difíceis, o paciente pode precisar abrir mão temporariamente de um estilo independente de resolver problemas.

Fatores estratégicos

Quando deprimidas ou ansiosas, algumas pessoas descartam as soluções óbvias, por parecerem simples demais. Ou procuram soluções que sejam perfeitamente pensadas ou garantam o sucesso. Às vezes, procuram pela solução mágica que resolverá várias questões simultaneamente.

CASO CLÍNICO

Olívia havia perdido seu emprego e estava procurando uma recolocação. Ela tinha dois filhos na escola primária. Os três viviam com sua avó, que tinha desenvolvido recentemente alguns problemas de saúde. Olívia precisava ganhar dinheiro suficiente para sustentar seus filhos, mas também precisava de um emprego que fosse perto da escola, de modo a poder chegar logo, no caso de uma emergência. Precisava de um chefe compreensivo, que lhe permitisse mais tempo de almoço para ver se estava tudo bem com sua avó. Ela não queria contratar uma enfermeira para cuidar da avó e preferia colocar seus filhos em uma creche a contratar uma babá. Um emprego perto da escola possibilitaria que ela buscasse seus filhos quando a creche fechasse. O pai das crianças saía do trabalho mais cedo, porém Olívia não confiava nele para buscá-las a tempo. Ela era bem qualificada profissionalmente e poderia conseguir um emprego melhor mais longe de sua casa. Poderia pedir para sua irmã ajudar com a avó, em vez de assumir toda a responsabilidade por seu cuidado, mas sentia-se obrigada a fazer isso sozinha, visto que sua avó a tinha ajudado muito quando ela precisou. Pensar em como juntar todas as peças deixou Olívia exausta. Como consequência, ela desistiu de ler os classificados e mergulhou nas tarefas domésticas.

A resposta para um dilema como o de Olívia é ajudar a mudar as estratégias de resolução de problemas. Em vez de tentar encontrar uma solução abrangente, trabalhe com o paciente para selecionar os problemas e encontrar uma solução que cubra o maior número possível de áreas. Destaque suas habilidades de resolução de problemas, identifique os principais recursos e apoios e o treine em maneiras de simplificar o plano ou de dar um passo de cada vez.

Trabalhando com déficits nas habilidades de resolução de problemas

As habilidades de resolução de problemas em geral são aprendidas durante a infância e aprimoradas durante o início da idade adulta, quando se está batalhando com as transições da vida e os estressores psicossociais. Se tiver tido bons exemplos, é provável que a pessoa tenha aprendido vendo os outros lidando sistematicamente com problemas e gerando soluções. Além disso, se o paciente teve experiências iniciais nas quais foi capaz de resolver problemas de maneira eficaz, ele pode ter desenvolvido a autoconfiança e a competência necessárias para enfrentar dificuldades futuras. Infelizmente, os pacientes podem não ter adquirido habilidades eficazes de resolução de problemas – talvez porque não tiveram exemplos eficazes, foram protegidos pelos pais, que resolviam os problemas por eles, ou estavam deprimidos demais quando estavam crescendo para desenvolver essas habilidades. Quando o paciente teve experiências limitadas de conceitualizar e lidar com os problemas de maneira eficaz, a TCC pode ser usada para ensinar habilidades básicas para a resolução de problemas.

Uma forma útil de ajudar os pacientes a adquirir essas habilidades é mostrar o modelo de estratégias de resolução de problemas nas sessões. Por exemplo, as etapas listadas no **Quadro 6.4** podem servir para auxiliar os pacientes a organizar um plano para enfrentar uma das dificuldades em sua lista de problemas. A estrutura sugerida facilita para os pacientes organizarem seus pensamentos, abordarem o problema de modo objetivo e levarem o processo até o fim.

1. **Acalme-se e tente entender.** Quando descrevem suas dificuldades psicossociais nas sessões, os pacientes podem pular de um tópico a outro. Enquanto abordam acerca de um problema, outro lhes vem à mente. Sem perceber isso, apresentam uma lista desconexa de questões, todas podendo parecer igualmente estressantes e angustiantes. Podem ver ligações entre os problemas e os graus de complexidade presentes na situação, as pessoas envolvidas, os significados mais profundos por trás de tudo e as implicações para o futuro. Quando os problemas são relatados desse modo, a solução dessas dificuldades pode parecer distante ou impossível.

   A primeira coisa a fazer é desacelerar o processo, definindo o número e a amplitude dos problemas e a urgência de resolvê-los. Você pode solicitar ao paciente que faça uma lista escrita dos problemas em seu caderno de terapia. Depois que ele terminar de listá-los, peça que faça um resumo, lendo novamente a lista. Seja empático, pois deve ser angustiante enfrentar tantos desafios ao mesmo tempo. Em seguida, siga as próximas etapas no processo de resolução de problemas.

QUADRO 6.4 ETAPAS PARA A RESOLUÇÃO DE PROBLEMAS

1. Acalme-se e tente discernir.
2. Escolha um alvo.
3. Defina o problema de modo preciso.
4. Gere soluções.
5. Selecione a solução mais razoável.
6. Implemente o plano.
7. Avalie o resultado e repita as etapas, se necessário.

2. **Escolha um alvo.** Ensine o paciente a organizar a lista com priorização dos problemas. Por exemplo, solicite que risque da lista qualquer problema que já tenha sido resolvido ou que esteja atualmente latente. Depois, peça que elimine itens sobre os quais ele não tem controle ou problemas que pertencem a outras pessoas e que não podem ser resolvidos por ele. Ajude-o a separar o restante dos itens em problemas que precisam ser abordados no futuro próximo e aqueles cuja solução pode ser adiada por algum tempo. Em seguida, peça que considere os problemas mais imediatos e os coloque em ordem de prioridade, com base em sua importância ou urgência. A parte final desta etapa é selecionar um item entre os dois ou três primeiros como alvo inicial para a terapia.
3. **Defina o problema claramente.** Se os problemas puderem ser expressos em termos claros, é mais provável que os pacientes gerem soluções específicas. Você pode auxiliá-los a definir os problemas de forma precisa, ensinando-os os princípios de estabelecimento de metas e de agenda descritos no Capítulo 4. Também pode ser útil fazer perguntas que facilitem com que os pacientes melhorem suas definições. Exemplos desse tipo de perguntas seriam: "Como você poderia definir esse problema de modo a saber se está fazendo progressos em resolvê-lo?", "Como você poderia expressar esse problema em poucas palavras, de modo que outras pessoas soubessem exatamente o que você está passando?" ou "Parece que há muitas questões diferentes envolvidas nesse problema... como você poderia defini-lo de modo a chegar na questão central?".
4. **Gere possíveis soluções.** Em geral, há muitas formas diferentes de resolver qualquer problema. As pessoas, às vezes, se fixam na primeira solução que vem à mente e se convencem de que esse é o único modo de enfrentamento. No entanto, a solução escolhida pode não ser prática, eficaz ou possível de implementar. Achando difícil mudar de direção, os pacientes podem vacilar ou desistir totalmente de tentar resolver o problema. Tente ajudá-los a aprender a ser criativos ao buscar soluções. Por exemplo, utilize as técnicas de *brainstorm* ou de questionamento socrático, que estimulam a criatividade. Eles podem considerar ideias como:

   a. utilizar a ajuda de outros;
   b. pesquisar em livros ou na internet ou buscar recursos da comunidade;
   c. adiar a implementação do plano;
   d. considerar não resolver o problema e aprender a viver com ele.

   Também pode ser útil acrescentar suas próprias sugestões à lista, mas apenas depois de o paciente ter chegado à conclusão de várias possibilidades.

5. **Selecione a solução mais razoável.** Auxilie o paciente a eliminar da lista qualquer solução que ele conclua ser irrealista, de pouca utilidade, que não possa ser facilmente implementada no presente ou que poderia causar mais problemas do que resolução. Solicite ao paciente que escolha a solução que acredita ser a mais provável de ser bem-sucedida e que esteja disposto a implementar. Às vezes, os pacientes fazem escolhas que, ao seu ver, falharão. Em vez de desestimulá-lo dizendo sua opinião, ajude-o a escolher uma ou duas possibilidades e depois avalie as vantagens e desvantagens de cada uma. À medida que as soluções são comparadas, a melhor opção normalmente se torna evidente. Guarde a lista original de opções para o caso de ela ser necessária no futuro.
6. **Implemente o plano.** Uma vez selecionada uma solução, aumente as chances de sucesso solicitando ao paciente que selecione um dia e hora para testar seu plano. Podem ser usados métodos de *role-play* ou de ensaio para o treinamento nas habilidades de resolução de problemas. Elimine obstáculos perguntando sobre as circuns-

tâncias que poderiam interferir no sucesso e desenvolva um plano de enfrentamento para o caso de esses problemas ocorrerem.

7. **Avalie o resultado e repita as etapas, se necessário.** Apesar do planejamento, as soluções às vezes falham. Podem haver circunstâncias imprevistas ou elementos do problema que não foram completamente considerados. Quando surgirem dificuldades para pôr em prática um plano, ajude os pacientes a avaliar os pensamentos automáticos sobre seus esforços para resolver o problema e auxilie-os a corrigir qualquer distorção. Além disso, reveja a maneira pela qual a solução foi implementada, a fim de determinar se seria necessário maior treinamento de habilidades. Revise o plano, se necessário, e tente novamente.

Às vezes, alguns terapeutas podem auxiliar os pacientes usando, eles próprios, a resolução de problemas durante a sessão. Embora isso geralmente leve a uma solução efetiva ou razoável para o problema em questão, é ineficaz para ensinar ou treiná-los a usar as habilidades de resolução de problemas por si mesmos. O terapeuta deve promover o aprendizado e a aplicação de habilidades eficazes de resolução de problemas para que os pacientes possam aplicar tais habilidades no futuro, e não apenas para resolver o problema atual.

RESUMO

Quando os pacientes têm problemas de baixo humor ou falta de interesse associada a uma redução das atividades, baixa energia e conclusão precária de tarefas, os métodos comportamentais podem ajudar a restaurar o funcionamento saudável. A técnica mais fácil de ser implementada é a ativação comportamental – um exercício simples, no qual terapeuta e paciente escolhem uma ou duas ações concretas que parecem ser possíveis de se empreender imediatamente e que é provável que proporcione a melhora do humor ou da autoestima. A programação de atividades, um método mais sistemático de registrar e moldar o comportamento, costuma ser muito útil quando os pacientes estão passando por reduções moderadas a graves na energia e no interesse. Outra técnica comportamental, o planejamento de tarefa gradual, pode ajudar os pacientes a organizar um plano passo a passo para lidar com tarefas difíceis ou desafiadoras ou para reverter padrões de procrastinação e evitação.

O ensaio comportamental costuma ser usado na TCC para ajudar os pacientes a desenvolver planos de ação, fortalecer habilidades e identificar antecipadamente possíveis obstáculos. Essa técnica envolve a prática de métodos comportamentais nas sessões e, depois, a realização do plano como exercício de casa. A resolução de problemas é outro método comportamental básico para ajudar os pacientes a enfrentar seus estressores. Embora alguns deles tenham boas habilidades básicas de resolução de problemas e precisem de ajuda apenas para superar obstáculos para aplicar seus pontos fortes, outros podem precisar que lhes sejam ensinados os princípios da solução eficaz de problemas. Os métodos comportamentais descritos neste capítulo podem ter um impacto positivo no nível de atividade, no humor, na efetividade ao lidar com desafios e na esperança para o futuro do paciente.

REFERÊNCIAS

Beck AT, Rush AJ, Shaw BF, et al: Cognitive Therapy of Depression. New York, Guilford, 1979

Beck AT, Greenberg RL, Beck J: Coping With Depression. Bala Cynwyd, PA, Beck Institute for Cognitive Therapy and Research, 1995

MacPhillamy DJ, Lewinsohn PM: The Pleasant Events Schedule: studies on reliability, validity, and scale intercorrelations. J Consult Clin Psychol 50:363–380, 1982

Wright JH, Thase ME, Beck AT, et al (eds): Cognitive Therapy With Inpatients: Developing a Cognitive Milieu. New York, Guilford, 1993

Wright JH, Thase ME, Beck AT: Cognitive-behavior therapy, in The American Psychiatric Publishing Textbook of Psychiatry, 6th Edition. Edited by Hales RE, Yudofsky SC, Roberts L. Washington, DC, American Psychiatric Publishing, 2014, pp 1119–1160

7

Métodos comportamentais II:

reduzindo a ansiedade e rompendo os padrões de evitação

Os aspectos cognitivos e comportamentais dos transtornos de ansiedade – medos irreais de objetos e situações, superestimar o risco ou o perigo, subestimar a capacidade de enfrentar ou lidar com os estímulos temidos e padrões repetidos de evitação – são descritos no Capítulo 1. Voltamo-nos agora à explicação da base teórica para a utilização de técnicas comportamentais em transtornos de ansiedade e à discussão de métodos específicos para superar problemas, como fobia, pânico e transtorno obsessivo-compulsivo (TOC). Focaremos nos princípios gerais e nas técnicas que podem ser aplicadas em diversos transtornos de ansiedade, bem como no transtorno de estresse pós-traumático (TEPT) e no TOC.

ANÁLISE COMPORTAMENTAL DOS TRANSTORNOS DE ANSIEDADE E DAS CONDIÇÕES RELACIONADAS

Os métodos comportamentais normalmente usados na terapia cognitivo-comportamental (TCC) para transtornos de ansiedade, TEPT e TOC são derivados do modelo de teoria da aprendizagem que moldou o desenvolvimento inicial da terapia comportamental (ver Capítulo 1). À medida que foram amadurecendo, a terapia comportamental e a terapia cognitiva se fundiram em uma abordagem cognitivo-comportamental ampla, a qual descrevemos neste livro. Para explicar a linha de raciocínio para os métodos comportamentais para os transtornos de ansiedade e as condições relacionadas, detalhamos rapidamente os conceitos que subjazem o uso contemporâneo dessas intervenções. Os leitores que gostariam de se aprofundar nos fundamentos teóricos e empíricos da TCC de transtornos de ansiedade podem consultar o excelente livro *Terapia cognitiva para os transtornos de ansiedade: tratamentos que funcionam*, de Clark e Beck (2010).

Os pacientes com transtornos de ansiedade normalmente relatam intensas experiências subjetivas de medo, acompanhadas de sintomas físicos de excitação, quando expostos a um estímulo ameaçador. Por exemplo, se uma pessoa com fobia de altura estiver enfrentando a perspectiva de subir em uma escada alta, ela pode ter pensamentos automáticos provocadores de ansiedade (p. ex., "vou desmaiar... vou cair... não aguento isso... tenho que descer já"), além de emoções intensas e ativação fisiológica (p. ex., ansiedade, suor, coração disparado, respiração acelerada, sentir-se sufocado).

As respostas emocionais e fisiológicas aos estímulos temidos costumam ser tão aversivas que aqueles que as sofrem farão tudo o que for necessário para evitar passar por essas situações novamente. Pessoas com fobias simples, por exemplo, evitarão alturas, lugares fechados, elevadores ou outros desencadeantes de sua ansiedade, ao passo que aquelas com fobia social se manterão longe de eventos ou lugares em que possam se sentir expostas às pressões sociais, e, ainda, aquelas que têm transtorno de pânico com agorafobia tomarão muito cuidado para não passar por situações que desencadeiem seu medo. Pacientes com TEPT tentarão se isolar das condições que as lembrem das experiências traumáticas (p. ex., deixarão de dirigir, não voltarão ao trabalho ou evitarão namorar ou ter relacionamentos interpessoais íntimos).

Como a evitação é recompensada com o alívio emocional, é mais provável que o comportamento de evitação ocorra novamente quando a pessoa for confrontada com circunstâncias iguais ou semelhantes. Vejamos, por exemplo, uma pessoa com fobia social que decide não ir a uma festa e sente alívio imediato de sua ansiedade. Sua evitação é reforçada e, portanto, da próxima vez que receber um convite para um evento social, ela provavelmente continuará o padrão de evitação como forma de controlar a ansiedade associada ao escrutínio social previsto. Cada vez que evita uma situação social, seu comportamento fóbico e suas cognições disfuncionais sobre o desempenho social são ainda mais reforçados, e seus sintomas se tornam mais profundamente arraigados.

Os Vídeos 1 e 2, aos quais você já assistiu durante a leitura (ver Capítulo 2), mostram o envolvimento terapêutico e as intervenções de reestruturação cognitiva utilizadas no tratamento de Kate, uma mulher com sintomas de pânico, agorafobia e medo de dirigir. Outros vídeos do tratamento dessa paciente são mostrados mais adiante neste capítulo. Kate tinha forte ansiedade e pânico associados a dirigir sobre pontes. Como o seu terapeuta reconheceu que a evitação estava perpetuando o seu medo, ele a estimulou a utilizar métodos comportamentais para se expor à situação temida.

Outro exemplo do poder reforçador da evitação é observado no TOC. Quando ocorrem pensamentos obsessivos em pessoas com TOC, são frequentemente utilizados rituais compulsivos para cessar esses pensamentos. Quando a obsessão é combatida (e, assim, evitada) com o comportamento compulsivo, a ansiedade é reduzida. Portanto, o ato compulsivo é reforçado como uma estratégia de enfrentamento, pois reduz ou elimina o pensamento obsessivo aversivo. Devido ao reforço, da próxima vez que as obsessões ocorrerem, é provável que o ritual compulsivo se repita.

Em resumo, os aspectos-chave das contribuições do modelo de TCC para transtornos de ansiedade são:

1. temores irreais de objetos ou situações;
2. um padrão de evitação dos estímulos temidos reforça a crença do paciente de que ele não consegue enfrentar o objeto ou lidar com a situação;
3. o padrão de evitação deve ser rompido para que o paciente consega superar a ansiedade.

Estudos dos processos cognitivos nos transtornos de ansiedade (ver Capítulo 1) e o desenvolvimento de métodos cognitivos para a ansiedade têm enriquecido o modelo comportamental de várias maneiras importantes. Em primeiro lugar, numerosas pesquisas demonstraram que os pensamentos automáticos de pessoas com ansiedade caracterizam-se pelo raciocínio ilógico (p. ex., maximização do risco nas situações, minimização das estimativas da capacidade da pessoa de enfrentar a situação, previsões catastróficas de efeitos prejudiciais daquela situação). Em segundo lugar, a perspectiva desenvolvimentista sugere que as cognições de medo podem ser moldadas por muitas experiências de vida, incluindo ensinamentos dos pais e de outros entes queridos, os quais influenciam as crenças nucleares sobre risco, perigo e a capacidade da pessoa de lidar com essas demandas. Finalmente, muitos transtornos de ansiedade (principalmente o transtorno de ansiedade generalizada e o transtorno de pânico) e condições relacionadas não podem ser rastreados até um único estímulo temeroso que tenha desencadeado o padrão de estímulos condicionados e a evitação. Portanto, recomenda-se uma formulação mais complexa – a qual pode incluir os efeitos das experiências de aprendizagem durante o crescimento e o desenvolvimento, o impacto dos pensamentos automáticos e das crenças nucleares e outras influências em potencial (p. ex., toda uma gama de fatores biopsicossociais, como discutido no Capítulo 3) – para tratar transtornos de ansiedade e o TOC com a TCC. Aqui, concentramo-nos em descrever os elementos comportamentais do modelo geral da TCC. As intervenções cognitivas para a ansiedade são mais detalhadas nos Capítulos 1, 5 e 8.

VISÃO GERAL DOS MÉTODOS COMPORTAMENTAIS DE TRATAMENTO

Os dois procedimentos comportamentais mais utilizados são a *inibição recíproca* e a *exposição*. A inibição recíproca é definida como um processo de redução da excitação emocional ao auxiliar o paciente a vivenciar uma emoção positiva ou saudável que se contraponha à resposta disfórica. O método habitual de implementação da inibição recíproca é induzir a musculatura voluntária a um profundo relaxamento, produzindo, assim, um estado de calma altamente incompatível com a ansiedade ou excitação intensa. Quando esse método é praticado regularmente, o poder do estímulo para evocar o medo e a evitação pode diminuir ou ser eliminado.

A exposição funciona de outra forma. Como estratégia de enfrentamento, a exposição tem efeitos opostos aos da evitação. Se uma pessoa se expuser intencionalmente a um estímulo estressante, ela provavelmente sentirá medo. No entanto, o medo geralmente tem tempo limitado, pois a excitação fisiológica não pode ser mantida em um estado elevado indefinidamente. Ocorre fadiga e, na ausência de novas fontes de excitação, a pessoa começará a se adaptar à situação. Por exemplo, se uma pessoa que tem medo de altura for levada ao último andar de um prédio alto e solicitada a olhar pela janela, ela ficará apavorada ou até mesmo em pânico. Contudo, em algum momento, a resposta de medo se esgotará e será restabelecido o estado homeostático normal. Com a repetição da exposição, a resposta fisiológica à situação temida deve diminuir à medida que a pessoa conclui que o estímulo pode ser enfrentado e controlado.

As técnicas de reestruturação cognitiva podem ajudar no processo de despareamento da resposta de medo do estímulo ameaçador por facilitar a resposta de relaxamento e promover o envolvimento em intervenções baseadas na exposição. Os métodos que reduzem ou eliminam os pensamentos negativos podem baixar os níveis de tensão, facilitando que a pessoa desfrute de sensações físicas e emocionais de relaxamento.

Outro exemplo de método de reestruturação cognitiva que pode ajudar a desacoplar as respostas de ansiedade de seus estímulos é a descatastrofização, uma técnica que ajuda o paciente a:

1. avaliar sistematicamente a probabilidade de um resultado catastrófico ocorrer ao se expor ao estímulo;
2. desenvolver um plano para reduzir a probabilidade de que tal resultado ocorra;
3. criar uma estratégia para enfrentar a catástrofe, caso esta ocorra.

Os procedimentos para descatastrofizar estão descritos mais detalhadamente mais adiante neste capítulo (na seção "Passo 3: treinamento de habilidades básicas").

SEQUENCIANDO AS INTERVENÇÕES COMPORTAMENTAIS PARA SINTOMAS DE ANSIEDADE

A sequência de intervenções comportamentais é semelhante no tratamento de diferentes transtornos de ansiedade, TEPT ou TOC. Primeiro, o terapeuta avalia os sintomas, os gatilhos da ansiedade e as estratégias de enfrentamento existentes. Depois, são definidos alvos específicos da intervenção que irão nortear o curso da terapia. Em seguida, são ensinadas ao paciente as habilidades básicas para lidar com os pensamentos, os sentimentos e os comportamentos que caracterizam o transtorno de ansiedade. Por fim, essas habilidades são usadas para auxiliar o paciente a se expor sistematicamente a situações que provocam ansiedade.

Passo 1: avaliação dos sintomas, gatilhos e estratégias de enfrentamento

Ao avaliar transtornos de ansiedade, é importante delinear claramente:

1. os eventos (ou memórias de eventos ou fluxos de cognições) que servem como gatilhos para a resposta de ansiedade;
2. os pensamentos automáticos, erros cognitivos e esquemas subjacentes envolvidos na reação exagerada ao estímulo temido;
3. as respostas emocionais e fisiológicas;
4. os comportamentos habituais, como sintomas de pânico ou evitação.

Assim, todos os elementos do modelo cognitivo-comportamental básico são avaliados e considerados no desenvolvimento da formulação e do plano de tratamento. Os métodos de avaliação geral utilizados na TCC estão detalhados no Capítulo 3. A principal forma de avaliação é uma entrevista minuciosa voltada para a identificação dos sintomas-chave, dos gatilhos de ansiedade e das cognições e dos comportamentos evidentes (ver Vídeo 1).

Medidas diagnósticas e de avaliação especializadas também podem ser úteis na fase de avaliação do trabalho com pacientes com transtornos de ansiedade, TEPT e TOC. Medidas de autoavaliação (p. ex., a Generalized Anxiety Disorder 7-Item Scale [GAD-7; Spitzer et al., 2006]; o Inventário de Ansiedade de Beck [BAI; Beck et al., 1988], o Questionário de Preocupações do Estado da Pensilvânia [PSWQ; Meyer et al., 1990]) e escalas de classificação clínica (p. ex., a Escala Yale-Brown para Sintomas Obssessivo-compulsivos [Y-BOCS; Goodman et al., 1989]) podem ser usadas para medir a gravidade dos sintomas de ansiedade ou de TOC. As fontes dessas escalas são apresentadas no **Quadro 7.1**.

O registro de mudança de pensamentos, descrito no Capítulo 5, pode ser uma ferramenta útil para avaliar situações provocadoras de ansiedade, pois proporciona uma estrutura para documentar os eventos desencadeadores, assim como os pensamentos automáticos associados a esses eventos. A identificação de lugares, situações e pessoas que evocam ansiedade ajudará na preparação de intervenções de exposição. A identificação de erros cognitivos pode dar ao terapeuta pistas de possíveis intervenções de reestruturação cognitiva. Uma outra estratégia útil é solicitar aos pacientes que

QUADRO 7.1 MEDIDAS PARA TRANSTORNOS DE ANSIEDADE E CONDIÇÕES RELACIONADAS

Escala de classificação	Aplicação	Fonte	Referência
Escala GAD-7	Ansiedade	www.phqscreeners.com	Spitzer et al., 2006
Inventário de Ansiedade de Beck	Ansiedade	www.pearsonclinical.com	Beck et al., 1988
Questionário de Preocupações do Estado da Pensilvânia	Ansiedade	http://at-ease.dva.gov.au/professionals/files/ 2012/11/PSWQ.pdf	Meyer et al., 1990
Escala Yale-Brown para Sintomas Obssessivo-compulsivos	TOC	https://psychology- tools.com/yale-brown- obsessive-compulsive-scale	Goodman et al., 1989

tomem nota de coisas que acham que causam ansiedade e que classifiquem a intensidade da reação em uma escala de 0 a 100, sendo 100 o grau de emoção mais extrema. Classificações desse tipo podem ser usadas para fazer avaliações basais e para medir o progresso no alcance das metas de tratamento.

A avaliação do componente comportamental da resposta de ansiedade deve ir além da identificação de reações de evitação e incluir uma análise mais detalhada das ações do paciente para enfrentar a ansiedade. Por exemplo, podem haver estratégias saudáveis de enfrentamento que estão sendo usadas (p. ex., solução de problemas, emprego de senso de humor, meditação) e que poderiam ser fortalecidas ou receber mais ênfase. Contudo, os pacientes com transtornos de ansiedade frequentemente desenvolvem *comportamentos de segurança* – ações que podem não apresentar evitação abertamente, mas que, mesmo assim, perpetuam a reação de ansiedade. Por exemplo, um homem com fobia social pode conseguir se forçar a ir a festas de tempos em tempos, mas lida com a ansiedade indo imediatamente para o bufê e comendo muito mais do que o normal, não saindo do lado da esposa, para que ela tome a frente das conversas e indo ao banheiro mais vezes do que o necessário para fugir da multidão. Embora tenha ido à festa, ele está recorrendo aos comportamentos de segurança que fazem parte de seu padrão de evitação. Para ter sucesso na superação de problemas como a ansiedade social que este paciente vive, o terapeuta precisará obter um quadro completo das estratégias de enfrentamento, tanto adaptativas como desadaptativas, e elaborar intervenções que ajudem o paciente a identificar todos os comportamentos de evitação e a se expor totalmente à experiência de enfrentar e lidar com a situação temida.

Um tipo especialmente importante de comportamento de segurança ocorre quando um paciente envolve familiares, amigos ou outras pessoas para ajudá-lo a lidar com as situações. Às vezes, o apoio das pessoas pode ser bastante útil para superar a ansiedade, porém há o risco de que as tentativas de apoio possam, inadvertidamente, recompensar ou reforçar o comportamento de evitação e, assim, perpetuar os sintomas de ansiedade. Por exemplo, se os familiares ou colegas de trabalho de Kate tivessem dirigido para ela até o trabalho de modo consistente, ela não estaria abordando diretamente sua evitação e teria menos probabilidade de superar seu problema de dirigir sobre pontes. Além disso, poderia haver reforço positivo para continuar o auxílio, pois estaria passando mais tempo com a família ou com os colegas de trabalho.

Ao planejar intervenções para sintomas de ansiedade, é preciso levar em consideração as contingências ambientais. Se não for considerada toda a gama de reforçadores da ansiedade, seu trabalho em ajudar o paciente a conseguir ficar mais livre do medo pode facilmente ser frustrado por comportamentos sutis de segurança que lhe escapam ou por um membro bem-intencionado da família que reforça a evitação como estratégia de enfrentamento.

Passo 2: identificação de alvos para intervenção

Não é raro que um indivíduo tenha múltiplas manifestações de ansiedade. O que, em geral, funciona melhor é começar trabalhando um sintoma ou meta que seja mais facilmente realizável, de modo que o paciente possa construir confiança ao obter sucesso logo de início. Além disso, o que foi aprendido com as experiências no manejo de uma situação temida frequentemente pode ser generalizado para usar estratégias eficazes de enfrentamento para outras ansiedades.

Às vezes, os pacientes preferem começar atacando seu problema mais desafiador, por este ser vitalmente importante para eles ou porque as influências do meio estão exercendo alguma pressão (p. ex., ansiedade em relação a uma entrevista de emprego quando o paciente está desempregado e quase sem dinheiro). Se, em seu julgamento, o paciente precisa de mais alguma experiência antes de conseguir abordar de maneira eficaz a situação, você pode dividir o problema global em partes menores. De uma maneira semelhante à abordagem do planejamento de tarefas graduais, descrita no Capítulo 6, estabeleça como objetivo uma determinada parte do problema para atenção imediata. Seja começando por atacar a situação mais difícil ou por facilitar o caminho para a terapia de exposição de uma maneira gradual, o treinamento das habilidades básicas descrito a seguir poderá dar aos pacientes ferramentas para superar a sua ansiedade.

Passo 3: treinamento de habilidades básicas

Várias habilidades básicas da TCC podem ajudar os pacientes com transtornos de ansiedade a se envolverem com sucesso em intervenções baseadas na exposição. Detalhamos a seguir cinco desses métodos: treinamento de relaxamento, interrupção de pensamentos, distração, descatastrofização e treinamento da respiração.

Treinamento de relaxamento

A meta desse treinamento é auxiliar os pacientes a aprenderem a atingir uma resposta de relaxamento – um estado de calma mental e física. O relaxamento muscular é um dos principais mecanismos para atingir a resposta de relaxamento. Ensina-se a liberação de modo sistemático da tensão em grupos musculares por todo o corpo. À medida que a tensão muscular diminui, o sentimento subjetivo de ansiedade em geral se reduz. Um método comum para ensinar aos pacientes o relaxamento profundo dos músculos é seguir os passos descritos no **Quadro 7.2**. Há recursos, como gravações e aplicativos, disponíveis *on-line*. Como eles podem variar muito em termos de conteúdo e qualidade, recomendamos aos terapeutas que confiram por si mesmos as opções para escolher algumas que considerem melhores para as necessidades de seus pacientes. Um ponto de partida pode ser verificar uma revisão dos melhores aplicativos para a ansiedade (p. ex., ver www.healthline.com, conteúdo em inglês).

Exercício 7.1
Treinamento de relaxamento

1. Teste as instruções de relaxamento descritas no Quadro 7.2 em você mesmo. Procure atingir um estado de relaxamento muscular profundo.
2. Em seguida, pratique o procedimento de indução de relaxamento com um ou mais de seus pacientes com sintomas de ansiedade.

Interrupção de pensamentos

A interrupção de pensamentos é diferente da maioria das intervenções cognitivas, no sentido de que não envolve uma análise dos pensamentos negativos. Seu objetivo é interromper o processo de pensar negativamente e substituí-lo por pensamentos mais positivos ou adaptativos. Essa interrupção pode ser útil para alguns pacientes com transtornos de ansiedade, como fobias e transtornos de pânico. No entanto, alguns estudos de pacientes com TOC mostraram uma intensificação das obsessões quando o paciente faz um esforço consciente para suprimi-las (Abramowitz et al., 2003; Purdon, 2004; Rassin e Diepstraten, 2003; Tolin et al., 2002). Portanto, se essa técnica não for útil para auxiliar o paciente a reduzir os pensamentos de preocupação, tente outra. Um procedimento típico para interromper o pensamento é o seguinte:

1. **Reconheça** que um processo de pensamento disfuncional (p. ex., preocupação excessiva, medos exagerados, ruminação) está ativo.
2. **Dê um autocomando para interromper o processo de pensamento.** Pacientes que consideram este método útil são capazes de tomar uma decisão consciente de se afastar de seu modo de pensar conduzido pela ansiedade. Alguns podem achar útil dizer a si mesmos: "Pare!" ou "Não vá por aí!".

QUADRO 7.2 UM MÉTODO PARA TREINAMENTO DE RELAXAMENTO

1. **Explique a linha de raciocínio do treinamento de relaxamento.** Antes de começar a indução, dê ao paciente uma visão geral das razões para usar esse treinamento. Também explique rapidamente o método geral.
2. **Ensine aos pacientes a classificar a tensão muscular e a ansiedade.** Use uma escala de 0 a 100, na qual 0 equivale a nenhuma tensão ou ansiedade e 100 representa tensão ou ansiedade máxima.
3. **Explore a amplitude da tensão muscular.** Como o foco do treinamento de relaxamento está primordialmente na redução da tensão muscular, geralmente é útil solicitar ao paciente que tente apertar o punho ao nível máximo (100) e depois o solte completamente relaxado, até uma classificação de 0 ou ao nível mais baixo de tensão que conseguir. Em seguida, pode-se pedir ao paciente que tente apertar uma mão ao nível máximo, ao mesmo tempo relaxando a outra mão o máximo possível. Esse exercício normalmente mostra ao paciente que ele pode ganhar controle voluntário sobre o seu estado de tensão muscular.
4. **Ensine ao paciente métodos para reduzir a tensão muscular.** Começando pelas mãos, procure auxiliar o paciente a alcançar um estado de relaxamento total (classificado como 0 ou perto de 0). Os principais métodos utilizados na TCC são:
   a. exercer controle consciente sobre os grupos musculares por meio do monitoramento da tensão e dizendo a si mesmo para relaxar os músculos;
   b. alongar os grupos musculares visados até sua amplitude total de movimento;
   c. fazer uma automassagem delicadamente para abrandar e relaxar os músculos rígidos;
   d. usar imagens mentais tranquilizadoras.
5. **Auxilie o paciente a relaxar sistematicamente cada um dos grupos musculares do corpo.** Depois que o paciente atingir o estado de relaxamento profundo das mãos, solicite a ele que permita que o relaxamento se espalhe por todo o corpo, um grupo muscular de cada vez. Uma sequência comumente usada é mãos, antebraços, braços, ombros, pescoço, cabeça, olhos, rosto, peito, costas, abdome, quadris, coxas, pernas, pés e dedos dos pés. No entanto, pode-se escolher qualquer sequência que você e o paciente acreditem funcionar melhor para ele. Durante essa fase da indução, todos os métodos do passo 4 que provaram ser úteis podem ser repetidos. Em geral, descobrimos que alongar permite que o paciente encontre grupos musculares especialmente tensos, que podem exigir maior atenção.
6. **Sugira imagens mentais que possam ajudar no relaxamento.** As imagens mentais que você sugerir (ou que forem evocadas pelo paciente) podem desviar a atenção de pensamentos de preocupação e auxiliá-lo a se concentrar em alcançar uma resposta de relaxamento. Por exemplo, você pode dizer "deixe suas tensões derreterem e escorrerem por seus dedos, caindo no chão como gelo derretendo lentamente". Use um tom de voz calmo, suave e genuíno ao sugerir essas imagens.
7. **Solicite que o paciente pratique o método de indução de relaxamento regularmente.** Em geral, leva um bom tempo de prática até que os pacientes possam dominar a técnica de relaxamento profundo. Portanto, é útil sugerir que os pacientes a realizem como tarefa de casa. Quando o relaxamento faz parte do plano de tratamento para transtornos de ansiedade, é importante conferir o progresso do paciente na aplicação dessa técnica em sessões posteriores.

3. **Considere imaginar uma cena agradável ou relaxante.** Alguns exemplos são a lembrança de férias, de um esporte ou de uma música, o rosto de uma pessoa agradável ou uma fotografia ou quadro que tenha visto. A imagem positiva pode ser ampliada pelo relaxamento muscular profundo e pelo embelezamento da imagem com detalhes, como a hora do dia, as condições do tempo e sons associados à imagem.

Cada passo deve ser ensaiado na sessão, solicitando que o paciente primeiramente gere pensamentos de preocupação e, depois, implemente as estratégias de interrupção de pensamentos. Solicite que ele comente sua experiência e, então, faça qualquer ajuste necessário aos procedimentos. Por exemplo, se tiver sido difícil criar ou sustentar a imagem positiva, escolha outra cena ou modifique a imagem, para torná-la mais vívida.

Distração

A técnica de geração de imagens mentais, que foi descrita na seção anterior, "Interrupção de pensamentos", é um método de distração da TCC muito utilizado. Ela também pode ser aplicada para incrementar outras intervenções comportamentais, inclusive o treinamento da respiração (ver Vídeo 16, na seção "Treinamento da respiração", mais adiante neste capítulo). Ao utilizar imagens mentais, procure ajudar o paciente a gerar várias cenas positivas e calmantes que ele possa usar para relaxar e, pelo menos temporariamente, atenuar a intensidade dos pensamentos guiados pela ansiedade. Existe um leque de outras possibilidades para ajudar os pacientes a usar a distração para diminuir o impacto de pensamentos intrusivos ou de preocupação. As distrações comumente usadas são ler, ir ao cinema, envolver-se com um *hobby* ou um trabalho manual, socializar ou navegar na internet. Quando é empregada a distração, o terapeuta precisa ser cuidadoso e monitorar as atividades, de modo que não sejam usadas para evitar as situações temidas ou para escapar de métodos baseados na exposição, descritos mais adiante, neste capítulo. O uso eficaz da distração deve facilitar a participação na exposição e em outras intervenções comportamentais ao reduzir a frequência ou a intensidade de pensamentos automáticos e baixar a tensão física e a angústia. Alguns estudos sugeriram que a distração pode ser mais útil do que a interrupção de pensamentos para reduzir os pensamentos obsessivos no TOC (Abramowitz et al., 2003; Rassin e Diepstraten, 2003).

Descatastrofização

Os princípios gerais para o uso de métodos de descatastrofização são explicados no Capítulo 5 e estão parcialmente ilustrados no Vídeo 2. Essa vinheta mostra o Dr. Wright trabalhando com Kate em seu medo de desmaiar se ela atravessar uma ponte dirigindo seu carro. Esse trecho do diálogo na sessão oferece um exemplo dos passos que podem ser dados para modificar as previsões catastróficas. Com muitos pacientes, os esforços para modificar as cognições disfuncionais podem liberar seu potencial para usar os métodos comportamentais para ter domínio da ansiedade.

Kate: Bem, não quero dirigir se estiver com medo de desmaiar.

Dr. Wright: Este é um pensamento recorrente que você tem?

Kate: Bastante.

Dr. Wright: Certo... Agora vamos dar uma olhada nisso e ver se continua assim ou não – ou qual a precisão disso. Vejamos, você já dirigiu muitas vezes na sua vida, não é mesmo? Embora se sentisse ansiosa às vezes?

Kate: Sim.

Dr. Wright: E quantos anos você tem agora? Você tem 50 e poucos – 52, acho que é. E você começou a dirigir com que idade mais ou menos?

Kate: Uns 16 ou 17.

Dr. Wright: Certo. Então você dirige há... o quê... 36 anos?

Kate: (*ri*) Sim.

Dr. Wright: E enquanto você estava tendo esse pensamento.... qual você acha que seria a probabilidade, na sua cabeça, de você realmente desmaiar?

Kate: Eu diria... a probabilidade, eu diria que uns 90%.

Dr. Wright: Oh, 90% de certeza de que você desmaiaria?

Kate: Bem, que eu poderia, sim.

Dr. Wright: Voltando ao número de anos que você dirige – 36 anos... por alto, quantas vezes você dirigiu diariamente em todos esses anos, apenas para termos uma média?

Kate: Bem, provavelmente uma ou duas todos os dias.

Dr. Wright: Então, somando tudo, fico imaginando quantas vezes você realmente dirigiu um carro desde que tinha 16 anos.

Kate: (*suspira*) Bem, deve ser milhares.

Dr. Wright: Certo, pelo menos 10 mil vezes. Se fossem duas vezes por dia, seriam 20 mil vezes ou mais. Você alguma vez desmaiou nessas 20 mil vezes ou mais em que dirigiu?

Kate: Não.

Dr. Wright: Você nunca desmaiou?

Kate: Não, mas sinto como se fosse.

Dr. Wright: Você sente como se fosse desmaiar, mas nunca aconteceu. E, então, temos essa estimativa de 90% de que isso vai acontecer e, ainda assim, temos 0% de vezes que realmente aconteceu. O que você acha? Existe alguma outra estimativa que você poderia ter que estaria mais de acordo?

Kate: Bem... quer dizer, você está certo (*assentindo com a cabeça*). Dirijo há muito tempo... e com frequência senti que iria desmaiar.

Dr. Wright: Sim.

Kate: Mas não desmaiei.

Dr. Wright: Então, qual é o verdadeiro risco para você?

Kate: Bom... digamos, talvez, uns 5%.

Dr. Wright: 5%? Sim... então, fomos de 90% para 5%, quando pensamos bem – isso é ótimo!

Kate: (*ri*) É meio embaraçoso.

Dr. Wright: Mas, ainda assim, estamos em 5% – e temos a experiência real de 0%.

Kate: Sim.

Dr. Wright: Acho que o que estamos vendo aqui é algo que acontece com muitas pessoas que têm ansiedade como você. Por uma razão ou outra, seja pela maneira que seus cérebros funcionam ou pelas experiências que tiveram na vida, elas chegam ao ponto em que superestimam o risco de algo ruim acontecer. Portanto, quando pensam em dirigir ou entrar em um elevador, seja o que for que elas temem, estimam muito acima do que qualquer um que não tenha esse problema de ansiedade estimaria para a experiência. Mas você ainda está dando 5%. Então, ainda temos um caminho a seguir.

Kate (assentindo com a cabeça): Sim.

Dr. Wright: O ponto aqui não é dizer que não há risco de que coisas ruins aconteçam, mas que, se conseguirmos ser realistas, isso nos ajuda a lidar com a ansiedade.

Kate: Certo.

A seguir estão alguns procedimentos que podem ser usados para ajudar os pacientes a reduzirem suas previsões catastróficas.

1. **Faça uma estimativa da probabilidade** de ocorrer um resultado catastrófico, solicitando aos pacientes que classifiquem sua crença em uma escala de 0 (totalmente improvável) a 100% (certeza absoluta). Anote as respostas para avaliações futuras dos resultados.
2. **Avalie as evidências** a favor e contra a probabilidade de acontecer um evento catastrófico. Monitore a ocorrência de erros cognitivos dos pacientes e utilize o questionamento socrático para ajudá-los a discriminarem entre temores e fatos.
3. **Revise a lista de evidências** e peça aos pacientes para refazerem as estimativas da probabilidade de ocorrer uma catástrofe. Em geral, deve haver uma queda do valor original no passo 1. Se a estimativa de probabilidade aumentar (e a preocupação se tornar mais crível), indague sobre as evidências, no passo 2, que fizeram o resultado temido parecer mais provável. Aplique os métodos de reestruturação cognitiva do Capítulo 5, se necessário.
4. **Crie um plano de ação**, fazendo um *brainstorm* das estratégias para a redução da probabilidade de que a catástrofe ocorra. Solicite ao paciente que coloque no papel as ações que poderia realizar para

melhorar ou evitar o resultado temido. Por exemplo, Kate poderia trabalhar em um plano de ação que pudesse usar caso se sentisse atordoada ou tonta ao dirigir. Ela poderia usar os exercícios de respiração calmantes, explicados mais adiante neste capítulo, e/ou parar no acostamento até se sentir melhor.

5. **Desenvolva um plano para enfrentar** a catástrofe, caso esta ocorra. No caso de Kate, desmaiar enquanto estivesse dirigindo seria uma verdadeira catástrofe. Felizmente, as chances de isso acontecer sem qualquer aviso para se colocar em segurança são muito pequenas. Para outros pacientes que têm medo de "catástrofes" que são mais prováveis de ocorrer (p. ex., um paciente com fobia social que trava e não sabe o que dizer em uma festa ou uma pessoa que tem um ataque de pânico durante uma reunião de negócios importante e tem de sair da sala), pode ser muito útil imaginar o "pior cenário" e desenvolver um plano para lidar com esse evento temido com sucesso.
6. **Reavalie** a percepção da probabilidade do resultado catastrófico, bem como o grau de percepção do controle sobre o resultado final. Compare essa avaliação com as avaliações originais e discuta quaisquer diferenças.
7. **Faça uma análise**, perguntando ao paciente como foi falar sobre seus pensamentos catastróficos dessa maneira. Reforce o valor da descatastrofização como parte do plano de tratamento.

Treinamento da respiração

O treinamento da respiração é geralmente utilizado no tratamento do transtorno de pânico, pois a hiperventilação é um sintoma frequente nesse distúrbio. A hiperventilação normalmente reduz a PCO_2 (uma medida de dióxido de carbono no sangue), em função da respiração excessiva (Meuret et al., 2008). Embora haja um debate sobre a especificidade dos métodos para regular a respiração e os níveis de PCO_2 (um estudo constatou que tanto baixar como elevar a PCO_2 era eficaz para o transtorno de pânico; Kim et al., 2012), as investigações documentam a eficácia do treinamento da respiração (Kim et al., 2012; Meuret et al., 2008, 2010), método que permanece como uma característica-chave da TCC para o transtorno em questão.

Uma estratégia usada com frequência para o treinamento da respiração para ataques de pânico começa por simular a experiência de hiperventilação e pânico. O terapeuta pode demonstrar a respiração excessiva e solicitar ao paciente que aumente a frequência respiratória e depois a reduza. O paciente pode ser instruído a respirar rápida e profundamente por um curto espaço de tempo (máximo de um minuto e meio) para reproduzir a respiração em um ataque de pânico. O próximo passo é pedir a ele que tente respirar lentamente, até recobrar o controle normal sobre sua respiração. A maioria dos pacientes com transtorno do pânico relata que esse exercício se aproxima muito do sentimento de um ataque de pânico. Assim, é útil amenizar os temores catastróficos em relação a resultados possíveis, explicando o que acontece fisiologicamente quando uma pessoa hiperventila.

O terapeuta pode auxiliar o paciente a aprender a controlar a sua respiração, ensinando-lhe métodos para desacelerá-la, como contar as inalações e exalações, usar o ponteiro de segundos de um relógio para cronometrar as respirações e evocar imagens mentais positivas para abrandar pensamentos ansiosos. Contudo, é preciso ter cautela para não encorajar uma respiração excessivamente profunda. Tais padrões de respiração podem piorar o pânico, pela hiperventilação contínua. O Vídeo 16 mostra o Dr. Wright simulando a hiperventilação que geralmente ocorre nos ataques de pânico e solicitando a Kate que pratique esse método entre as sessões. Observe como o Dr. Wright trabalha na normalização dos padrões de respiração e utiliza a geração de imagens mentais positivas para intensificar os efeitos do controle da frequência respiratória.

Vídeo 16
Treinamento da respiração para ataques de pânico
Dr. Wright e Kate (7:48)

Uma vez dominados na sessão, os exercícios de treinamento da respiração são recomendados para serem praticados como tarefa de casa. Eles devem ser ensaiados diariamente, até que se ganhe confiança no uso da técnica. Os pacientes também devem ser instruídos a tentar utilizar esse método em situações que provocam ansiedade, com a advertência de que sua expectativa de controle da ansiedade deve ser moderada até que a habilidade tenha se desenvolvido completamente.

Exercício 7.2
Treinamento da respiração

1. Após assistir ao Vídeo 16, pratique o treinamento da respiração, fazendo um *role-play* com um colega.
2. Ensaie respirar exageradamente e, depois, desacelerar a frequência respiratória para cerca de 15 inalações e exalações por minuto.
3. Pratique o uso de geração de imagens mentais para reduzir a ansiedade e facilitar o treinamento da respiração.

Passo 4: exposição

A exposição a estímulos desencadeadores de ansiedade costuma ser o passo mais importante durante o uso da TCC para transtornos de ansiedade, TEPT e TOC. Para combater o ciclo de reforço causado pela evitação, o paciente é auxiliado na confrontação de situações estressantes enquanto aplica os métodos de reestruturação cognitiva e de relaxamento descritos anteriormente, no "Passo 3: treinamento de habilidades básicas". Embora alguns sintomas de ansiedade, como as fobias simples, possam ser tratados em uma única sessão com terapia de *inundação* (isto é, o paciente é encorajado a enfrentar diretamente o estímulo temido enquanto o terapeuta dá exemplos de como enfrentar a situação), a maioria das terapias de exposição utiliza o método de *dessensibilização sistemática*. Esse procedimento envolve o desenvolvimento de uma hierarquia de estímulos temidos, que é, então, usada para organizar o protocolo de exposição gradual para superar a ansiedade, dando um passo de cada vez. O restante deste capítulo é dedicado ao detalhamento dos métodos específicos da terapia de exposição e das técnicas relacionadas.

DESENVOLVENDO UMA HIERARQUIA PARA A EXPOSIÇÃO GRADUAL

O sucesso da dessensibilização sistemática, ou exposição gradual, geralmente depende da qualidade da hierarquia que é desenvolvida para esse procedimento. O **Quadro 7.3** traz algumas sugestões para desenvolver hierarquias adequadas.

O Vídeo 17 mostra o Dr. Wright e Kate construindo uma hierarquia para ajudá-la a superar sua evitação de dirigir sobre pontes e outras atividades na direção que desencadeiam a ansiedade. Ele começa explicando a linha de raciocínio para a hierarquia e, depois, gera vários itens que Kate classifica como bastante baixos em uma escala de angústia de 0 a 100. Após identificar algumas atividades na direção que levavam a classificações de angústia de 90 a 100, eles completam a hierarquia com vários possíveis alvos para a terapia de exposição (ver **Figura 7.1**). Observe como eles desenvolvem a hierarquia em um estilo colaborativo.

Haverá, com frequência, classificações dos itens da hierarquia que podem ser exploradas com métodos cognitivos para aumentar a compreensão do paciente sobre o modelo da TCC para a ansiedade e promover a participação na terapia de exposição. Nesse vídeo, o Dr. Wright chama a atenção de Kate para a classificação relativamente baixa de 20 dada a dirigir rotineiramente quase cinco quilômetros até seu escritório atual. Por outro lado, ela

QUADRO 7.3 DICAS PARA DESENVOLVER HIERARQUIAS PARA A EXPOSIÇÃO GRADUAL

1. **Seja específico.** Ajude o paciente a colocar no papel descrições claras e definitivas dos estímulos para cada etapa na hierarquia. Exemplos de etapas excessivamente generalizadas ou mal definidas são: "aprender a dirigir novamente", "parar de ter medo de ir a festas" e "sentir-me confortável em meio à multidão". Exemplos de etapas específicas bem delineadas são: "dirigir por dois quarteirões até a loja da esquina pelo menos três vezes por semana", "ficar 20 minutos na festa do bairro antes de ir embora" e "ir ao *shopping center* por 10 minutos em um domingo de manhã, quando ainda tem pouca gente lá". Etapas específicas ajudarão você e o paciente a tomarem boas decisões em relação à progressão na hierarquia.
2. **Classifique as etapas por grau de dificuldade ou quantidade de ansiedade esperada.** Utilize uma escala de 0 a 100, na qual 100 represente a maior dificuldade ou ansiedade. Essas classificações servirão para selecionar as etapas em cada sessão e medir a progressão na hierarquia. O efeito habitual dessa ação é ter reduções significativas nas classificações para o grau de dificuldade ou ansiedade à medida que se domina cada etapa.
3. **Desenvolva uma hierarquia que tenha múltiplas etapas de graus variados de dificuldade.** Oriente o paciente na listagem de diversas etapas diferentes (normalmente de 8-12) que variem em grau de dificuldade desde muito baixo (5-20 pontos) até muito alto (80-100 pontos). Procure fazer uma lista com etapas que abranjam todos os níveis de dificuldade. Se o paciente fizer uma lista somente com etapas de alto grau de dificuldade ou não conseguir pensar em nenhuma etapa de grau intermediário, será preciso auxiliá-lo no desenvolvimento de uma lista mais gradual e abrangente.
4. **Escolha as etapas de maneira colaborativa.** Como em qualquer outra tarefa da TCC, trabalhe junto com o paciente, como uma equipe, para selecionar a ordem das etapas para a terapia de exposição graduada.

Atividade	Classificação de angústia (de 0 a 100)
Dirigir em volta do quarteirão em meu bairro	10
Dirigir 5 quilômetros até meu escritório atual	20
Dirigir por uma curta distância para buscar o almoço para os colegas de trabalho	35
Passar pela via expressa com meu marido dirigindo (com meus olhos fechados)	35
Dirigir sobre uma ponte curta sobre um pequeno riacho	40
Passar pela via expressa com meu marido dirigindo (com meus olhos abertos)	50
Dirigir sobre uma ponte pequena perto de minha casa	60
Dirigir sozinha pela via expressa no domingo de manhã (quando não há muito tráfego)	70
Dirigir sozinha pela via expressa em um horário de trânsito	85
Dirigir sobre a grande ponte até meu novo escritório (quando está fazendo sol)	90
Dirigir sobre a grande ponte até meu novo escritório (quando está chovendo)	100

FIGURA 7.1 Hierarquia de exposição de Kate.

deu uma classificação de angústia maior para um caminho mais curto e menos frequente por onde dirigia. Usando o questionamento socrático, ele ajuda Kate a aprender que a repetição da experiência faz os níveis de ansiedade cair, ao passo que a evitação geralmente aumenta a ansiedade. Eles usam esse *insight* para reforçar o valor dos métodos de exposição.

Vídeo 17
Terapia de exposição para ansiedade
Dr. Wright e Kate (10:00)

Ao assistir ao vídeo, você verá que o Dr. Wright perguntou a Kate se ela poderia prever uma atividade de exposição que estivesse "acima de todas" - uma atividade que causaria tanta ansiedade que uma classificação de 100 na hierarquia atual seria baixa para descrever a intensidade da experiência. Depois de pensar por um momento, Kate respondeu que dirigir sobre a grande ponte no conversível de sua irmã seria classificado com 140 na escala de angústia.

A estratégia de solicitar aos pacientes que gerem ideias para atividades que justificariam as classificações de ansiedade acima do máximo pode ter vários benefícios:

1. as classificações para outros itens na hierarquia podem ser corrigidas para baixo, parecendo, assim, mais manejáveis;
2. a identificação de atividades que provocam medo extremo pode estimular o paciente a pensar em outros itens para a hierarquia que provoquem menos ansiedade;
3. os itens acima do máximo podem acabar sendo adicionados à lista de atividades de exposição e, assim, auxiliarem o paciente a confrontar totalmente os estímulos temidos.

Você identificou alguns dos comportamentos de segurança de Kate no Vídeo 17? Um comportamento de segurança óbvio é manter os olhos fechados no banco do passageiro quando seu marido está dirigindo na via expressa. Embora não tenha abordado especificamente os comportamentos de segurança neste rápido segmento em vídeo, o Dr. Wright planejava buscar esses comportamentos e incorporá-los ao plano de exposição à medida que trabalhassem juntos para atingir as metas dela.

A terapia de exposição com Kate foi tranquila. No entanto, a exposição hierárquica nem sempre progride tão bem. O Guia de resolução de problemas 4 pode fornecer-lhe algumas ideias para ultrapassar as barreiras ao sucesso com o tratamento fundamentado em exposição.

Guia de resolução de problemas 4
Desafios da terapia de exposição

1. **Compromissos perdidos/evitados.** A ansiedade e a evitação do paciente estão interferindo no comparecimento regular às sessões de terapia? Esse problema pode ser observado em pessoas com agorafobia e com dificuldade de sair de sua restrita "zona de segurança". Para um paciente com esse obstáculo à terapia, um modo de contornar temporariamente pode ser realizar a sessão por telefone, *e-mail* ou telemedicina. Claro, os métodos de TCC devem ser usados para facilitar o comparecimento do paciente às sessões pessoalmente. Caso contrário, o método alternativo de atendimento poderia se tornar parte do padrão de evitação. Outro passo a ser dado é reavaliar a relação terapêutica e sua preparação do paciente. Você prestou atenção suficiente ao estabelecimento de uma relação colaborativa? Você explicou a linha de raciocínio para a terapia de exposição em detalhes?
   Algumas outras opções a se considerar são: 1) evidenciar e modificar cognições disfuncionais sobre a terapia de exposição (p. ex., "será demais para mim... não vou conseguir suportar a ansiedade... não adianta nada, eu nunca vou mudar"); 2) empregar entrevista motivacional para desenvolver o compromisso do paciente com a terapia; 3) usar temporariamente um comportamento de segurança, como, por exemplo, ser levado às sessões por um familiar ou amigo.

(*Continua*)

Guia de resolução de problemas 4 (*Continuação*)

Desafios da terapia de exposição

2. **Não completar as tarefas de casa baseadas em exposição repetidamente.** Quando o paciente não vai até o fim em seu trabalho de exposição entre as sessões, uma boa pergunta a se fazer é: "Tenho defendido as tarefas da melhor forma para este paciente?". Talvez você esteja indo rápido demais ou forçando demais. Ou talvez esteja indo devagar demais. Pode ser que você precise recalibrar a hierarquia. Identifique passos menores ou seja mais criativo na elaboração de passos que sejam significativos e factíveis.
   Se o paciente não estiver fazendo suas tarefas, converse com ele sobre isso. Pergunte sobre obstáculos à participação na exposição. Depois, ajude-o a gerar ideias para superar esses obstáculos. Por exemplo, o paciente pode dizer: "Estou muito ocupado no trabalho. E, quando chego em casa, preciso ficar com minha família". Uma solução pode ser o paciente desenvolver uma programação de blocos de 20 minutos com o apoio de seu cônjuge para fazer as atividades de exposição entre as sessões.
   As estratégias descritas para compromissos perdidos ou evitados também podem ser aplicadas para a não conclusão da tarefa de casa. Para ilustrar, um paciente que tenha dificuldade em realizar as atividades de exposição em casa pode marcar uma breve sessão por telefone com o terapeuta para promover a participação na tarefa.
3. **Dificuldade para gerar hierarquias.** Se o paciente não conseguir detalhar uma série de passos para a terapia de exposição, existem várias estratégias que você pode tentar.
   Você pode sugerir um *brainstorm*, no qual você liberta a imaginação do paciente para escrever qualquer ideia, mesmo que ela pareça periférica, inviável de ser posta em prática ou fácil demais. Às vezes, tais ideias podem ser trampolins para inserções produtivas em uma hierarquia.
   Outra estratégia é você assumir a frente e dar sugestões criativas. Ao fazê-lo, tente de uma forma que desperte o interesse e o envolvimento do paciente no processo.
   Uma terceira direção é usar itens que o paciente já identificou como um ponto de partida para encontrar atividades relacionadas para a hierarquia. Por exemplo, considere um homem com agorafobia que identificou como um item para sua hierarquia fazer compras na mercearia. O terapeuta pode perguntar qual seria a classificação se isso fosse feito às 7 horas da manhã de um domingo, quando há poucas pessoas, em comparação com um sábado à tarde, quando é de se esperar que haja uma multidão na loja. Outras camadas para a hierarquia poderiam ser encontradas ao detalhar condições como ir com um familiar ou amigo, em vez de sozinho, ou fazer uma compra menor, com poucos itens, em vez de permanecer 30 minutos ou mais para encher o carrinho de supermercado.
4. **Dificuldade em organizar as experiências de exposição.** Se o paciente vem lutando com as experiências comuns do dia a dia, como lugares cheios de gente, ocasiões sociais ou dirigir, as experiências de exposição normalmente podem ser organizadas sem muita dificuldade. Quando o gatilho para a ansiedade é menos comum ou mais desafiador para entrar em uma hierarquia sistemática, o terapeuta pode recorrer a vídeos e ferramentas de internet para produzir alguns dos estímulos. Uma pessoa com hemofobia poderia assistir a vídeos de cenas cada vez mais vívidas que mostrem sangue (p. ex., células sanguíneas no microscópio, uma gota de sangue saindo de um pequeno corte, sangramento de um corte mais profundo, cirurgia cardíaca a céu aberto) como preparação para a exposição *in vivo* (explicada e ilustrada mais adiante neste capítulo). Um paciente com medo de avião poderia assistir a vídeos com graus variados de realismo da experiência de voar para prepará-lo para voos reais.
   A terapia de exposição facilitada por realidade virtual pode ser uma excelente maneira de proporcionar experiências envolventes de exposição no consultório do terapeuta ou em casa. Foram desenvolvidos programas de realidade virtual para medo de avião, acrofobia, medo de falar em público, TEPT relacionado com a guerra e outros problemas de evitação por ansiedade. O Capítulo 4 descreve os programas de realidade virtual, e o Apêndice II traz fontes de ferramentas *on-line* para a TCC.

(*Continua*)

Guia de resolução de problemas 4 *(Continuação)*

Desafios da terapia de exposição

5. **Déficit de habilidades dos pacientes.** Devido aos padrões arraigados de evitação, muitos pacientes podem não ter desenvolvido completamente as habilidades necessárias para funcionar em situações temidas. Uma pessoa com ansiedade por falar em público provavelmente não teve experiências de aprendizagem adequadas sobre como fazer uma apresentação eficaz. É provável que um paciente com fobia social não tenha dominado a habilidade de conversar sobre trivialidades em festas ou outras ocasiões sociais. Uma pessoa com acrofobia pode não saber muito bem como usar escadas de maneira segura ou fazer trilhas em locais íngremes. Quando seu paciente tiver déficits de habilidades, você pode sugerir leituras (p. ex., livros sobre como "jogar conversa fora"), aulas (p. ex., treinamentos de comunicação e liderança ou cursos para falar em público) ou recursos *on-line* (p. ex., vídeos sobre como iniciar e manter boas conversas com pessoas desconhecidas, vídeos sobre segurança em escadas). Você também pode fazer um *role-play* nas sessões de tratamento para desenvolver as habilidades (p. ex., participar de uma entrevista de emprego, falar em uma reunião de trabalho, convidar alguém para uma ocasião social).
6. **Progresso truncado.** Quando o progresso estiver muito lento ou parado, muitos dos métodos detalhados anteriormente podem facilitar que o paciente e você voltem para os trilhos. Duas outras estratégias poderiam auxiliá-lo a ultrapassar os platôs encontrados na terapia de exposição.
   Em primeiro lugar, recomendamos que você examine mais profundamente os comportamentos de segurança – o paciente está usando comportamentos de segurança que reduziram tanto a angústia, que a motivação baixou? Você deixou de identificar comportamentos de segurança que precisam ser abordados no protocolo de exposição? Você pode solicitar ao paciente que demonstre os comportamentos de evitação na sessão para que você possa ver como exatamente ele lida com as situações temidas. Talvez você tenha deixado passar comportamentos de segurança importantes que poderiam ser a chave para voltar a progredir. Você também pode pedir que ele escreva em detalhes uma atividade de exposição imaginada (como discutida na seção "Exposição à imaginação") para que você obtenha uma compreensão maior e mais minuciosa de seu comportamento.
   Em segundo lugar, sugerimos que você avalie a quantidade de pressão que está colocando sobre o paciente para fazer as tarefas de exposição. Se você esperar pouco demais dele e cair em um estilo de apoio excessivo (p. ex., ter compaixão demais pelas dificuldades para fazer as tarefas, ter pouco otimismo ou energia para revisar as tarefas e encontrar soluções para os problemas, deixar que as sessões se desvirtuem habitualmente do trabalho de exposição para o paciente poder ter um alívio dos estresses atuais), pode estar inadvertidamente contribuindo para o truncamento do progresso. Pacientes com evitação prolongada geralmente precisam de doses maciças de encorajamento e um empurrãozinho do terapeuta para avançar nos protocolos de exposição. Caso contrário, podem continuar com seus padrões de evitação por tempo indefinido.
   No Vídeo 17, você viu o Dr. Wright solicitar a Kate que assumisse um desafio maior do que aquele que ela planejara inicialmente. Como tinham uma boa relação terapêutica e ele abrandou a intervenção com gentileza e humor, ela prontamente aceitou a sugestão. Declarar as expectativas para a terapia de exposição do modo mais efetivo possível é uma das habilidades básicas que o terapeuta precisa aprender ao utilizar a TCC para a ansiedade e o TOC. Os Vídeos 18 e 19 mostram mais detalhadamente a defesa habilidosa da terapia de atividades de exposição, que são destaques da próxima parte deste capítulo.

EXPOSIÇÃO À IMAGINAÇÃO

Há dois tipos de exposição: a *exposição à imaginação* e a *exposição* in vivo. Quando é utilizada a geração de imagens mentais para a exposição gradual, o terapeuta solicita ao paciente que tente entrar na cena e imaginar como ele poderia reagir. A exposição à imaginação normalmente é iniciada nas sessões e continua como tarefa de casa. São dadas dicas para auxiliar o paciente a vivenciar os estímulos relacionados com a ansiedade da maneira mais vívida possível. A técnica de exposição à imaginação foi aplicada em uma sessão de terapia para ajudar Raul, um homem que desenvolvera TEPT após um acidente de trabalho.

CASO CLÍNICO

Raul caiu cerca de quatro metros de um equipamento que ele estava consertando quando um colega o ligou por engano. Embora suas costelas e perna quebradas tivessem sarado, ele não conseguia voltar ao trabalho, por medo do ambiente, pelos *flashbacks* e pelos pesadelos. Prometeram-lhe uma função diferente, que não envolvesse ter de subir ou fazer reparos perigosos, porém a ideia de entrar no local de trabalho desencadeava uma ansiedade grave.

Seu terapeuta o auxiliou no desenvolvimento de uma hierarquia para a exposição gradual à situação de trabalho. Eles começaram com a exposição à imaginação. Depois, com o apoio do supervisor de Raul, eles organizaram um plano de exposição *in vivo*, no qual ele usou uma abordagem passo a passo para voltar a trabalhar. Uma parte da exposição à imaginação é ilustrada a seguir, com o diálogo de uma de suas sessões.

Terapeuta: Qual etapa você gostaria de ensaiar aqui na sessão de tratamento?

Raul: Vamos tentar passar pela porta da fábrica e bater o ponto.

Terapeuta: Tudo bem. Tente se imaginar depois de estacionar o carro. Você está sentado no estacionamento. O que você está vendo, como está se sentindo, o que está pensando?

Raul: Estou segurando a direção, com a cabeça baixa, sem olhar para a fábrica. Estou pensando que não consigo lidar com isso... alguma coisa de ruim vai acontecer... vou tremer tanto que vou parecer um bobo.

Terapeuta: O que você está pensando em fazer enquanto está sentado no carro?

Raul: Em dar a volta e ir para casa.

Terapeuta: O que você pode fazer para se acalmar e continuar a caminho da fábrica?

Raul: Respirar tranquilamente, dizer a mim mesmo para parar de ter pensamentos assustadores, me lembrar que tive apenas um acidente nos 15 anos que trabalho aqui, o qual aconteceu porque não usei o equipamento de segurança e porque algum colega não sabia que eu estava trabalhando nas instalações. Meu novo trabalho é no controle de qualidade. Eu só preciso ficar sentado em um laboratório e fazer testes. As chances de me machucar ali são muito poucas.

Terapeuta: Agora, você pode se imaginar saindo do carro, passando pela porta e batendo o ponto?

Raul: Sim, eu quero fazer isso.

O terapeuta continuou a auxiliar Raul a utilizar as imagens mentais para andar pela fábrica, a fim de visualizar e absorver as cenas que ele temia, para permitir-se experimentá-las por períodos mais longos e para se colocar em seu novo ambiente de trabalho: o laboratório de controle de qualidade. Por fim, Raul foi capaz de usar a exposição *in vivo* e concluir sua recuperação do TEPT desencadeado por um acidente de trabalho traumático.

A exposição à imaginação pode ser especialmente útil no tratamento do TEPT, no qual pensamentos sobre o trauma são evitados, retendo, assim, seu valor provocador de ansiedade. A geração de imagens mentais também pode ser benéfica na terapia de exposição para o TOC. Pode-se realizar a evocação de pensamentos obsessivos na sessão e depois acalmá-los utilizando métodos cognitivos, como o exame de evidências e/ou métodos comportamentais, como o relaxamento e a distração. Além disso, pode-se trabalhar com protocolos de exposição e prevenção de resposta para compulsões primeiramente com imagens mentais, a fim de facilitar que o paciente adquira habilidades e confiança em sua capacidade de abandonar esses comportamentos.

O Vídeo 18 mostra métodos poderosos de exposição à imaginação para o TOC. A Dra. Elizabeth Hembree, especialista em tratamento de TOC, está trabalhando com Mia, uma mulher que tem medo de contaminação e que evita objetos que ela acredita que a deixarão doente. O Vídeo 18 inicia com uma revisão da tarefa de casa de Mia. Ela ouviu uma gravação de uma exposição à imaginação da sessão anterior e fez alguns exercícios *in vivo*, como tocar em maçanetas sem se lavar. Para essa sessão específica, Mia preparou um roteiro de uma exposição à imaginação para uma coleira de cachorro, um objeto que ela considera extremamente contaminado com pelo, saliva e fezes de cachorro.

Observe como a exposição à imaginação evoca emoções muito fortes e respostas fisiológicas. Depois de Mia passar pela intensa experiência de vivenciar o roteiro em sua imaginação, a Dra. Hembree repete o conteúdo. Mia, então, mergulha nas imagens mais uma vez. Elas repetem o procedimento várias vezes, com as metas de habituação aos estímulos e prevenção de seus comportamentos gerais de evitação, como usar luvas ou lavar as mãos.

Vídeo 18
Exposição à imaginação para TOC
Dra. Hembree e Mia (9:39)

Para muitos pacientes com TOC, a exposição prolongada, seja na imaginação ou *in vivo*, pode ser necessária para mudar os comportamentos compulsivos ou de evitação consolidados. Psicólogos ou outros terapeutas não médicos podem usar sessões com mais de 50 minutos para prover uma terapia de exposição eficaz. No entanto, psiquiatras raramente estendem as sessões para além de 90 minutos. Os psiquiatras que são autores deste livro (J.H.W. e M.E.T.) geralmente mesclam sessões mais breves de exposição com farmacoterapia para TOC (ver nosso livro, *Terapia cognitivo-comportamental de alto rendimento para sessões breves: guia ilustrado* [Wright et al., 2010], para detalhes sobre o uso de sessões de duração menor do que os tradicionais 50 minutos). Em alguns casos, observamos bons resultados com sessões mais curtas, de 20 a 25 minutos, em pessoas que fazem a tarefa de casa. Todavia, também estamos preparados para marcar atendimentos mais longos ou encaminhar para outro terapeuta, se necessário.

Como a terapia de exposição pode ser mais eficaz se o paciente puder confrontar os estímulos temidos em situações reais, também é aconselhável que se tente fazer o paciente se engajar subsequentemente na exposição *in vivo* sempre que possível. A ilustração de caso do tratamento da ansiedade de Raul envolveu a utilização de exposição à imaginação como método para prepará-lo para seu ambiente de trabalho na vida real. Outros exemplos de aplicação de imagens mentais para auxiliar os pacientes a fazer a transição para a exposição *in vivo* incluem o trabalho com o medo de viajar de avião (p. ex., conduzindo exercícios de imagens mentais no consultório, seguidos de viagens de avião reais) e agorafobia (p. ex., praticando com imagens mentais os passos para ir a um *shopping center* e, depois, implementando a hierarquia *in vivo*).

EXPOSIÇÃO *IN VIVO*

A exposição *in vivo* consiste na confrontação direta do estímulo que suscita medo no paciente. Dependendo dos recursos em seu ambiente clínico, é possível conduzi-la durante a sessão. Pode-se recriar o medo de altura, de elevador e de algumas situações sociais, e o terapeuta pode acompanhar o paciente à medida que ele se envolve nas experiências de exposição. Como demonstrado no tratamento de Mia, o TOC com medo de contaminação é uma indicação importante para a exposição *in vivo* durante as sessões de tratamento. A presença do terapeuta durante essa técnica tem vantagens e desvantagens. Os aspectos positivos dessa abordagem incluem a oportunidade de o terapeuta:

1. modelar técnicas eficazes de controle da ansiedade;
2. encorajar o paciente a confrontar seus medos;
3. fornecer psicoeducação de maneira oportuna;
4. modificar cognições catastróficas;
5. oferecer *feedback* construtivo.

No entanto, o acompanhamento pelo terapeuta pode fazer uma situação ameaçadora parecer segura, assim como a presença de um amigo ou parente pode reduzir os níveis de ansiedade. Portanto, deve-se tomar cuidado para que as ações do terapeuta não estimulem o padrão de evitação. Para concluir o processo de exposição, normalmente será necessário trabalhar mais fora das sessões, quando o paciente está desacompanhado.

O Vídeo 19 mostra a Dra. Hembree ajudando Mia a realizar a exposição *in vivo*. Esse vídeo dramático demonstra como o terapeuta pode estimular o paciente a participar das atividades de exposição que este normalmente evitaria, ao mesmo tempo mantendo uma relação terapêutica sólida e produtiva. Ouça as palavras sinceras de encorajamento da Dra. Hembree, como, por exemplo: "Nossa, você é corajosa. Que bom para você!". Também assista ao modelo eficaz da Dra. Hembree para a exposição à coleira "contaminada" do cachorro quando mostra a Mia como fazer "contato corporal total". Terapeutas que fazem terapia de exposição *in vivo* precisam estar ou se tornar confortáveis em tocar objetos que são evitados por seus pacientes.

Vídeo 19
Terapia de exposição *in vivo* para TOC
Dra. Hembree e Mia (8:37)

Após a exposição *in vivo* na sessão de terapia, o paciente deve continuar a exposição como tarefa de casa. A Dra. Hembree pediu a Mia que passasse uma hora por dia tocando na coleira do cachorro, prendendo-a em sua cintura e usando-a para "contaminar" outras coisas na casa. Ao usar a tarefa de casa para a exposição *in vivo* contínua, você deve questionar o paciente na próxima sessão. Solicite a ele que compare suas previsões com o resultado real. Se a situação tiver sido menos ameaçadora e mais bem controlada do que o previsto, pergunte o que ele acha que isso significa em relação a esforços futuros para lidar com a sua ansiedade. Se ele achar que a situação foi mais difícil do que o previsto ou que lidou com ela pior do que esperava, torne a próxima etapa mais fácil de realizar ou revise os métodos utilizados para controlar o medo. Se o mais difícil foi aplicar as estratégias de enfrentamento, pratique-as na sessão. Se obstáculos imprevistos tornaram a situação mais complexa, procure ajudar o paciente a encontrar uma maneira de superá-los.

PREVENÇÃO DE RESPOSTA

Prevenção de resposta é um termo geral para métodos utilizados para auxiliar os pacientes a interromper comportamentos que estejam perpetuando seu transtorno. Na TCC para transtornos de ansiedade, a exposição e a prevenção de resposta são normalmente aplicadas juntas. Os pacientes são encorajados a se exporem às situações temidas, ao mesmo tempo concordando em não utilizar sua resposta habitual de evitação. Por exemplo, as intervenções de prevenção de resposta no tratamento de TOC podem ser tão simples quanto sair do ambiente onde um ritual compulsivo ocorre (p. ex., se afastar da pia depois de lavar as mãos uma vez) ou aceitar participar em um comportamento alternativo. Para comportamentos de checagem, a pessoa pode concordar em sair de casa depois da primeira verificação e não voltar durante um período específico, apesar de sentir a premência de fazê-lo. Os métodos de prevenção de resposta geralmente funcionam melhor se forem determinados de maneira colaborativa, em vez de ser uma prescrição do terapeuta. Paciente e terapeuta decidem, juntos, sobre os objetivos específicos para a prevenção de resposta e, então, o paciente se engaja para seguir o plano.

RECOMPENSAS

O reforço positivo pode aumentar as chances de o comportamento recompensado ocorrer novamente. Portanto, para elaborar protocolos de exposição, pode ser útil considerar o papel desse mecanismo no incentivo a comportamentos adaptativos, como se aproximar de situações temidas. Parentes e amigos podem elogiar o paciente e dar recompensas ou incentivos por atingir as metas da exposição. Eles podem, por exemplo, levar o paciente para jantar fora para comemorar a conquista de um importante marco no processo de exposição. Os pacientes também podem recompensar a si mesmos por suas realizações no combate ao medo, e as recompensas podem ser qualquer coisa que eles achem prazeroso ou positivo. O tamanho da recompensa deve estar de acordo com o tamanho da realização. Recompensas menores, como comidas (p. ex., tomar o sorvete preferido), podem ser empregadas para etapas iniciais ou intermediárias de enfrentar o medo. Recompensas maiores (p. ex., comprar algo especial, fazer uma viagem) podem ser planejadas por vencer obstáculos mais difíceis.

Exercício 7.3
Terapia de exposição

1. Solicite a um colega que faça o papel de um paciente com um transtorno de ansiedade e/ou faça esse exercício sozinho com um objeto ou situação que desencadeie sua própria ansiedade.
2. Usando as dicas no Quadro 7.3, coloque no papel uma hierarquia para a exposição a uma situação temida específica.
3. Identifique pelo menos oito etapas diferentes, variando em graus de dificuldade desde baixo até alto.
4. Escolha um alvo inicial para a terapia de exposição.
5. Utilize a exposição à imaginação para facilitar a preparação para a exposição *in vivo*.
6. Procure identificar problemas em potencial para colocar em prática os planos de exposição e oriente a pessoa (ou a si mesmo) nos métodos para superar essas dificuldades.
7. Continue praticando os métodos de terapia de exposição até que tenha dominado essa técnica comportamental fundamental.

RESUMO

Os métodos cognitivo-comportamentais para transtornos de ansiedade, TEPT e TOC baseiam-se no conceito de que as pessoas que sofrem com eles desenvolvem medos irreais de objetos ou situações, respondem aos estímulos temidos com ansiedade excessiva ou ativação psicológica e, então, evitam os estímulos desencadeadores para fugir da reação emocional desagradável. Cada vez que evitam uma situação que provoca ansiedade, os pacientes reúnem mais evidências de que não conseguem enfrentar ou lidar com elas. No entanto, se o padrão de evitação puder ser interrompido, eles podem aprender que a situação pode ser tolerada ou dominada.

As intervenções comportamentais descritas neste capítulo são dirigidas principalmente para interromper a evitação. Ensina-se aos pacientes como reduzir a excitação emocional, moderar as cognições disfuncionais que amplificam a ansiedade e se expor sistematicamente às situações temidas.

É utilizado um processo de quatro etapas como modelo geral para intervenções comportamentais para transtornos de ansiedade:

1. avaliação dos sintomas, dos desencadeadores da ansiedade e dos métodos de enfrentamento;
2. identificação e priorização de alvos para a terapia;
3. treinamento de habilidades básicas para o controle da ansiedade;
4. exposição aos estímulos estressores, até que a resposta de medo seja significativamente reduzida ou eliminada.

Esses métodos são praticados primeiro nas sessões de terapia, e, depois, são aplicados como tarefas de casa para extrapolar os ganhos do tratamento para a vida diária do paciente.

REFERÊNCIAS

Abramowitz JS, Whiteside S, Kalsy SA, Tolin DF: Thought control strategies in obsessive-compulsive disorder: a replication and extension. Behav Res Ther 41(5): 529–540, 2003 12711262

Beck AT, Epstein N, Brown G, Steer RA: An inventory for measuring clinical anxiety: psychometric properties. J Consult Clin Psychol 56(6):893–897, 1988 3204199

Clark DA, Beck AT: Cognitive Therapy of Anxiety Disorders: Science and Practice. New York, Guilford, 2010

Goodman WK, Price LH, Rasmussen SA, et al: The Yale-Brown Obsessive Compulsive Scale, I: development, use, and reliability. Arch Gen Psychiatry 46(11):1006–1011, 1989 2684084

Kim S, Wollburg E, Roth WT: Opposing breathing therapies for panic disorder: a randomized controlled trial of lowering vs raising end-tidal P(CO2). J Clin Psychiatry 73(7):931–939, 2012 22901344

Meuret AE, Wilhelm FH, Ritz T, Roth WT: Feedback of end-tidal pCO2 as a therapeutic approach for panic disorders. J Psychiatr Res 42(7):560–568, 2008 17681544

Meuret AE, Rosenfield D, Seidel A, et al: Respiratory and cognitive mediators of treatment change in panic disorder: evidence for intervention specificity. J Cons Clin Psychol 78(5):691–704, 2010 20873904

Meyer TJ, Miller ML, Metzger RL, Borkovec TD: Development and validation of the Penn State Worry Questionnaire. Behav Res Ther 28(6):487–495, 1990 2076086

Purdon C: Empirical investigations of thought suppression in OCD. J Behav Ther Exp Psychiatry 35(2): 121–136, 2004 15210374

Rassin E, Diepstraten P: How to suppress obsessive thoughts. Behav Res Ther 41(1):97–103, 2003 12488122

Spitzer RL, Kroenke K, Williams JB, Löwe B: A brief measure for assessing generalized anxiety disorder: the GAD-7. Arch Intern Med 166(10):1092– 1097, 2006 16717171

Tolin DF, Abramowitz JS, Przeworski A, Foa EB: Thought suppression in obsessive-compulsive disorder. Behav Res Ther 40(11):1255–1274, 2002 12384322

Wright JH, Sudak D, Turkington D, Thase ME: High-Yield Cognitive-Behavior Therapy for Brief Sessions: An Illustrated Guide. Arlington, VA, American Psychiatric Publishing, 2010

8

Modificando esquemas*

Ao ajudar as pessoas a modificarem seus esquemas, você estará trabalhando nos alicerces do autoconceito e do modo de viver delas no mundo. Os esquemas são as crenças nucleares que contêm as regras fundamentais para o processamento de informações. Eles são uma matriz para:

1. selecionar e filtrar informações do ambiente;
2. tomar decisões;
3. direcionar os padrões característicos de comportamento.

O desenvolvimento de esquemas é moldado pelas interações com pais, professores, colegas e outras pessoas importantes na vida da pessoa, além de eventos da vida, traumas, sucessos e outras influências evolutivas. A genética também tem um papel na produção de esquemas, contribuindo para o temperamento, o intelecto, as habilidades especiais ou a falta de habilidades (p. ex., proeza atlética, forma física, atratividade, talento musical, habilidade para resolver problemas) e a vulnerabilidade biológica a doenças tanto mentais quanto físicas.

Várias são as razões pelas quais é importante entender os esquemas subjacentes de seu paciente. Primeiro, uma teoria básica da terapia cognitivo-comportamental (TCC) – a hipótese diátese-estresse – especifica que crenças nucleares desadaptativas, que podem jazer sob a superfície e ter relativamente poucos efeitos negativos durante períodos de normalidade, podem ser ativadas por eventos estressantes e se tornarem fortes controladoras do pensamento e do comportamento durante episódios de doença (Clark et al., 1999). Assim, os esforços para revisar os esquemas disfuncionais podem gerar benefícios positivos em duas áreas principais:

1. alívio dos sintomas atuais;
2. melhor resistência a estressores no futuro.

A TCC tem demonstrado ter fortes efeitos na redução do risco de recaída (Evans et al., 1992; Jarret et al., 2001). Embora os mecanismos exatos dessa característica da TCC não sejam conhecidos, presume-se que a modificação de esquemas esteja envolvida.

Outra razão para concentrar as intervenções de tratamento nas crenças nucleares é que os pacientes normalmente têm uma mistura de diferentes tipos de esquemas. Mesmo pacientes com sintomas graves ou desespero profundo possuem esquemas adaptativos que podem ajudá-los no enfrentamento. Ainda que os esquemas desadaptativos possam parecer estar a todo vapor durante um episódio da doença, os esforços para trazer à tona e for-

*Os itens mencionados neste capítulo, disponíveis no Apêndice I, também estão disponíveis para *download* em um formato maior em http://apoio.grupoa.com.br/wright2ed.

QUADRO 8.1 MÉTODOS PARA IDENTIFICAR ESQUEMAS	
• Utilizar diversas técnicas de questionamento • Realizar psicoeducação • Identificar padrões de pensamentos automáticos	• Conduzir uma revisão da história de vida • Usar inventários de esquemas • Manter uma lista pessoal de esquemas

talecer crenças positivas podem ser bastante produtivos. Portanto, é importante explorar e lapidar os aspectos adaptativos das estruturas cognitivas básicas dos pacientes.

A teoria cognitivo-comportamental da personalidade, conforme articulada por Beck e Freeman (1990), especifica que o autoconceito, os tipos de caráter e os padrões habituais de comportamento podem ser mais bem entendidos ao se examinar as crenças nucleares. Por exemplo, uma pessoa com traços de personalidade obsessivo-compulsiva pode ter esquemas profundamente arraigados, como "tenho que estar no controle" e "se quiser as coisas feitas direito, faça você mesmo". É provável que essa pessoa tenha um repertório comportamental (p. ex., rigidez, tendência a ser controladora em relação às outras pessoas, dificuldade de delegar autoridade) conforme essas crenças. Uma outra pessoa que tenha um conjunto de esquemas relacionados com dependência (p. ex., "preciso dos outros para sobreviver", "sou um fraco... não consigo me virar sozinho") pode apegar-se aos outros e carecer de assertividade nos relacionamentos interpessoais. Por outro lado, um grupo mais adaptativo de esquemas – como "consigo dar um jeito nas coisas", "sou capaz de lidar com o estresse", "gosto de desafios" – estaria associado a comportamentos adequados para a resolução de problemas.

A TCC para depressão e ansiedade normalmente é direcionada para o alívio dos sintomas, e não para a mudança da personalidade. Todavia, a análise das crenças nucleares e das estratégias comportamentais compensatórias que contribuem para a formação da personalidade do paciente pode auxiliar na elaboração de uma formulação mais aprofundada e na criação de intervenções de tratamento que deem conta de todas as suas vulnerabilidades e seus pontos fortes. Além disso, alguns daqueles com depressão e ansiedade podem ter metas de tratamento que incluam elementos de crescimento pessoal. Eles podem querer se tornar mais flexíveis, romper padrões de dependência excessiva ou superar problemas de autoestima presentes há muito tempo. Nesses casos, o processo de tratamento pode ser enriquecido com a expressão e o exame dos esquemas que podem bloquear o caminho para alcançar essas metas.

No Capítulo 10, destacaremos brevemente algumas modificações recomendadas da TCC para o tratamento de transtornos da personalidade. Se tiver interesse em aprender mais sobre a TCC para transtornos da personalidade, recomendamos os excelentes livros de Beck e colaboradores (2014) e Young e colaboradores (2003). Os métodos de TCC focada nos esquemas também estão descritos na forma de autoajuda no livro *Reinventing your life* (Young e Klosko, 1994). Nossa ênfase primordial aqui é auxiliá-lo a aprender a como identificar esquemas em pacientes com depressão e ansiedade e a como usar a TCC para modificar essas crenças nucleares (**Quadro 8.1**).

IDENTIFICANDO ESQUEMAS

Utilizando as técnicas de questionamento

A descoberta guiada, a geração de imagens mentais, o *role-play* e outras técnicas de questionamento empregadas para os pensamentos automáticos também são utilizados para revelar esquemas. No entanto, pode ser mais desafiador implementar com sucesso estratégias de questionamento ao trabalhar no nível dos esquemas do processamento cognitivo. Como estes podem não estar prontamente acessíveis ao paciente ou não ser revelados pelo questionamento-padrão, deve-se desenvolver uma hipótese sobre quais crenças nucleares podem estar presentes. O terapeuta, então, pode estruturar perguntas que apontem na direção dos supostos esquemas. Esse tipo de descoberta guiada é ilustrado no Vídeo 20.

Vejamos a terapia de Brian com a Dra. Sudak (mostrada no Capítulo 5) como exemplo de questionamento direcionado por uma formulação. Nessa sessão, Brian relata um evento inquietante no trabalho. Renée, uma colega, para à sua mesa para perguntar se ele gostaria de almoçar com ela. Em vez de receber o convite com prazer, ele se lembra de sua "ex" e tem o seguinte pensamento automático: "Eu não posso fazer isso". Usando uma série de perguntas socráticas, a Dra. Sudak ajuda Brian a entender que suas experiências anteriores com um pai que costumava ser "levado pelo vento", além de um rompimento traumático com sua namorada que o traía, levou-o a concluir que "não se pode contar com as pessoas". Seu padrão comportamental atual nos relacionamentos é consistente com essa crença. Ele levanta paredes ao redor de si mesmo como se estivesse em um forte. Como você verá em vídeos posteriores da terapia de Brian, ainda neste capítulo, descobrir a crença nuclear "não se pode contar com as pessoas" abriu possibilidades para mudanças fundamentais em seus esquemas sobre os outros e sua capacidade de construir relacionamentos significativos. Ao assistir ao vídeo, observe como a formulação da Dra. Sudak (ver Capítulo 3) os direciona para uma crença nuclear prejudicial.

Vídeo 20
Revelando um esquema desadaptativo
Dra. Sudak e Brian (12:22)

As mudanças de humor podem ser uma boa pista de que um esquema consequencial está em ação. Essas demonstrações repentinas de sentimentos intensos podem servir como uma ótima porta de entrada para uma série de perguntas feitas para revelar uma crença nuclear. No Vídeo 20, você viu algumas fortes demonstrações de humor deprimido que levaram ao questionamento empático e produtivo pela Dra. Sudak. O diálogo no tratamento de Allison, uma moça que fora hospitalizada devido a um severo transtorno alimentar, é outro exemplo de como aproveitar as mudanças de humor para revelar esquemas desadaptativos.

Terapeuta: Como você está se adaptando no hospital?

Allison: Todos têm sido gentis. Gosto mais das enfermeiras (*parece calma e levemente feliz*). Mas não suporto quando elas trazem a bandeja do jantar. Por que toda aquela comida? (*o humor fica muito mais ansioso*).

Terapeuta: Percebi que você ficou bastante nervosa quando falou da bandeja de comida. O que lhe aborrece no jeito que servem as refeições aqui?

Allison: Todo mundo come tanto, e a pessoa que serve simplesmente coloca um monte. Não consigo me segurar se entrar nessa comilança.

Terapeuta: Você consegue se imaginar na fila para ser servida na bandeja de comida? Tente se ver em pé na fila. Quais pensamentos passam por sua cabeça?

Allison: Vou comer tudo o que tem lá. Vou perder totalmente o controle.

Terapeuta: Até que ponto você acha que tem controle sobre o seu comportamento?

Allison: Nenhum.

Outro bom método de TCC para revelar esquemas, a *técnica da seta descendente*, envolve uma série de perguntas que revelam níveis cada vez mais profundos de pensamento. As primeiras perguntas normalmente são direcionadas aos pensamentos automáticos.

Contudo, o terapeuta infere que há um esquema subjacente e constrói uma corrente de perguntas ligadas que se desenvolvem sobre uma suposição (a ser testada e modificada mais tarde) de que as cognições do paciente estão fornecendo uma representação exata de seu verdadeiro *eu*. A maioria das perguntas segue este formato geral: "Se este pensamento que você tem a respeito de si mesmo for verdadeiro, o que isso quer dizer sobre você?".

Como a técnica da seta descendente requer que o paciente assuma (para fins de intervenção) que as cognições negativas ou nocivas são realmente verdadeiras, esse método deve ser tentado somente após uma boa relação terapêutica ter sido estabelecida e de outros sucessos na modificação das cognições desadaptativas terem sido alcançados na terapia. O paciente deve estar totalmente ciente de que o propósito do questionamento é trazer à tona crenças nucleares que provavelmente precisarão ser modificadas e de que o terapeuta não está tentando convencê-lo da validade de esquemas problemáticos. Um tom gentil e empático de questionamento e, às vezes, um leve toque de hipérbole ou humor prudente podem auxiliar a fazer a técnica da seta descendente funcionar melhor.

Pode ser necessária uma boa dose de prática antes de você se tornar proficiente no uso da técnica da seta descendente. Aumentar seu conhecimento sobre os esquemas mais comuns pode ajudá-lo a formular direções para o questionamento. Ganhar experiência em saber quando fazer pressão para ir mais adiante e quando recuar o ajudará a ser mais eficaz no uso de métodos de encadeamento de inferências. É importante manter o tom emocional em um plano que conduza ao aprendizado e seja experimentado pelo paciente como algo útil. O processo de revelar esquemas desadaptativos, porém, costuma gerar sentimentos dolorosos.

CASO CLÍNICO

Maria é uma mulher de 45 anos de idade que descobriu recentemente que seu marido estava tendo um caso. Ela já havia passado por duas depressões curtas depois de sofrer perdas (o rompimento com um namorado antes do casamento e a demissão de um emprego). Desta vez, a depressão estava pior e não dava sinais de ceder. Embora ela não tivesse pensamentos suicidas, seu escore no Questionário de Saúde do Paciente-9 (PHQ-9) era de 20 (depressão severa). Sua autoestima havia sido abalada pela infidelidade de seu marido e seu subsequente pedido de divórcio.

A terapeuta de Maria observou padrões de pensamentos automáticos recorrentes que ela achava que estavam ligados a esquemas subjacentes sobre aceitação e capacidade de ser amada e decidiu usar a técnica da seta descendente para extraí-los. Usando um estilo de questionamento altamente colaborativo, ela auxiliou Maria a encontrar uma crença nuclear que havia sido ativada pela ruptura do relacionamento. Várias das principais perguntas e das respostas de Maria estão diagramadas na **Figura 8.1**.

Os terapeutas cognitivo-comportamentais experientes que utilizam a técnica da seta descendente procuram fazer perguntas no nível certo para auxiliar o paciente a revelar uma crença nuclear importante – e fazendo do processo de questionamento uma experiência altamente terapêutica. Recomendamos praticar os exercícios para aprender como trazer à tona os esquemas e revisar a lista de dicas para a utilização da técnica da seta descendente apresentada no **Quadro 8.2**.

Exercício 8.1
Métodos de questionamento para crenças nucleares

1. Pratique a descoberta guiada para revelar esquemas, formulando uma série de perguntas que comece com um de seus próprios pensamentos automáticos específico à situação e, então, descubra níveis mais profundos de cognição. Experimente a técnica da seta descendente em si mesmo.
2. Em seguida, chame um colega ou ajudante para fazer o *role-play* da descoberta guiada e a técnica da seta descendente para identificar crenças nu-

Maria: Os únicos dois homens que amei na vida me deixaram... partiram meu coração. Deve haver algo errado comigo.

Terapeuta: Quando você diz que há algo errado com você, fico pensando se você não teria uma crença básica sobre si mesma que está tornando difícil sair da depressão. Se pudéssemos encontrar a crença nuclear, saberíamos o que precisamos mudar. Vamos então presumir que seu pensamento automático é verdadeiro. O que poderia haver de errado com você?

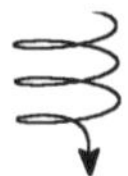

Maria: Não sou boa em relacionamentos.

Terapeuta: E se isso fosse verdade?

Maria: Estou fadada a ser infeliz. Nunca encontrarei um homem que ficará comigo.

Terapeuta: E se isso fosse verdade?

Maria: Ninguém consegue me amar.

FIGURA 8.1 A técnica da seta descendente.

QUADRO 8.2 COMO USAR A TÉCNICA DA SETA DESCENDENTE

1. Comece o questionamento visando a um pensamento automático ou a um fluxo de cognições que esteja causando sofrimento. Escolha um que possivelmente esteja ligado a um esquema subjacente significativo.
2. Gere uma hipótese sobre um possível esquema ou conjunto de esquemas que possa estar por trás desse pensamento automático.
3. Explique a técnica da seta descendente para que o paciente entenda a sua intenção ao fazer essas perguntas difíceis.
4. Certifique-se de que você e o paciente estão colaborando totalmente ao utilizar essa técnica. Enfatize o caráter empírico colaborativo da TCC.
5. Preveja as questões de *timing* e ritmo. Pergunte-se: "Este é um bom momento para tentar trazer à tona esse esquema?", "O paciente está pronto para encarar essa crença nuclear?", "Com que velocidade e com que intensidade devo fazer perguntas que levarão o fluxo de pensamentos do paciente a esse esquema?" e "Quais sinais poderiam me indicar o momento para ir mais devagar ou encerrar essa linha de questionamento?".
6. Pense no que fará depois que o esquema tiver sido identificado. Quais serão os benefícios positivos de trazer à tona esse esquema? Quais serão os próximos passos a serem seguidos, depois que as crenças nucleares aparecerem? Como você ajudará o paciente a aplicar bem o conhecimento desse esquema?
7. Utilize perguntas do tipo "se-então" que revelem progressivamente níveis mais profundos do processamento cognitivo. Por exemplo, "ouvi você mencionar várias vezes que tem problemas para fazer amigos. Se for verdade, o que isso nos diz sobre a maneira como os outros podem estar lhe vendo? E como você está se vendo?".
8. Seja empático e dê apoio ao paciente à medida que as crenças nucleares sejam trazidas à tona. Transmita uma postura de que conhecer os esquemas ajudará o paciente a desenvolver a autoestima e a aprender a enfrentar melhor os problemas. Mesmo que uma crença nuclear com tom negativo seja parcialmente correta, a TCC pode ser focada na aquisição de habilidades para ajustar o esquema desadaptativo e suas consequências comportamentais.

cleares ou pratique esses métodos com pacientes que você esteja tratando.

3. Faça uma lista dos pontos fortes e fracos que você possui ao fazer perguntas para revelar crenças nucleares. O que você está fazendo bem? O que você precisa praticar mais? Você é capaz de desenvolver uma formulação cognitiva precisa de uma forma adequada? Você consegue formular perguntas de uma maneira que transmita esperança, ao mesmo tempo chegando às crenças nucleares dolorosas e problemáticas? Você está prestando atenção o suficiente para reconhecer esquemas adaptativos? Identifique qualquer problema que você possua para executar a implementação de estratégias de questionamento para esquemas e discuta possíveis soluções com colegas ou supervisores. Utilize esse método para entrar em contato com um ou mais de seus esquemas pessoais. Se possível, tente revelar um esquema que tenha alguns efeitos desadaptativos, além de um que seja fortemente positivo ou adaptativo. Anote as perguntas e suas respostas em seu caderno.

Ensinando os esquemas aos pacientes

A psicoeducação acerca de esquemas em geral é implementada de forma concomitante com os métodos de questionamento descritos anteriormente em "Utilizando as técnicas de questionamento". Além de breves explicações nas sessões, frequentemente recomendamos leituras ou outros materiais educacionais para ajudar os pacientes a aprenderem sobre seus esquemas e a identificá-los. O livro *A mente vencendo o humor* (Greenberger e Padesky, 2015) traz exercícios voltados para ensinar os pacientes a reconhecerem seus pressupostos e suas crenças nucleares. O livro *Breaking free from depression: pathways to wellness* (Wright e McCray, 2011) inclui exemplos de esquemas tanto adaptativos quanto desadaptativos que podem auxiliar os pacientes a reconhecer suas próprias regras básicas de processamento de informações.

O programa de computador *Good Days Ahead* (Wright et al., 2004) contém várias situações interativas elaboradas para promover a descoberta e a modificação de esquemas. A TCC por computador pode ser especialmente útil para ensinar aos pacientes sobre as crenças nucleares, pois utiliza experiências estimulantes de aprendizagem via multimídia que podem apontar o caminho para as cognições que não estão visíveis na superfície. Além disso, a TCC por computador emprega técnicas de aprendizagem que promovem o ensaio e a memória.

Identificando padrões de pensamentos automáticos

Se forem reconhecidos temas recorrentes nos pensamentos automáticos, em geral isso indica que uma crença nuclear está por trás desses agrupamentos de cognições mais superficiais específicas à situação. Há vários bons métodos para encontrar esquemas em padrões de pensamentos automáticos.

1. **Reconhecer um tema durante uma sessão de terapia.** Ao utilizar a descoberta guiada ou outros métodos de questionamento, preste atenção aos temas que se repetem. Explorar tais temas frequentemente leva aos esquemas-chave. Por exemplo: "Jim não me respeita... meus filhos nunca me ouvem... não importa o que eu faça no trabalho, eles sempre me tratam como se eu não existisse". Esse padrão de pensamentos automáticos pode ser estimulado por crenças nucleares como: "Sou um zé-ninguém" ou "eu não mereço respeito".
2. **Revisar registros de pensamentos na sessão de terapia.** Os registros de pensamentos podem ser um tesouro escondido de material que o auxiliará a encontrar esquemas. Compare vários registros de pensamentos em diferentes datas para ver se existe algum padrão recorrente de pensamentos automáticos. Peça ao paciente para ver se ele consegue reconhecer temas consistentes. Em seguida, utilize a descoberta guiada ou a técnica da seta descendente para trazer à tona crenças nucleares relacionadas.
3. **Passar como tarefa de casa uma revisão dos registros de pensamentos.** Após examinar um registro de pensamento na ses-

são e explicar o processo de identificação de esquemas, peça ao paciente para examinar entre as sessões outros registros e anotar qualquer crença nuclear que venha a reconhecer. Tais tarefas de casa podem trazer muitos benefícios, incluindo:

a. a identificação de esquemas que podem não estar aparentes durante a sessão;
b. maior consciência dos poderosos efeitos das crenças nucleares;
c. a aquisição de habilidades de autoajuda para revelar esquemas.

4. **Rever uma lista escrita (ou um inventário gerado por computador) de pensamentos automáticos.** Se o paciente tiver respondido um questionário de pensamentos automáticos ou produzido uma lista abrangente de seus pensamentos automáticos comuns, pode ser útil verificar esse inventário para ver se algum grupo de pensamentos automáticos está vinculado às crenças nucleares. Considere usar esse procedimento alternativo se estiver tendo problemas para identificar esquemas por meio da descoberta guiada ou outros métodos de questionamento. Visualizar um grande número de pensamentos automáticos pode ajudar a identificar crenças que continuariam não sendo reconhecidas de outra maneira.

Apresentamos o Exercício 8.2 que pode ser usado para descobrir esquemas subjacentes nos padrões de pensamentos automáticos. Esse exercício também pode ser aplicado para ajudar os pacientes a adquirirem habilidades para reconhecer suas crenças nucleares.

Fazendo uma revisão da história de vida

Como os esquemas são moldados pelas experiências da vida, um método valioso para trazer à tona essas regras básicas é pedir ao paciente para voltar no tempo e lembrar as influências que possam ter promovido o desenvolvimento de crenças, sejam elas desadaptativas ou adaptativas. Esse exame retrospectivo pode ser realizado por meio de descoberta guiada, de *role-play* e de tarefas de casa. Assim como com outros métodos de identificação de esquemas, uma formulação em profundidade pode ajudar a apontar uma direção que dará frutos. Em vez de fazer um exame global da história do desenvolvimento, procure concentrar-se nos relacionamentos interpessoais, nos eventos ou nas circunstâncias que tenham se mostrado anteriormente um tópico "quente". Por exemplo, se seu paciente já tiver contado que nunca se sentiu

Exercício 8.2
Busca de esquemas em padrões de pensamentos automáticos

Instruções: ligue cada número a uma letra no exercício.

Pensamentos automáticos	Esquemas desadaptativos
1. "Abby [filha] vai sofrer um acidente se não tomar cuidado... Ela não faz ideia de como ter problemas pode ser rápido... queria que ela nunca tivesse que aprender a dirigir." 2. "Estraguei tudo mais uma vez... esse trabalho é demais para mim... não consigo mais enganá-los." 3. "Nem me fale em tentar conhecer alguém... não daria certo... estou melhor sozinha." 4. "Não posso cometer erros nos exames... vai valer a pena passar o final de semana estudando... Jim se orgulhará de mim."	___ A. Sou um fracasso. ___ B. Preciso ser perfeita para ser aceita. ___ C. Preciso estar sempre atenta, ou algo de terrível acontecerá. ___ D. Sempre serei rejeitada. Sem um homem, não sou nada.

Respostas: A: 2; B: 4; C: 1; D: 3.

confortável com seus pares e se escondia das interações sociais, você pode concentrar o seu questionamento nas relações sociais mais marcadamente lembradas da infância ou da adolescência. Seu objetivo com essa linha de questionamento seria evocar esquemas sobre competência pessoal e aceitação pelos outros.

Eventos traumáticos, relacionamentos problemáticos ou defeitos autopercebidos de personalidade ou físicos podem ser alvos óbvios para os exames históricos da formação de esquemas. Todavia, é importante não esquecer as influências positivas que podem ter promovido o desenvolvimento de crenças adaptativas. As seguintes perguntas podem ser realizadas para auxiliar os pacientes a fazer contato com as experiências de vida que tiveram um papel no desenvolvimento de seus esquemas.

1. **Pergunte sobre pessoas influentes**: "Quais foram as pessoas que fizeram a maior diferença em sua vida?", "Além de sua família, tem algum professor, *coach*, amigo, colega ou líder espiritual que influenciou o modo como você pensa?", "E pessoas que lhe deram trabalho ou o deixaram para baixo?", "Quais foram as pessoas que impulsionaram sua confiança ou lhe incentivaram?".
2. **Pergunte sobre crenças nucleares que possam ter sido desenvolvidas por essas experiências**: "Quais foram as mensagens negativas que você recebeu sobre si mesmo de todas as discussões com sua família?", "Como o divórcio de seus pais afetou sua autoestima?", "Quais foram as crenças afirmativas que surgiram de seus sucessos na escola?", "O que você aprendeu sobre si mesmo ao passar pelo divórcio e sair de um relacionamento abusivo?".
3. **Pergunte sobre interesses, trabalhos, práticas espirituais e outras atividades que são importantes para o paciente**: "De que maneira seus interesses e suas habilidades em música mudaram o modo como você se vê?", "Quais são as crenças nucleares que você tem a respeito de suas qualificações profissionais?", "Como a maneira que você se vê foi influenciada por suas crenças espirituais?", "E o envolvimento com a vida artística, viagens ou passatempos – essas atividades podem ter afetado o conceito que você tem de si mesmo?".
4. **Pergunte sobre influências sociais e culturais**: "Que impacto sua formação cultural teve na maneira como você vê o mundo?", "De que maneira ter crescido como uma minoria afetou o conceito que você tem de si mesmo?", "Que crenças podem ter sido influenciadas por viver em uma pequena cidade a vida inteira e ser tão próximo de sua família e amigos?".
5. **Pergunte sobre educação, leituras e estudos**: "De que maneira o tempo que passou na escola influenciou suas crenças básicas?", "Que livros podem ter mudado a maneira como você pensa sobre si mesmo?", "Que ideias você desenvolveu ao ler esse livro?", "Você se lembra de algum aprendizado que fez a diferença em suas atitudes em relação à vida?".
6. **Pergunte sobre a possibilidade de experiências transformadoras**: "Você teve alguma experiência que moldou a sua vida e que ainda não me contou?", "Pode ter havido um evento que abriu seus olhos para uma maneira totalmente nova de ver o mundo?", "Que atitudes ou crenças surgiram dessa experiência?".

Usando inventários de esquemas

Os inventários de crenças nucleares são uma outra forma útil para auxiliar os pacientes a identificarem seus esquemas. Esses instrumentos incluem a Escala de Atitudes Disfuncionais (Beck et al., 1991), um longo questionário aplicado primordialmente em pesquisas e uma outra escala altamente detalhada, o Questionário de Esquemas de Young (Young e Brown, 2001; Young et al., 2003). Um inventário mais breve de esquemas foi desenvolvido para o programa de computador *Good Days Ahead* (Wright et al., 2016). Fornecemos esse inventário de esquemas no Exercício 8.3 e no Apêndice I, de modo que você terá essa ferramenta disponível para a prática clínica. Os inventários de esquemas podem ser úteis quando os pacientes estiverem com dificuldades para reconhecer suas crenças nucleares. Ver uma série de esquemas possíveis pode estimular seu pensamento e ajudar a reconhecer crenças que podem estar causando problemas ou que poderiam ser reforçadas para desenvolver a autoestima. Preencher um inventário de esquemas pode ser especialmente útil para gerar uma lista de crenças adaptativas. Em nossa experiência em supervisão de terapeutas em treinamento, frequentemente descobrimos que não se dá atenção suficiente à identificação de regras positivas no modo de pensar. Administrar um inventário de esquemas garante que você passará algum tempo rastreando o sistema de crenças do paciente, em busca de pontos fortes e de oportunidades para o crescimento.

Mesmo quando os pacientes parecem identificar prontamente suas crenças nucleares por meio da descoberta guiada e de outras técnicas de questionamento, a administração de um inventário de esquemas pode dar mais profundidade à sua formulação. Normalmen-

Exercício 8.3
Elaboração de um inventário de seus esquemas

Instruções: utilize o inventário para procurar possíveis regras subjacentes no seu modo de pensar. Assinale cada esquema que você acredita que possui.

Esquemas saudáveis	Esquemas disfuncionais
___ Não importa o que aconteça, posso enfrentar de alguma maneira.	___ Tenho de ser perfeito para ser aceito.
___ Se eu me dedicar a algo, vou conseguir ganhar maestria.	___ Se eu decidir fazer alguma coisa, tenho de ter sucesso.
___ Sou um sobrevivente.	___ Sou um idiota.
___ As pessoas confiam em mim.	___ Sem uma mulher (um homem), não sou ninguém.
___ Sou uma pessoa íntegra.	___ Sou uma farsa.
___ As pessoas me respeitam.	___ Nunca demonstre fraqueza.
___ Eles podem me derrubar, mas não podem me derrotar.	___ Não sou digno de ser amado.
___ Importo-me com os outros.	___ Se eu cometer um único erro, vou perder tudo.
___ Sempre que me preparo com antecedência, me saio melhor.	___ Nunca vou me sentir à vontade com as pessoas.
___ Eu mereço ser respeitado.	___ Nunca consigo terminar nada.
___ Eu gosto de ser desafiado.	___ Não importa o que eu faça, nunca dá certo.
___ Poucas coisas me assustam.	___ O mundo é muito assustador para mim.
___ Sou inteligente.	___ Não dá para confiar em ninguém.
___ Consigo resolver as coisas.	___ Tenho sempre de estar no controle.
___ Sou simpático.	___ Não tenho nenhum atrativo.
___ Consigo lidar com o estresse.	___ Nunca demonstre suas emoções.
___ Quanto mais difícil o problema, mais forte me torno.	___ As pessoas vão se aproveitar de mim.
___ Consigo aprender com os meus erros e me tornar uma pessoa melhor.	___ Sou preguiçoso.
___ Sou um bom cônjuge (e/ou pai, mãe, filho, amigo, amante).	___ Se realmente me conhecessem, as pessoas não gostariam de mim.
___ Tudo vai ficar bem.	___ Para ser aceito, sempre tenho de agradar os outros.

Fonte: adaptado, com permissão, de Wright J.H., Wright A.S., Beck A.T.: *Good Days Ahead*. Moraga, CA, Empower Interactive, 2016. Disponível no Apêndice I deste livro, e para *download* em http://apoio.grupoa.com.br/wright2ed.

te, descobrimos que os pacientes endossam tanto os esquemas negativos como os positivos que não haviam sido identificados anteriormente. Além disso, a discussão das reações ao preencher um inventário desses pode levar à descoberta de outras informações valiosas sobre as crenças nucleares. Às vezes, um esquema subjacente não está listado, porém as crenças que estão incluídas desencadeiam uma série de pensamentos que revelam um dos mais importantes pressupostos subjacentes do paciente.

Para o próximo exercício, gostaríamos que você seguisse o inventário de esquemas, adaptado de alguns de nossos trabalhos anteriores. Como a lista foi elaborada para ser utilizada com pessoas com depressão ou ansiedade grave, muitos dos esquemas disfuncionais são expressos em termos absolutos. Contudo, nossa experiência clínica e pesquisas com o inventário indicam que os pacientes frequentemente endossam os esquemas desadaptativos nessa lista. Recomendamos que você comece a administrar um inventário de esquemas aos pacientes que esteja tratando com a TCC e que discuta as respostas em suas sessões.

Mantendo uma lista pessoal de esquemas

Frisamos várias vezes neste livro que colocar no papel o material aprendido nas sessões e nas tarefas de casa pode ser um passo crucial para ser capaz de lembrar e aplicar de maneira eficaz os conceitos da TCC. Ao trabalhar com crenças nucleares, é especialmente importante enfatizar o valor de manter um registro escrito, seja em papel ou em algum meio eletrônico, e revisar essas anotações com regularidade. Como os esquemas são, em geral, latentes ou estão abaixo da superfície do pensar do dia a dia, a consciência das atitudes básicas pode se desfazer rapidamente se não for reforçada. Em nossa prática clínica, já vimos muitas situações nas quais trabalhamos muito para identificar um esquema-chave em uma sessão, porém, com a pressão dos eventos ambientais diários e a passagem do tempo, os pacientes parecem "esquecer" essa crença nuclear, a menos que chamemos sua atenção para ela.

Uma lista de esquemas personalizada pode ser um excelente método para registrar, guardar e reforçar o conhecimento que você e o paciente adquiriram sobre as crenças nucleares adaptativas e desadaptativas. Na fase inicial do trabalho nos esquemas, pode haver apenas alguns itens nessa lista. Contudo, à medida que a terapia progride, serão adicionados mais esquemas, e as crenças nucleares desadaptativas serão modificadas com as técnicas descritas na próxima seção, "Modificando esquemas". Portanto, a lista de esquemas personalizada é passível de modificações durante todo o curso da TCC.

Exercício 8.4
Elaboração de uma lista de esquemas personalizada

1. Utilize os métodos descritos neste capítulo para desenvolver sua própria lista personalizada de esquemas. Procure colocar no papel a maior quantidade de esquemas adaptativos e desadaptativos possível.
2. Pratique o desenvolvimento de listas de esquemas personalizadas com um ou mais de seus pacientes. Reveja a lista regularmente nas sessões de terapia. Edite e modifique as listas à medida que fizer progressos e mudar esquemas.

MODIFICANDO ESQUEMAS

Depois de ter ajudado seu paciente a identificar esquemas subjacentes, é possível começar a trabalhar na mudança de regras básicas disfuncionais de seu modo de pensar e de se comportar. Quando estiver fazendo isso, é aconselhável lembrar que os esquemas geralmente estão profundamente arraigados e vêm sendo repetidos e reforçados há muitos anos. Portanto, é improvável que os pacientes os mudem drasticamente apenas por terem tido um *insight*. Para modificar esses princípios operacionais, eles normalmente precisam passar por um processo concentrado de exame das crenças, geração de alternativas plausíveis e ensaio em situações reais do esquema revisado (**Quadro 8.3**).

Questionamento socrático

O bom questionamento socrático geralmente contribui para que os pacientes enxerguem inconsistências em suas crenças nucleares, avaliem o impacto dos esquemas sobre as emoções e o comportamento e comecem o processo de mudança. Um dos objetivos principais do questionamento socrático é estimular a indagação, distanciando, assim, o paciente de uma visão desadaptativa fixa de si mesmo e do mundo, levando-o a um estilo cognitivo mais questionador, flexível e que promova o crescimento. A seguir, apresentamos algumas sugestões para fazer um questionamento socrático que possa auxiliar os pacientes a serem mais abertos ao exame de suas crenças nucleares.

1. **Desenvolva uma formulação para mostrar sua linha de questionamento.** Tenha uma boa noção sobre o rumo que está tomando. Os mestres de xadrez planejam muitas jogadas antecipadamente e têm uma série de estratégias em mente para reagir a possíveis ações do outro jogador. Aja como um grande jogador de xadrez e planeje com antecedência. Certamente, seu questionamento socrático será colaborativo, e não competitivo.
2. **Utilize perguntas para ajudar os pacientes a identificarem as contradições em seu modo de pensar.** Os pacientes normalmente têm várias crenças nucleares, algumas das quais lhes dão mensagens concorrentes. Em uma fita de vídeo clássica, Aaron T. Beck (1977) pediu a uma paciente que estava enfrentando uma crise conjugal para explicar a contradição entre sua crença de que não conseguiria viver sem seu marido e uma outra crença de que era mais feliz e mais saudável antes de se casar. Esse tipo de pergunta pode levar a rápidos avanços no entendimento e a uma disposição para se engajar em planos de ação para a mudança.
3. **Faça perguntas que estimulem o paciente a reconhecer crenças adaptativas.** Em geral, é mais provável que as crenças adaptativas sejam totalmente endossadas, lembradas e implementadas se o paciente fizer o trabalho de trazer à tona esquemas com valência positiva. Em vez de dizer que eles têm atitudes saudáveis ou pontos positivos a serem usados no combate de seus problemas, procure fazer um questionamento socrático que os envolva firmemente na articulação de crenças nucleares adaptativas.
4. **Evite fazer perguntas de comando.** Mesmo que você tenha um bom plano, o qual gostaria que o paciente visse ou fizesse, não faça perguntas de uma maneira que transmita a ideia de que já sabe a resposta. Mantenha o estilo colaborativo e empírico da TCC. Mantenha-se aberto para seguir o modo de pensar do paciente.
5. **Lembre-se de que perguntas que ativam emoções podem aumentar o aprendizado.** Se conseguir fazer um questionamento socrático que estimule a excitação emocional ou que reduza drasticamente a dor emocional, a experiência de aprendizagem pode ser mais significativa e memorável para o paciente.
6. **Faça perguntas que sirvam como um trampolim para a implementação de outros métodos de modificação de esquemas.** O bom questionamento socrático geralmen-

QUADRO 8.3 MÉTODOS PARA MUDAR ESQUEMAS

• Conduzir o questionamento socrático • Examinar as evidências • Fazer uma lista das vantagens e desvantagens	• Usar o *continuum* cognitivo • Gerar alternativas • Realizar ensaio cognitivo e comportamental

te prepara o caminho para outros métodos mais específicos para modificar crenças nucleares. Pense no questionamento socrático como uma chave que pode abrir portas para a aprendizagem. Após fazer um questionamento socrático eficaz, esteja preparado para implementar outros métodos, como o exame de evidências, a geração de crenças alternativas ou o uso do *continuum* cognitivo, todos descritos nas próximas seções.

Exame de evidências

No Capítulo 5, explicamos como examinar as evidências de pensamentos automáticos. Os procedimentos para examinar as evidências dos esquemas são muito semelhantes. Contudo, pelo fato de as crenças nucleares desadaptativas serem arraigadas há muito tempo e geralmente serem reforçadas por resultados negativos, críticas, relacionamentos disfuncionais ou traumas reais, o paciente pode ser capaz de gerar muitas evidências de que a crença é verdadeira. Um homem que acredite que é um fracassado pode ter vivido muitas situações com resultados negativos, como perdas de emprego, rompimentos conjugais ou problemas financeiros. Uma mulher que lhe diz que é incapaz de ser amada pode narrar uma série de rejeições afetivas. Portanto, ao examinar as evidências dos esquemas, talvez você precise admitir que houve problemas e ser empático com as vicissitudes da vida do paciente.

A **Figura 8.2** mostra um exercício de exame de evidências da terapia de Maria, a mulher com o esquema de "ninguém consegue me amar" (ver "Utilizando as técnicas de questionamento", previamente neste capítulo). O primeiro passo nessa intervenção é auxiliar Maria a reconhecer as evidências a favor e contra a crença. Em seguida, a terapeuta a incita a identificar erros cognitivos nas evidências a favor do esquema desadaptativo. Finalmente, a terapeuta faz perguntas socráticas para apoiar Maria na modificação da crença. Ao implementar o método de exame de evidências com seus pacientes, lembre-se das sugestões apresentadas no **Quadro 8.4**.

Esquema que quero mudar: *ninguém consegue me amar.*

Evidências a favor desse esquema:	Evidências contra esse esquema:
1. *Meu marido teve um caso e me deixou.*	1. *Dois homens me deixaram, mas acho que ambos me amaram por algum tempo. Foram pelo menos 10 bons anos com meu marido.*
2. *O único outro homem que já amei também me deixou. Estou fadada a me magoar se tentar de novo.*	2. *Coloco toda a culpa em mim mesma. Talvez eles tenham parte da culpa.*
3. *Sempre senti que eu não era boa o suficiente.*	3. *Meu marido diz que ainda se importa comigo e que se sente culpado pelo que aconteceu.*
4. *Não namorei muitos homens.*	4. *Muitas outras pessoas me amam (filha, pais, irmãs). Meus avós eram muito amorosos comigo.*
	5. *Talvez haja outro homem que combine melhor comigo e que ficará ao meu lado. Estou baseando minhas conclusões em apenas duas chances de encontrar o amor.*

Erros cognitivos: *ignorar as evidências, hipergeneralização, personalização e pensamento do tipo "tudo ou nada".*

Esquema modificado: *Fui rejeitada duas vezes, mas isso não significa que ninguém consegue me amar. Tenho qualidades e mereço ser amada. Tenho muito a oferecer em um relacionamento.*

FIGURA 8.2 Exames das evidências de esquemas: exemplo de Maria.

QUADRO 8.4 COMO EXAMINAR AS EVIDÊNCIAS DOS ESQUEMAS

1. Explique rapidamente o procedimento antes de começar o exame de evidências.
2. Utilize uma abordagem empírica. Envolva o paciente no processo de olhar com honestidade em relação à validade do esquema.
3. Escreva as evidências em uma folha. Pode funcionar melhor se, na primeira vez, você escrever as evidências. Transfira, assim que possível, a responsabilidade de escrever ao paciente.
4. O trabalho pode ser iniciado na sessão e, depois, completado como tarefa de casa, deixando, assim, o paciente totalmente envolvido no processo de geração e registro das evidências.
5. Em geral, as evidências que confirmam os esquemas são absolutistas e são endossadas por erros cognitivos e por outros processamentos de informações disfuncionais. Colabore com os pacientes para que consigam identificar esses erros de raciocínio.
6. Quando houver evidências de que os pacientes tiveram problemas recorrentes com relacionamentos, aceitação, competência, habilidades sociais ou outras funções-chave, utilize as informações para elaborar estratégias de intervenção. Por exemplo, uma pessoa com crenças nucleares negativas sobre sua competência social pode ser ajudada por meio de métodos comportamentais que rompam os padrões de evitação e ensinem habilidades necessárias para ser adequada em ambientes sociais.
7. Seja criativo na geração de evidências contra crenças nucleares desadaptativas. Faça um questionamento socrático que estimule diferentes maneiras de ver a situação. Como os pacientes podem ter uma visão negativa fixa de si mesmos, sua energia e imaginação podem ser necessárias para ajudá-los a encontrar motivos para mudar.
8. Colha o máximo possível de evidências contra esquemas disfuncionais. Essas informações auxiliarão os pacientes a refutar crenças nucleares, além de proporcionar abertura importante para outras intervenções cognitivo-comportamentais.
9. Utilize o método de exame de evidências como uma plataforma para ajudar os pacientes a fazerem modificações específicas nas crenças nucleares. Depois de examinar as evidências com os pacientes, solicite que reflitam a respeito de possíveis mudanças que levarão a regras mais saudáveis de pensamento. Escreva essas ideias na folha de exame de evidências e faça o acompanhamento com outras intervenções descritas neste capítulo.
10. Desenvolva uma tarefa de casa para aumentar o sucesso do exercício de exame de evidências. As possibilidades podem incluir acrescentar mais evidências na folha, identificar erros cognitivos, pensar em esquemas alternativos ou sugerir uma tarefa comportamental para praticar uma maneira nova que seja consistente com a crença modificada.

O tratamento de Allison, a moça de 19 anos com bulimia e depressão, descrita anteriormente na seção "Utilizando as técnicas de questionamento", ilustra como uma intervenção para examinar as evidências levou a uma tarefa de casa produtiva, com metas comportamentais específicas. A essa altura do processo de tratamento, a depressão de Allison havia melhorado, e ela não pensava mais em suicídio. Ela recebera alta do hospital e continuava com a TCC ambulatorial. Seu terapeuta a auxiliou a desenvolver um formulário de trabalho para o esquema "Tenho de ser perfeita para ser aceita" (**Figura 8.3**). Observe que Allison gerou uma boa quantidade de evidências contra a afirmação, além de acrescentar várias observações sobre seus erros cognitivos. Entretanto, parecia que ela ainda precisava de mais trabalho para desenvolver uma crença nuclear alternativa. Está disponível, no Apêndice I, o formulário de trabalho em branco para o exame de evidências de esquemas, de modo que você pode fazer cópias para utilizar com seus pacientes.

Fazendo uma lista das vantagens e desvantagens

Alguns esquemas desadaptativos são mantidos por anos porque têm ganhos. Embora possa estar carregado de efeitos negativos, o esquema também pode ter benefícios que in-

Esquema que quero mudar: *tenho de ser perfeita para ser aceita.*

Evidências a favor desse esquema:	Evidências contra esse esquema:
1. *Meus pais sempre me pressionaram para ser a melhor em tudo o que eu faço.*	1. *Embora meus pais tenham padrões elevados, acho que eles me aceitariam se eu não for perfeita. Eles próprios não são perfeitos. E mesmo assim, eu os amo, apesar de todos os seus defeitos.*
2. *Os homens querem mulheres magras que pareçam perfeitas.*	2. *Tenho algumas amigas que estão acima do peso e têm relacionamentos excelentes com seus namorados.*
3. *Quando eu tirava notas altas na escola, ganhei uma bolsa de estudos. Todo mundo dizia que eu era uma ótima aluna.*	3. *Algumas das pessoas mais felizes que conheço não são obcecadas por perfeição.*
4. *É preciso se sobressair para ser popular. Quem quer ser amigo de alguém que é apenas mediano?*	4. *Outras pessoas que não são perfeitas parecem ser aceitas do jeito que são. Talvez algumas pessoas ficariam mais confortáveis em um relacionamento com alguém que não é perfeito.*

Erros cognitivos: *ignorar as evidências, hipergeneralização, personalização e pensamento do tipo "tudo ou nada".*

1. *Meus pais realmente têm demonstrado muito carinho e aceitação quando faço uma bobagem ou não atinjo minhas metas. Eu sei que eles gostariam que eu fosse menos obsessiva em relação a meu peso.*
2. *Tem mais coisas em mim do que meu peso ou minha barriga. Preciso aceitar meus outros pontos fortes.*
3. *Eu poderia fazer mais amigos se eu não tentasse tanto ser perfeita. Colocar padrões tão altos pode desanimar as pessoas.*

Agora que examinei as evidências, meu grau de crença no esquema é de: *30%*

Ideias que tenho para modificar esse esquema:

1. *Posso me esforçar para alcançar a excelência, mas ainda assim me aceitar quando não atinjo a perfeição.*
2. *Serei mais feliz e me sentirei mais aceita se eu for mais realista quanto a atingir minhas metas.*

Atitudes que tomarei para mudar meu esquema e agir de maneira mais saudável:

1. *Vou escrever uma lista das coisas em que não sou perfeita, mas sabendo que, mesmo assim, sou uma boa pessoa, que merece ser aceita.*
2. *Vou tentar, intencionalmente, tirar a ênfase do perfeccionismo na academia:*
   a. *permitindo-me ter pelo menos dois dias de folga por semana;*
   b. *não contando ou gravando cada repetição de exercício na academia.*
3. *Reduzirei o perfeccionismo em meus hábitos de estudo:*
   a. *não registrando mais os minutos que passo em cada tarefa;*
   b. *parando de estudar por um tempo – pelo menos três vezes por semana – para fazer coisas divertidas (como ir ao cinema ou somente sair com os amigos);*
   c. *mudando meu foco nos estudos e deixando de sempre pensar em tirar a nota perfeita e desfrutando a experiência de aprender.*

FIGURA 8.3 Formulário de trabalho para examinar as evidências de esquemas: exemplo de Allison.

duzem a pessoa a manter o modo de pensar e agir do mesmo modo disfuncional. O esquema de Allison, "tenho de ser perfeita para ser aceita", é um bom exemplo desse tipo de crença nuclear. Seu impulso para o perfeccionismo fez dela uma pessoa extremamente triste, mas ela também teve sucessos importantes que foram derivados, em parte, de seu comportamento perfeccionista. Esses esquemas com dois lados são muito comuns, mesmo em pessoas sem qualquer sintoma psiquiátrico. Talvez você tenha algumas crenças que tanto tragam vantagens quanto desvantagens. Você consegue identificar algum desses esquemas em sua lista personalizada?

Exercício 8.5
Busca de esquemas com vantagens e desvantagens

1. Examine sua lista personalizada de esquemas do Exercício 8.4.
2. Identifique um esquema que pode ter lhe servido bem, mas que também pode ter um lado negativo. Talvez um esquema tenha lhe influenciado a trabalhar duro, mas também tenha provocado tensão ou cobrado um preço em sua vida social. Ninguém tem um conjunto completo de esquemas adaptativos, portanto, tente encontrar um que tenha produzido efeitos tanto positivos quanto negativos.
3. Faça uma lista das vantagens e desvantagens para essa crença nuclear.

A aplicação clínica da técnica de fazer uma lista das vantagens e desvantagens consiste em muitas das mesmas etapas existentes no exame de evidências. Primeiro, você deve explicar rapidamente o procedimento, de modo que o paciente saberá qual é o objetivo. Em seguida, faça uma série de perguntas dirigidas para o desenvolvimento de um registro escrito das vantagens e desvantagens. Depois, use essa análise para considerar as modificações que tornarão o esquema mais adaptativo e menos pesado. Por fim, elabore e implemente uma tarefa de casa para praticar os novos comportamentos.

A comparação das vantagens e desvantagens de um esquema tem vários benefícios em potencial. É possível observar toda a gama de efeitos do esquema, e a exploração desses diferentes efeitos pode estimular ideias criativas para a mudança. Com certeza, relacionar os efeitos deletérios do esquema pode ressaltar o lado negativo de manter a crença. No entanto, é igualmente importante conhecer as vantagens do esquema. É improvável que os pacientes abram mão de esquemas desadaptativos e comportamentos associados que lhes dão grande reforço positivo, a menos que essas vantagens também estejam presentes na crença modificada.

Quando tentamos gerar esquemas alternativos, geralmente sugerimos que os pacientes pensem em mudanças que eliminarão ou reduzirão substancialmente os efeitos negativos do esquema anterior, mas que, ao mesmo tempo, mantenham pelo menos alguns dos benefícios que trazem. O esquema de Allison sobre o perfeccionismo era um alvo lógico para esse tipo de intervenção. A lista das vantagens e desvantagens trouxe várias boas ideias para revisões de sua crença central (**Figura 8.4**).

Usando o *continuum* cognitivo

Quando os esquemas são expressos em termos absolutos, os pacientes podem se ver sob uma ótica extremamente negativa (p. ex., "sou um fracasso", "não sou digna de amor", "sou um burro"). Se esse tipo de esquemas estiver presente, a técnica de *continuum* cognitivo pode ser utilizada para ajudar os pacientes a colocar suas crenças em um contexto mais amplo e moderar seu modo de pensar.

No Vídeo 21, a Dra. Sudak utiliza o *continuum* cognitivo com sucesso para ajudar Brian a mudar seu esquema de "não se pode contar com as pessoas". Depois de desenvolver o *continuum* apresentado na **Figura 8.5**, Brian consegue editar a crença para "existem pessoas com as quais se pode contar... e outras que não são tão confiáveis". Ao assistir ao vídeo, observe como a Dra. Sudak elabora uma tarefa comportamental que tem um excelen-

Esquema que quero mudar: *tenho de ser perfeita para ser aceita.*

Vantagens desse esquema:	**Desvantagens desse esquema:**
1. *Sempre fui a melhor da classe na escola.*	1. *O perfeccionismo me deixa exausta.*
2. *Permaneci magra.*	2. *Tenho um transtorno alimentar.*
3. *Trabalhei muito duro para aprender a tocar violino e fui indicada para a orquestra do Estado.*	3. *O único jeito de me sentir feliz é se tudo estiver indo bem.*
4. *Muitos de meus colegas de classe me admiravam.*	4. *Tentar ser perfeita me distancia das pessoas. Provavelmente elas não gostam muito de mim porque parece que estou tentando ser melhor do que elas.*
5. *Consegui uma bolsa de estudos para a faculdade.*	5. *Nunca estou realmente satisfeita comigo mesma. Acho que nunca sou boa o suficiente.*
6. *Nunca me envolvi em problemas além do tratamento psiquiátrico.*	6. *Não consigo relaxar e me divertir. Fico deprimida muitas vezes. Estou sempre tensa e geralmente infeliz.*

Ideias que tenho para modificar esse esquema:

1. *Posso escolher meus alvos para tentar dar o melhor de mim. Por exemplo, posso continuar a estudar muito e ter metas para uma carreira de sucesso. Mas posso relaxar em outras áreas de minha vida.*
2. *Posso desenvolver interesses e passatempos em que não tenha que ser a melhor e ainda assim gostar de fazer coisas.*
3. *Posso relaxar quando estiver com meus amigos e com minha família e acreditar que eles vão me aceitar sem eu ter de realizar tantas coisas ou ser uma pessoa perfeita.*
4. *É mais provável que as pessoas me aceitem se eu tentar ser bem-sucedida, mas não preciso ultrapassar os limites na busca incansável por perfeição.*

FIGURA 8.4 Formulário para listar vantagens e desvantagens: exemplo de Allison.

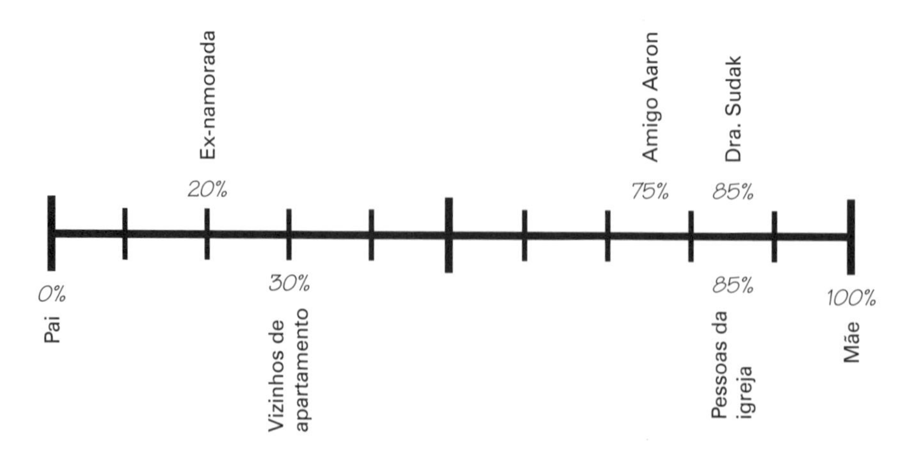

FIGURA 8.5 O *continuum* cognitivo: exemplo de Brian de quanto se pode contar com as pessoas.

te potencial para solidificar o esquema mais adaptativo e, ao mesmo tempo, reduzir a solidão e o isolamento social de Brian.

Vídeo 21
Mudando um esquema desadaptativo
Dra. Sudak e Brian (12:26)

Gerando alternativas

Os métodos para modificar as crenças nucleares (p. ex., questionamento socrático, exame de evidências e lista das vantagens e desvantagens) descritos neste capítulo geralmente estimulam os pacientes a considerar esquemas alternativos. Essas intervenções-chave podem ser ferramentas muito produtivas para ajudar os pacientes a considerarem possíveis modificações em suas regras básicas no modo de pensar. Também é possível adaptar as técnicas para encontrar alternativas racionais para os pensamentos automáticos (ver Capítulo 5) em seu trabalho com as crenças nucleares. Por exemplo, pode-se estimular os pacientes a se abrirem para um leque de possibilidades ao pensar como cientistas ou detetives – ou imaginar que são *coaches* que estão desenvolvendo seus pontos fortes ao auxiliar a identificar alternativas positivas, mas racionais. O método de *brainstorm*, detalhado no Capítulo 5, pode ser especialmente útil para gerar alternativas a esquemas profundamente arraigados. Quando usamos essa técnica para examinar as crenças nucleares, solicitamos aos pacientes que tentem se afastar de seu antigo modo de pensar e considerem uma ampla gama de mudanças em potencial.

Outra maneira de auxiliar os pacientes a gerarem alternativas é enfatizar a linguagem dos esquemas. Considere, por exemplo, o emprego de palavras nessas crenças nucleares: "Sou inútil", "Não sou bom em esportes" ou "Sempre serei rejeitado". Ressaltar os termos absolutos dos esquemas e pedir aos pacientes para considerarem o uso de palavras menos extremas é uma maneira de gerar crenças mais saudáveis (p. ex., "Passei por rejeições, mas alguns parentes e amigos ficaram ao meu lado"). Também se pode auxiliar os pacientes a descobrirem afirmações do tipo "se-então" (p. ex., "Se as pessoas realmente me conhecessem, elas saberiam que sou uma fraude", "Se eu não satisfizer todas as exigências dele, ele vai me deixar", "Se você se aproximar de alguém, essa pessoa vai magoá-lo") para serem modificadas. Educar as pessoas sobre a natureza restritiva das crenças rígidas do tipo "se-então" pode prepará-las para desenvolver regras mais flexíveis (p. ex., "Aproximar-se de uma pessoa implica em riscos, mas isso nem sempre significa que serei magoado"). Outra técnica que se pode considerar é solicitar ao paciente que examine as palavras empregadas em uma crença nuclear que pode ter algumas vantagens, mas que está tendo efeitos gerais prejudiciais. Talvez a mudança de apenas uma ou duas palavras permita que a pessoa ajuste o equilíbrio do esquema para que seja mais adaptativo ou menos danoso (p. ex., revisando a afirmação "Tenho de estar no controle" para "Eu gosto de estar no controle").

Alguns pacientes podem utilizar de maneira produtiva o estudo, a autorreflexão, atividades culturais, cursos e outras experiências de crescimento para explorar possíveis mudanças nas crenças nucleares. As leituras podem incluir livros, filosóficos ou históricos, que desafiem o *status quo* de seu modo de pensar. Atividades espirituais, *performances* teatrais ou musicais, as artes visuais, a estimulação de leituras públicas ou aventuras ao ar livre podem criar oportunidades de ver a si mesmo e ao mundo de maneiras diferentes. Experiências desse tipo podem ser especialmente úteis para pessoas que estão buscando um sentido ou um propósito mais profundo na vida. Alguns dos livros que nossos pacientes têm achado úteis são *Um sentido para a vida* (Frankl, 1992), *Full catastrophe living* (Kabat-Zinn, 1990), *A arte da serenidade: a busca por uma vida melhor* (Karasu, 2003), *The mindful way through depression* (Williams et al., 2007) e *Florescer* (Seligman, 2012).

Ensaio cognitivo e comportamental

As três palavras mais importantes para prever o sucesso na mudança de esquemas são: *prática, prática* e *prática*. Como é raro que apenas o *insight* seja suficiente para reverter crenças nucleares arraigadas, será preciso elaborar estratégias para facilitar que seus pacientes testem esquemas revisados em situações reais, aprendam com suas conquistas e obstáculos e desenvolvam habilidades para agir de maneira diferente. Normalmente, o ensaio de possíveis modificações de esquemas começa nas sessões e depois se estende, por meio de tarefas de casa, para a vida cotidiana. Discutimos os métodos básicos para o ensaio cognitivo e comportamental nos Capítulos 5 e 6. Para refrescar sua memória sobre como realizar os métodos de ensaio e ilustrar a utilização dessa técnica para a modificação de esquemas, apresentamos um exemplo do tratamento de Brian com a Dra. Sudak.

Os vídeos anteriores neste capítulo mostraram a Dra. Sudak ajudando Brian a desenvolver alternativas a uma crença nuclear: "Não se pode contar com as pessoas". Na próxima vinheta, ela trabalha com Brian para colocar em prática um esquema mais saudável. A essa altura da terapia, Brian já obteve ganhos substanciais e está pronto para arriscar convidar Renée, sua colega de trabalho, para sair. Todavia, ele tem medo de que algo saia errado. Renée poderia recusar ou dizer que está muito ocupada. Depois de Brian dizer à Dra. Sudak que o pior resultado seria se Renée aceitasse o encontro e depois cancelasse, eles praticaram como enfrentar essa possibilidade.

Vídeo 22
Colocando em ação um esquema revisado
Dra. Sudak e Brian (10:48)

Há muitas estratégias disponíveis para treinar esquemas revisados. Como mostrado no Vídeo 22, a Dra. Sudak utilizou um exercício de *role-play* para ajudar Brian a desenvolver habilidades na implementação de uma crença modificada. Outros métodos comumente utilizados incluem a geração de imagens mentais, o *brainstorm* e cartões de enfrentamento. O **Quadro 8.5** traz algumas sugestões para ensaiar os esquemas modificados e os planos comportamentais para implementar essas crenças.

TCC DIRECIONADA PARA O CRESCIMENTO

Embora os objetivos da modificação de esquemas concentrem-se mais comumente no alívio dos sintomas e na prevenção da recaída, a terapia também pode ser direcionada

QUADRO 8.5 DICAS PARA PRATICAR NOVOS ESQUEMAS

1. Desenvolva um plano por escrito para testar um esquema novo ou revisado. Esse plano deve relacionar a crença nuclear modificada, bem como comportamentos específicos que serão empreendidos para colocar em prática o esquema revisado.
2. Utilize a geração de imagens mentais para ensaiar o plano em uma sessão. Identifique pensamentos automáticos, outros esquemas ou padrões disfuncionais de comportamento que possam interferir no plano para mudança.
3. Desenvolva estratégias de enfrentamento para superar obstáculos.
4. Anote o plano em um cartão de enfrentamento.
5. Desenvolva uma tarefa de casa para praticar a nova crença nuclear e os comportamentos adaptativos em uma situação específica da vida real.
6. Treine o paciente em como fazer da tarefa de casa uma experiência produtiva.
7. Examine o resultado da tarefa de casa na sessão seguinte e faça ajustes no plano, conforme necessário.
8. Mantenha em mente a estratégia de "praticar, praticar, praticar", enquanto continua auxiliando o paciente a modificar esquemas. Escolha alvos múltiplos para aplicar os princípios para a modificação de esquemas.

para outro plano: trabalhar com o significado pessoal e o crescimento. Mesmo quando os pacientes estão primordialmente interessados no alívio dos sintomas, pode ser útil procurar crenças nucleares que possam expandir seus potenciais para o crescimento pessoal ou ajudar a desenvolver uma plena sensação de sentido na vida. Eis algumas perguntas que se pode fazer para descobrir se os pacientes têm objetivos de direcionar a terapia para o crescimento pessoal: "Quando você superar a depressão, ainda terá outras coisas que gostaria de trabalhar na terapia?", "Você tem outros objetivos para quando sua vida mudar, depois de se aposentar (ou quando seus filhos saírem de casa ou superar o divórcio, etc.)?", "Você disse que quer parar de trabalhar demais... que objetivos você teria para sua vida, se não estivesse trabalhando a maior parte do tempo?".

Allison, a moça com depressão e bulimia, estava tão fixada em sua busca por perfeição e em sua luta para manter o controle que deixava passar despercebidas muitas coisas significativas em seu mundo. Contudo, quando seus sintomas começaram a ceder, ela conseguiu ter uma perspectiva mais rica do caminho à frente. Crenças adaptativas que haviam ficado obscurecidas por seus esquemas disfuncionais podiam agora ser alimentadas e fortalecidas (p. ex., "Sou uma boa amiga", "Gostaria de fazer algo diferente – fazer alguma coisa em minha vida que ajudasse os outros", "Adoro estar em contato com a natureza, apreciar as coisas ao meu redor").

O processo de construção de esquemas voltados para o crescimento às vezes pode envolver a exploração de um novo terreno. Talvez o paciente sempre tenha pensado que faltava algo em sua vida ou que sua vida não tinha propósito. Ou talvez uma perda importante tenha abalado seus valores e construtos centrais. Nessas situações, a TCC pode ser direcionada para ajudar a pessoa a lutar para vencer questões existenciais e tentar encontrar maneiras de ultrapassar a perda, liberar o potencial ou se comprometer com ideias novas. Em nosso livro escrito para o público geral, *Breaking Free From Depression: Pathways to Wellness* (Wright e McCray, 2011). sugerimos várias maneiras práticas de buscar significado. Essas ideias, amplamente tiradas do trabalho de Victor Frankl (1992), podem ser passadas como exercícios de autoajuda para pessoas interessadas em desenvolver seu sentido existencial ou em aprofundar seu compromisso com valores fundamentais.

Alguns autores de artigos e livros sobre a TCC direcionada para o crescimento utilizaram o termo *construtivismo* ou *terapia cognitiva construtivista* para descrever uma abordagem na qual o terapeuta auxilia o paciente a desenvolver esquemas adaptativos que constroem uma nova existência pessoal (Guidano e Liotti, 1985; Mahoney, 1995; Neimeyer, 1993). A expressão máxima da terapia cognitiva construtivista seria um processo de tratamento no qual uma pessoa é transformada para um nível mais alto de autenticidade e bem-estar pessoal. Em nossa experiência com a TCC, transformações dessa magnitude são raras. Contudo, quando as pessoas continuam a terapia para além do estágio de alívio dos sintomas e trabalham para a conquista dos objetivos existenciais, o resultado pode ser muito gratificante tanto para o paciente quanto para o terapeuta.

Uma descrição completa dos métodos da TCC para a terapia cognitiva construtivista e para a terapia direcionada para o crescimento está além do escopo deste texto básico. Todavia, recomendamos considerar as dimensões de crescimento pessoal e significado para desenvolver formulações de tratamento e dedicar pelo menos uma parte do trabalho da terapia para ajudar os pacientes a encontrarem crenças nucleares adaptativas que possam orientá-los para o futuro. No Capítulo 10, descreveremos brevemente abordagens que podem promover o crescimento pessoal, como a terapia do bem-estar e a terapia cognitiva baseada em *mindfulness* (ou atenção plena).

Exercício 8.6
Modificação de esquemas

1. Utilize um exercício de *role-play* com um colaborador para examinar as evidências de um esquema e para ponderar suas vantagens e desvantagens.
2. Em seguida, utilize as técnicas para gerar as alternativas descritas neste capítulo.
3. Trabalhe em um plano para colocar em prática um esquema modificado. Inclua detalhes de como a pessoa pensará e agirá de maneira diferente.
4. Depois, implemente esses métodos para mudar esquemas em seu trabalho com os pacientes.
5. Evoque pelo menos um esquema adaptativo voltado para o crescimento de um paciente e desenvolva um plano para colocar essa crença em prática.

RESUMO

Mudar crenças nucleares pode ser uma tarefa desafiadora. No entanto, o trabalho terapêutico para modificar esquemas pode levar a aquisições importantes na autoestima e na efetividade comportamental. Como esquemas são regras básicas para um modo de pensar profundamente arraigado, o terapeuta pode precisar de engenhosidade e persistência para trazê-los à superfície. Alguns dos métodos mais comumente usados para descobrir crenças nucleares são o questionamento socrático, a identificação de esquemas em padrões de pensamentos automáticos e a técnica da seta descendente. Manter uma lista de esquemas por escrito pode auxiliar o terapeuta e o paciente a permanecerem focados no processo de mudança.

Para diminuir a rigidez dos esquemas desadaptativos, os métodos da TCC estimulam que os pacientes se distanciem de suas crenças nucleares e verifiquem sua exatidão. Técnicas como o exame de evidências e a lista de vantagens e desvantagens podem promover uma perspectiva mais ampla e estimular o desenvolvimento de novos esquemas. Quando são geradas possíveis modificações das crenças nucleares nas sessões ou nas tarefas de casa, um plano específico deve ser elaborado, a fim de testar o esquema em situações reais. Normalmente, é necessária a prática repetida para consolidar os esquemas modificados e substituir as regras desadaptativas mais antigas do modo de pensar. Para alguns pacientes, uma fase voltada para o crescimento da TCC pode ajudá-los a trabalhar nas crenças nucleares adaptativas que dão profundidade ao seu autoconceito e aumentam sua sensação de bem-estar.

REFERÊNCIAS

Beck AT: Demonstration of the Cognitive Therapy of Depression: Interview #1 (Patient With a Family Problem) (videotape). Bala Cynwyd, PA, Beck Institute for Cognitive Therapy and Research, 1977

Beck AT, Freeman A: Cognitive Therapy of Personality Disorders. New York, Guilford, 1990

Beck AT, Brown G, Steer RA, et al: Factor analysis of the Dysfunctional Attitude Scale in a clinical population. Psychol Assess 3:478–483, 1991

Beck AT, Davis DD, Freeman A (eds): Cognitive Therapy of Personality Disorders, 3rd Edition. New York, Guilford, 2014

Clark DA, Beck AT, Alford BA: Scientific Foundations of Cognitive Theory and Therapy of Depression. New York, Wiley, 1999

Evans MD, Hollon SD, DeRubeis RJ, et al: Differential relapse following cognitive therapy and pharmacotherapy for depression. Arch Gen Psychiatry 49(10):802–808, 1992 1417433

Frankl VE: Man's Search for Meaning: An Introduction to Logotherapy. Boston, MA, Beacon Press, 1992

Greenberger D, Padesky CA: Mind Over Mood: Change How You Feel by Changing the Way You Think, 2nd Edition. New York, Guilford, 2015

Guidano VF, Liotti G: A constructivist foundation for cognitive therapy, in Cognition and Psychotherapy. Edited by Mahoney MJ, Freeman A. New York, Plenum, 1985, pp 101–142

Jarrett RB, Kraft D, Doyle J, et al: Preventing recurrent depression using cognitive therapy with and without a continuation phase: a randomized clinical trial. Arch Gen Psychiatry 58(4):381–388, 2001 11296099

Kabat-Zinn J: Full Catastrophe Living: Using the Wisdom of Your Body and Mind to Face Stress, Pain, and Illness. New York, Hyperion, 1990

Karasu TB: The Art of Serenity: The Path to a Joyful Life in the Best and Worst of Times. New York, Simon & Schuster, 2003

Mahoney MJ (ed): Cognitive and Constructive Psychotherapies: Theory, Research, and Practice. New York, Springer, 1995

Neimeyer RA: Constructivism and the cognitive psychotherapies: some conceptual and strategic contrasts. J Cogn Psychother 7:159–171, 1993

Seligman MEP: Flourish: A Visionary New Understanding of Happiness and Well-Being. New York, Atria Books, 2012

Williams M, Teasdale J, Segal Z, Kabat-Zinn J: The Mindful Way Through Depression: Freeing Yourself From Chronic Unhappiness. New York, Guilford, 2007

Wright JH, McCray LW: Breaking Free From Depression: Pathways to Wellness. New York, Guilford, 2011

Wright JH, Wright AS, Beck AT: Good Days Ahead. Moraga, CA, Empower Interactive, 2016

Young JE, Brown G: Young Schema Questionnaire: Special Edition. New York, Schema Therapy Institute, 2001

Young JE, Klosko JS: Reinventing Your Life: The Breakthrough Program to End Negative Behavior and Feel Great Again. New York, Plume, 1994

Young JE, Klosko JS, Weishaar ME: Schema Therapy: A Practitioner's Guide. New York, Guilford, 2003

9

Terapia cognitivo--comportamental para a redução do risco de suicídio

Se um paciente tiver perdido toda a esperança e não conseguir enxergar nada além de dor e desespero no futuro, o suicídio pode parecer uma boa opção. Como as cognições de desesperança podem ter essas consequências intensamente negativas, sua validade deve ser questionada com toda a habilidade e criatividade que o terapeuta puder reunir. Se o terapeuta não se concentrar em ajudar o paciente a modificar tais cognições de desesperança, pode ocorrer uma validação tácita das crenças, e o processo de terapia pode ser prejudicado. Quando um paciente acredita que a recuperação é possível ou provável, que existem razões genuínas para viver e consegue enxergar possíveis soluções para os problemas, é possível que consiga tolerar os níveis extremos de depressão sem considerar ferir-se seriamente (Wright et al., 2009).

Vários tratamentos baseados em evidências para prevenir o comportamento suicida foram testados em estudos randomizados controlados. A terapia cognitiva para a prevenção do suicídio (Brown et al., 2005), a terapia cognitivo-comportamental (TCC) breve (Rudd et al., 2015; Slee et al., 2008), a terapia comportamental dialética (Linehan et al., 2006) e várias outras abordagens (Bateman e Fonagy, 1999; Guthrie et al., 2001; Hatcher et al., 2011) demonstraram efeitos positivos na prevenção de tentativas de suicídio ou de violência autodirigida em adultos. Por exemplo, indivíduos que tentaram o suicídio recentemente e foram tratados com terapia cognitiva para a prevenção do suicídio tiveram 50% menos probabilidade de tentar se matar novamente em um período de 18 meses do que indivíduos que não receberam a terapia (Brown et al., 2005). Uma característica principal desse tratamento é a aplicação de estratégias cognitivas e comportamentais cujo alvo seja a prevenção direta do comportamento suicida e a redução da gravidade da desesperança e da depressão. O Cadastro Nacional de Práticas e Programas Baseados em Evidências do órgão administrativo dos serviços de abuso de substâncias e saúde mental dos Estados Unidos identificou a terapia cognitiva para a prevenção do suicídio (Brown et al., 2005) como um tratamento fundamentado em evidências promissor para a redução do risco de suicídio.

Neste capítulo, descrevemos algumas das principais estratégias cognitivas e comportamentais para a redução do risco de suicídio com base no tratamento com terapia cognitiva para a prevenção do suicídio. Tais estratégias se concentram em engajar os pacientes desesperançados na TCC, em explicar a TCC a eles, em desenvolver um compromisso com o tratamento, em investigar e avaliar o risco de suicídio, em traçar um plano de segurança, em identificar motivos para viver, em transmitir uma sensação de esperança e em outras estratégias cognitivas e comportamentais para reduzir o risco e prevenir a recaída das crises suicidas.

ENGAJANDO OS PACIENTES DESESPERANÇADOS NA TCC

Muitos pacientes em risco de suicídio não têm esperança de que as coisas melhorem e pensam em desistir de tudo. Embora as estratégias de TCC possam ser usadas para auxiliar os pacientes a identificar cognições de desesperança e desenvolver respostas alternativas mais realistas a essas cognições, aqueles em risco de suicídio podem sentir-se desesperançados quanto à possibilidade de qualquer tratamento psiquiátrico ser-lhes útil. Alguns pacientes podem relatar que "nada funcionou". Eles tentaram uma montanha de medicações e psicoterapias, e nenhum desses tratamentos anteriores aliviaram os sintomas ou os mantiveram bem. Uma abordagem para tratar a desesperança dos pacientes é o terapeuta fazer uma revisão cuidadosa da adequação ou da qualidade desses tratamentos, além da aderência dos pacientes às recomendações de tratamento, e, em seguida, auxiliá-los a reavaliar suas conclusões sobre a eficácia dessas terapias. No entanto, essa abordagem pode não ser eficaz se usada muito cedo, antes de os pacientes terem entendido os métodos cognitivo-comportamentais ou antes de ter sido estabelecida uma aliança terapêutica eficaz.

Devido a essas preocupações, costuma ser útil ouvir com atenção as preocupações do paciente e demonstrar empatia com suas lutas e seus desafios para obter ou receber tratamentos que possam lhes proporcionar alívio. Reconhecer e admitir o sentimento de desesperança do paciente é o primeiro passo para engajá-lo no processo de tratamento. Depois de ouvir com atenção as descrições de suas experiências de tratamentos anteriores, o terapeuta pode avaliar o grau em que as experiências negativas do passado estão contribuindo para a atitude negativa em relação ao tratamento atual, inclusive à TCC. Dar ao paciente a oportunidade de descrever os aspectos dos tratamentos anteriores que foram úteis e os que não ajudaram permite ao terapeuta moldar a intervenção da TCC, enfatizando os aspectos específicos da intervenção que provavelmente aumentarão a eficácia da terapia. Depois que o paciente se sente compreendido, o terapeuta também poderá ressaltar que a desesperança é um modo de pensar que é comum das pessoas que estão deprimidas e que o foco da TCC é auxiliá-lo a lidar com sua desesperança.

Outro componente da TCC que costuma reduzir a desesperança logo no início é a estrutura de tratamento. Pacientes que estão se sentindo esgotados e talvez achem que não há saída para seu dilema podem responder positivamente ao estabelecimento de metas realistas, a manter-se no caminho certo para a resolução de problemas e a ter a experiência de trabalhar com um terapeuta que o auxilie a ir em direção às suas metas.

DAR INFORMAÇÕES SOBRE A TCC

Ensinar aos pacientes a estrutura e o processo da TCC e os limites da privacidade e da confidencialidade é especialmente importante com aqueles com tendências suicidas. Informar sobre essas questões e depois dar ao paciente com risco de suicídio a oportunidade de fazer perguntas é fundamental, dada sua propensão a se sentir desesperançado em relação ao tratamento ou a abandoná-lo. Ao descrever os detalhes do formato e da estrutura da TCC, o terapeuta pode traçar a estrutura de uma sessão típica, incluindo a condução de uma verificação do humor, a avaliação dos sintomas clínicos (inclusive ideação e comportamento suicidas), o fornecimento de um resumo da sessão anterior, o estabelecimento de uma agenda de prioridades, a entrega de um resumo da sessão atual, a colaboração com a definição de uma tarefa de autoajuda e a obtenção de *feedback* quanto à utilidade da sessão. Ensinar aos pacientes como a TCC é praticada permite que eles entendam que seus problemas, inclusive seus motivos para querer morrer, podem ser tratados de uma maneira bem pensada e sistemática.

DESENVOLVER UM COMPROMISSO COM O TRATAMENTO

Uma tarefa crucial durante as primeiras sessões de TCC é obter um compromisso explícito com o tratamento, incluindo a concordância do paciente de comparecer e participar das sessões, de trabalhar para atingir as metas do tratamento, de realizar as tarefas de casa e de ser parte ativa de outros aspectos do tratamento para lidar melhor com suas crises suicidas e sua desesperança.

Uma estratégia importante para aumentar a motivação para o tratamento é ser explícito quanto à principal meta do tratamento: prevenir o suicídio. Nesse sentido, o terapeuta pode pedir ao paciente que contenha seus impulsos suicidas e se envolva totalmente no processo de tratamento por um determinado número de sessões. O objetivo dessa abordagem é fazer o paciente se comprometer totalmente com o tratamento por um tempo enquanto está aprendendo as habilidades de enfrentamento específicas para reduzir o risco e refrear a tentativa de suicídio. O paciente é informado de que, após completarem o número combinado de sessões, ele e o terapeuta avaliarão se o tratamento foi útil ou não e farão planos para mais encontros, se necessário. Em nossa experiência, usar esses métodos para aumentar a motivação dos pacientes para se engajarem no tratamento com TCC diminui a probabilidade de que eles abandonem a terapia.

INVESTIGAR E AVALIAR O RISCO DE SUICÍDIO

A avaliação do risco de suicídio é um passo essencial no desenvolvimento de planos de ação eficazes que sejam calibrados para o grau de risco. Pacientes em baixo risco podem ser tratados ambulatorialmente de maneira rotineira, ao passo que aqueles com graus mais altos de risco podem precisar de terapia mais intensiva, tratamento adicional de saúde mental ou abuso de substâncias ou outros níveis de cuidado, como programas de internação para tratamento, para auxiliá-los a permanecer seguros.

Como os indivíduos com tendências suicidas constituem uma população de alto risco, os terapeutas devem conduzir uma avaliação abrangente do risco de suicídio no início do tratamento, bem como investigar se há risco de suicídio em cada sessão subsequente de TCC. Uma avaliação abrangente desse risco inclui questionar diretamente o estado mental do paciente e a administração de medidas autorrelatadas, revisar os prontuários médicos, observar clinicamente o comportamento do paciente e entrar em contato com seus familiares ou amigos, se estiverem disponíveis. A avaliação de risco deve incluir perguntas sobre o conteúdo, a frequência, a duração e a gravidade dos pensamentos suicidas atuais, bem como qualquer ideação e comportamento suicida no passado (incluindo tentativas de suicídio). Os planos de suicídio, cuja intenção é fazer uma tentativa de suicídio, e o acesso a meios potencialmente letais são componentes especialmente importantes dessa avaliação.

Os fatores de risco associados ao quadro clínico do paciente incluem desesperança e desespero, depressão maior ou outro transtorno de humor, abuso ou dependência de substâncias, transtorno da personalidade, agitação ou ansiedade severa, isolamento social ou solidão, déficits na resolução de problemas, atitudes disfuncionais (como perfeccionismo ou peso percebido para a família ou outras pessoas), comportamento altamente impulsivo, ideação homicida, comportamento agressivo em relação aos outros e dor física crônica ou outros problemas médicos agudos. O estresse ambiental que pode aumentar o risco de suicídio inclui eventos recentes, como o rompimento de um relacionamento ou alguma outra perda interpessoal, conflito ou violência, problemas com a lei, dificuldades financeiras, desemprego, encarceramento pendente e falta de moradia. Entre os exemplos de fatores de risco provenientes da história pregressa do paciente, estão o abuso físico ou sexual e o suicídio de um familiar ou amigo.

Outras perguntas de vital importância devem ser dirigidas aos fatores protetivos que diminuem o risco de suicídio. Perguntas sobre os motivos para viver são especialmente úteis ao avaliar o risco. Se o paciente não for capaz de identificar motivos significativos para viver, o risco pode ser bastante alto. Por outro lado, aquele que expressa fortes motivos para viver pode correr um risco mais baixo. Como observamos mais adiante neste capítulo, gerar motivos para viver é um dos principais métodos da TCC para reduzir o risco de suicídio. Outros fatores protetivos incluem expressões de esperança, ter responsabilidade pela família ou outras pessoas, uma rede de apoio social ou familiar, crenças espirituais ou religiosas contra o suicídio, medo da morte ou de morrer devido à dor e ao sofrimento, crença de que o suicídio é imoral e envolvimento em atividades profissionais ou escolares. O uso rotineiro de medidas autorrelatadas, como o Questionário de Saúde do Paciente-9 (PHQ-9; www.phqscreeners.com) ou o Inventario de Depressão de Beck-II (BDI-II; Beck et al., 1996), pode proporcionar um bom método para investigar o risco de suicídio. Essas medidas podem ser administradas antes de cada sessão de TCC para escrutinar o grau de risco de suicídio, bem como para avaliar a gravidade da depressão. Uma avaliação adicional do risco de suicídio pode, então, ser conduzida para pacientes que endossam itens no PHQ-9 ou no BDI-II que indiquem a presença de ideação suicida ou desesperança.

Para pacientes que tentam o suicídio ou relatam ideação suicida aguda, o terapeuta pode conduzir uma entrevista narrativa detalhada sobre a crise suicida. A entrevista narrativa permite aos pacientes "contar sua história" da última crise suicida e inclui a sequência de eventos, pensamentos, sentimentos e comportamentos que levaram à crise. A entrevista narrativa ajuda a promover a relação terapêutica, além de proporcionar informações para a formulação da TCC e do plano de tratamento. Para iniciar a entrevista narrativa, o terapeuta pode perguntar: "O que aconteceu que levou ao pensamento ou comportamento suicida? O que deu início ou desencadeou a crise?". Durante a entrevista narrativa, é bom evitar fazer muitas perguntas detalhadas, pois podem desviar o paciente dos pontos principais de sua história. Em vez disso, o terapeuta pode usar breves resumos para comunicar a compreensão e a empatia durante esse processo.

TRAÇAR O PLANO DE SEGURANÇA

Uma vez concluída a entrevista narrativa, o terapeuta pode introduzir o planejamento de segurança como um método para auxiliar o paciente a reconhecer os sinais de advertência ou os gatilhos que foram identificados durante a entrevista narrativa. A descoberta guiada cuidadosa das informações obtidas durante a entrevista narrativa normalmente indicará como a ideação suicida ocorre e como diminui com o tempo. A intervenção por meio de um plano de segurança baseia-se na observação de que o risco de suicídio baixa e flui e de que auxiliar o paciente a aplicar habilidades específicas durante os períodos de maior risco pode evitar o suicídio. Essa estratégia leva a uma lista por escrito dos sinais de advertência e das estratégias de enfrentamento e dos recursos a usar antes ou durante uma crise suicida (Stanley e Brown, 2012). A intenção da intervenção é colaborar para que os pacientes contenham o impulso de se matar e dar tempo para os pensamentos suicidas diminuírem e se tornarem mais controláveis.

O planejamento de segurança foi inicialmente desenvolvido e conduzido em estudos clínicos da TCC, incluindo a terapia cognitiva para a prevenção do suicídio com adultos que tentaram o suicídio (Brown et al., 2005) e a TCC para a prevenção do suicídio com adolescentes que tentaram o suicídio (Stanley et al., 2009). Desde então, o planejamento de segurança foi aprimorado como uma intervenção independente, que pode ser usada com ou sem outros tratamentos, incluindo a TCC. A intervenção de planejamento de segurança, conforme descrita aqui, é amplamente utilizada em muitos sistemas de saúde, inclusive pelo Departamento de Veteranos dos Estados Unidos (Knox et al., 2012). O Suicide Prevention Resource Center (Centro de Recursos de Prevenção do Suicídio) e a American Foundation for Suicide Prevention (Fundação Americana para a Prevenção do Suicídio) reconheceram o planejamento de segurança como uma melhor prática.

O plano de segurança inclui uma série de passos específicos que são desenvolvidos colaborativamente com o paciente. O paciente é informado que, se a conclusão de qualquer passo não ajudar a reduzir o risco de suicídio, ele deve prosseguir para o(s) próximo(s) passo(s) até que o risco de suicídio esteja mais baixo. O **Quadro 9.1** traz um breve guia para auxiliar os pacientes a traçarem um plano de segurança (Brown e Stanley, 2016), e o Apêndice I traz um formulário para traçar o plano de segurança. Ao treinar outras pessoas no uso da intervenção de planejamento de segurança, observamos que a implementação bem-sucedida do planejamento de segurança requer mais do que simplesmente preencher o formulário. O treinamento adicional e outros recursos para o planejamento de segurança estão disponíveis em: www.suicidesafetyplan.com (conteúdo em inglês).

CASO CLÍNICO

David é um estudante de engenharia de 20 anos de idade que está no último ano da faculdade. Sua depressão e sua ansiedade têm estado em um grau moderado de severidade. Ele teve um episódio de depressão quando tinha 17 anos. Enquanto estava no ensino médio, morava com seu pai, sua mãe e uma irmã mais nova. O pai é engenheiro civil e passa muitas horas no trabalho, e a mãe é professora. David percebia que seu pai o pressionava para se sobressair na escola e, quando não ia bem, era repreendido por não estudar o suficiente ou não levar os estudos a sério. Sua mãe lhe dava apoio, porém, quando David e seu pai brigavam, a mãe tomava cuidado para não tomar partido. Como consequência, David não reagia bem quando não tirava as notas que desejava. Estudava durante muitas horas e relatava grande ansiedade e dificuldade para dormir antes das provas.

A certa altura, quando estava no ensino médio, David tirou uma nota baixa em matemática. Ele ficou envergonhado e previu que ela o impediria de ir para a faculdade. Uma sensação de desesperança ganhou força, e ele, posteriormente, tomou uma *overdose* de paracetamol. Depois de contar para sua mãe sobre a tentativa de suicídio, foi levado ao hospital e internado. Uma breve internação hospitalar com prescrição de escitalopram e terapia de apoio ajudou a reduzir os sintomas de depressão e os pensamentos de suicídio.

Agora, no último ano da faculdade, David está novamente lutando com a depressão e a ansiedade. Ele mora no *campus* e tem um colega de quarto que se tornou um bom amigo. Ele também fez outros amigos e desenvolveu um interesse em cantar e em trabalho voluntário. Contudo, está sempre preocupado se irá bem nas provas. Há pouco, tirou uma nota baixa em uma das provas e começou a se sentir desesperançado e com tendências suicidas novamente. Ele não pretendia morrer ou fazer planos específicos de se matar. Todavia, reconhecendo que não estava bem, buscou a TCC para ajudá-lo com a depressão e a ansiedade e para reduzir as chances de seus pensamentos suicidas crescerem.

No Vídeo 23, David e o Dr. Brown enfocam os sentimentos recentes de David de ansiedade e depressão desencadeados por ter tirado uma nota baixa. Após abordar as expectativas de David quanto ao tratamento, o Dr. Brown conduziu uma avaliação abrangente do risco, seguida de uma entrevista narrativa do revés mais recente na faculdade e dos pensamentos recorrentes de suicídio do paciente. O vídeo mostra os dois traçando um plano de segurança que incluía a identificação de motivos para viver. O diálogo a seguir, extraído do Vídeo 23, exemplifica como realizar o passo 1 do planejamento de segurança (Quadro 9.1). Assista ao vídeo agora para ver como desenvolver um plano de segurança completo.

Vídeo 23
Planejamento de segurança
Dr. Brown e David (8:37)

QUADRO 9.1 PASSOS PARA TRAÇAR UM PLANO DE SEGURANÇA

Passo 1. Identifique os sinais de advertência. Informe ao paciente que o propósito de identificar os sinais de advertência é auxiliá-lo a reconhecer quando uma crise pode tomar maior proporção, para que ele saiba consultar seu plano e tomar uma atitude para reduzir o risco. Se os sinais de advertência forem vagos, explique que é importante ser específico, a fim de aumentar a probabilidade de ele reconhecer quando uma crise está começando.

Passo 2. Desenvolva estratégias de enfrentamento. Explique que desviar os pensamentos suicidas pode ajudar a diminuir o risco. Pergunte: "O que você pode fazer para ajudar a si mesmo a *não* concretizar seus pensamentos ou impulsos se tiver tendências suicidas novamente?". Identifique pelo menos três estratégias específicas, a menos que o indivíduo se recuse. Determine se elas são seguras, se não aumentarão a angústia e se são viáveis. Avalie as barreiras ao uso dessas estratégias, se houver, e use uma abordagem de resolução de problemas colaborativa para abordar os possíveis obstáculos ou identificar alternativas de enfrentamento que sejam mais viáveis.

Passo 3. Identifique contatos e cenários sociais. Explique que, se o passo 2 não diminuir o risco, o paciente deve seguir para o passo 3. Solicite ao paciente que identifique pessoas que poderiam permitir que ele se distraísse de seus problemas e se sentisse melhor. Também identifique cenários sociais que possam fornecer essa distração. Determine a probabilidade de ele conseguir conversar com alguém ou ir a algum lugar durante uma crise. Avalie as barreiras ao uso dessas estratégias e identifique maneiras de superar os obstáculos ou de identificar alternativas.

Passo 4. Entre em contato com familiares ou amigos. Explique que, se o passo 3 não diminuir o risco, o paciente deve seguir para o passo 4. Solicite que o paciente determine familiares ou amigos que poderiam ser contatados em busca de ajuda durante uma crise. Avalie a probabilidade de ele conseguir falar com cada pessoa identificada. Se houver dúvidas sobre entrar em contato com outras pessoas, avalie as barreiras e aborde os possíveis obstáculos ou identifique outras pessoas a contatar.

Passo 5. Entre em contato com profissionais ou agências. Explique ao paciente que, se o passo 4 não diminuir o risco, ele deve seguir para o passo 5. Identifique qualquer profissional de saúde mental que poderia ser contatado durante uma crise. Exemplifique como entrar em contato com o serviço por telefone de prevenção do suicídio Lifeline* ou como ir a um hospital ou pronto-socorro durante uma crise. Avalie a probabilidade de o paciente entrar em contato com cada profissional, agência ou serviço por telefone; identifique os possíveis obstáculos e resolva os problemas.

Passo 6. Torne o ambiente seguro. Explique que tornar o ambiente mais seguro ajudará a diminuir o risco de concretizar os sentimentos suicidas. Pergunte ao paciente se ele tem acesso a uma arma de fogo. Se ele tiver identificado outros métodos potencialmente letais, determine se ele tem acesso a eles. Para cada método letal, desenvolva colaborativamente um plano para tornar o ambiente mais seguro, para que haja menos probabilidades de ele usar aquele método. Se houver dúvidas sobre a limitação do acesso a esses métodos, identifique os prós e os contras desse acesso e se há uma maneira alternativa de limitá-lo, para que o ambiente seja mais seguro. Para armas de fogo, considere pedir a um familiar ou amigo com posse de arma para removê-la ou considere trancar a arma de fogo e a munição em lugares diferentes.

Passo 7. Identifique e construa motivos para viver. Utilize os métodos descritos na seção "Motivos para viver", mais adiante neste capítulo. Passe tempo suficiente com o paciente para reconhecer e expandir esses fatores protetivos que são especialmente valiosos contra o suicídio.

Dr. Brown: Obrigado, David, por me contar sua história. Como você percebeu, essa crise ficou mais intensa e depois diminuiu. Uma das coisas que eu gostaria de fazer é identificar alguns dos sinais de advertência ou gatilhos. Quero registrá-los em seu plano de segurança, assim você saberá quando usá-lo. Então, quais foram alguns dos sinais de advertência que você teve?

David: Hm... quando vi a nota que tirei na prova e vi que não fui bem, me senti um fracasso total. Foi terrível, por-

*N. de R.T. No Brasil, esse serviço é realizado pelo Centro de Valorização da Vida (CVV), que recebe ligações de todos os estados do país, gratuitamente, pelo número 188.

que dei o meu melhor e não consegui o resultado que queria. Então, o que eu tenho de bom? Meu primeiro pensamento foi que meus pais vão ficar tão decepcionados que não posso contar a eles. Eu estava me sentindo oprimido e ansioso sobre isso – e muito envergonhado pelo que acabou acontecendo.

Dr. Brown: Este é um bom resumo. Vamos escrever então, especificamente, quais foram eles. Qual deveria ser o primeiro?

David: Acho que quando eu começar a me sentir oprimido ou ansioso.

Dr. Brown: Então, "oprimido... ansioso" (*escrevendo*).

David: Ou envergonhado.

Dr. Brown: "Envergonhado" (*escrevendo*). O que mais?

David: Não conseguir contar para os meus pais. Normalmente, sou muito aberto e posso falar sobre qualquer coisa com eles, mas... quando preciso me fechar, sinto como se não pudesse compartilhar essas coisas com eles.

Dr. Brown: Então, "não posso contar a meus pais" (*escrevendo*). O que mais?

David: E só o sentimento geral de ser um fracasso.

Dr. Brown: "Sentir-se um fracasso" (*escrevendo*). Então, sempre que você tiver qualquer um desses sinais de advertência, você sabe que deve consultar seu plano de segurança. Esta é a dica para você usá-lo.

(David assente com a cabeça.)

Dr. Brown: Então, a primeira coisa sobre a qual quero falar é que, quando você for para esse lugar escuro, sentindo-se oprimido, ansioso, envergonhado, tendo esses outros pensamentos e, talvez, com vontade de desistir, é nesse momento que você deve usar algumas estratégias para ajudá-lo a atravessar a crise ou evitar que ela piore. E o que quero fazer agora é... ver se podemos fazer um *brainstorm* de algumas estratégias para desviar sua mente dos problemas, meio que escapar da crise mesmo que seja por um tempinho. O que você fez no passado que o ajudou com uma crise como essa?

Esse trecho do diálogo mostra como terapeuta e paciente podem trabalhar colaborativamente no plano de segurança e como é importante usar as próprias palavras do paciente ao traçá-lo. Uma vez elaborado o plano de segurança, revise os passos deste com o paciente e pergunte sobre a probabilidade de serem usados. Além disso, determine onde o plano de segurança será guardado, para que seja provável que ele seja utilizado durante uma crise. Finalmente, dê ao paciente o plano de segurança preenchido e mantenha uma cópia no prontuário médico. Explique como esse plano pode ser revisado mais adiante no tratamento, a fim de determinar o quanto ele ajudou a diminuir o risco e como poderia ser revisado, se necessário, para ser mais útil.

MOTIVOS PARA VIVER

Anteriormente, neste capítulo, enfatizamos a importância de perguntar sobre motivos para viver como uma maneira de avaliar o risco de suicídio. As perguntas sobre os motivos para viver também podem ser altamente terapêuticas, pois podem perpassar os pensamentos de desesperança com viés negativo das pessoas que estão considerando o suicídio e abrir a mente para forças de sustentação da vida, como os relacionamentos com entes queridos, crenças e valores espirituais ou religiosos, metas e aspirações não atendidas e compromissos duradouros.

Como parte de seu trabalho com pacientes internados por tentativa de suicídio ou que têm pensamentos e planos suicidas muito sérios, um dos autores (J.H.W.) normalmente começa a gerar uma lista de motivos para viver na primeira sessão, solicita ao paciente que pendure a lista na parede de seu quarto de hospital, pede às enfermeiras e a outros membros da equipe do hospital para discutir esses motivos com o paciente e vai aprofundando a lista nas visitas subsequentes. Se o paciente der um motivo como "meus netos", o terapeuta pode fazer perguntas para detalhar e fortalecer o significado do motivo. "Por que seus netos o fazem querer viver... querer superar seus pensamentos suicidas? Como você se vê no futuro com seus netos? O que você perderia se tirasse sua própria vida? Qual seria o impacto de seu suicídio sobre eles? Fale-me sobre seus netos e por que são importantes para você."

A lista de motivos para viver é uma parte importante do planejamento de segurança, como mostra o Vídeo 23. Quando o Dr. Brown pergunta a David sobre os motivos para viver, sua primeira resposta foi "minha família". O Dr. Brown, então, pergunta: "Alguém em particular?" – um estímulo que produz resultados. David diz: "minha irmãzinha... sou tudo para ela... Ela me admira... não quero perder isso". Eles continuam a identificar outros motivos para viver, incluindo "minha melhor amiga", "muitas coisas que ainda não fiz, como viajar para a China para visitar familiares" e "a alegria que sinto em cantar, eu não gostaria de abrir mão disso". O vídeo termina depois que David fala de sua alegria em cantar, porém o Dr. Brown continuou a fazer mais perguntas para consolidar a resolução de David de viver.

Nos casos em que os pacientes não conseguem identificar qualquer motivo para viver ou fazem um grande esforço para gerar uma lista considerável, o terapeuta pode precisar sugerir exemplos que possam revelar motivos que ficaram obscurecidos pela depressão ou pelo abuso de substâncias. Por exemplo, pode-se perguntar sobre atividades que o paciente costumava apreciar. Outra estratégia é perguntar sobre motivos que tinha para viver antes de ficar deprimido ou como veria as coisas se a depressão ou os problemas atuais da vida estivessem resolvidos.

A **Figura 9.1** mostra o plano de segurança de David, incluindo seus motivos para viver.

DESENVOLVENDO UM *KIT* DE ESPERANÇA

Os pacientes também podem ser encorajados a desenvolver um *kit de esperança*, uma série de itens que permite que se lembrem de seus motivos para viver. Para criar um *kit* de esperança, o paciente deve revisar os motivos para viver identificados previamente e, então, encontrar algo simples, como uma caixa de sapatos, um envelope ou um álbum, onde possa guardar lembranças, como fotografias, cartas, cartões-postais, orações ou poemas, músicas, pedaços de tecido ou outros objetos. Também se pode criar *kits* de esperança em computadores, *smartphones* e outros dispositivos. Descobrimos que os pacientes gostam bastante dos *kits* de esperança, os quais são uma das estratégias mais úteis aprendidas na TCC para abordar pensamentos e comportamentos suicidas. Além disso, enquanto criam o *kit* de esperança, eles frequentemente descobrem que conseguem identificar motivos para viver que não haviam percebido antes.

MODIFICANDO PENSAMENTOS AUTOMÁTICOS E CRENÇAS NUCLEARES

Outra parte fundamental da TCC para o risco de suicídio é o uso dos métodos descritos nos Capítulos 5 e 8 para auxiliar os pacientes a desenvolverem habilidades para modificar pensamentos negativos e esquemas associados ao risco de suicídio. Não detalhamos aqui esses métodos porque já foram explicados no livro em sua totalidade. Um exemplo de um método básico da TCC particularmente útil para a redução do risco de suicídio é o uso de cartões de enfrentamento. Tais cartões contêm afirmações adaptativas de enfrentamento que os pacientes podem revisar em um momento de angústia. Descobrimos que esses cartões têm maior probabilidade de serem localizados e usados quando são desenvolvidos durante a sessão e depois reforçados em sessões subse-

Passo 1. Identifique os sinais de advertência.

- *Sentir-me oprimido e ansioso*
- *Sentir-me envergonhado*
- *Não conseguir contar a meus pais*
- *Sentir-me um fracasso*

Passo 2. Desenvolva estratégias de enfrentamento.

- *Cantar*
- *Cozinhar pratos que me façam lembrar de casa*
- *Fazer cerâmica*

Passo 3. Identifique contatos sociais e cenários sociais.

- *Passar um tempo com meu colega de quarto, Charlie*

Passo 4. Entre em contato com familiares ou amigos.

- *Telefonar para minha melhor amiga, Vanessa*
- *Visitar minha irmã ou minha mãe*

Passo 5. Entre em contato com profissionais ou agências.

- *Dr. Brown, em seu consultório, ou o serviço de resposta, se o consultório estiver fechado**
- *Serviço Psiquiátrico de Emergência da Universidade da Pensilvânia**
- *Prevenção do suicídio Lifeline***

Passo 6. Torne o ambiente seguro.

- *Não tenho acesso a armas de fogo*
- *Deixar minha medicação com meu colega de quarto, que pode me entregá-la diariamente*

Passo 7. Identifique e construa motivos para viver.

- *Minha família...minha irmãzinha*
- *Minha melhor amiga*
- *Viajar para a China e outras coisas que ainda não fiz*
- *Alegria em cantar*
- *Trabalho voluntário*
- *Ter minha própria família*

FIGURA 9.1 Plano de segurança de David.
*O número de telefone real do Dr. Brown e do serviço psiquiátrico de emergência seria inserido aqui.
**N. de R.T. Ver nota no Quadro 9.1.

quentes. Um pensamento automático que tenha ocorrido durante uma crise suicida pode ser escrito no topo do cartão e uma resposta alternativa mais equilibrada pode ser escrita no restante do cartão. Por exemplo, um pensamento relacionado com o suicídio pode ser: "Não aguento mais isso". Uma afirmação mais equilibrada ou adaptativa poderia ser: "Sei que eu passo por períodos muito difíceis, mas esses sentimentos não duram muito tempo e sempre consigo me recuperar sozinho... Eu posso telefonar para meu amigo Larry quando estiver me sentindo assim... Ele me ajuda a me distrair de meus problemas quando me visita".

MÉTODOS COMPORTAMENTAIS PARA REDUZIR O RISCO DE SUICÍDIO

As estratégias descritas nos Capítulos 6 e 7 podem lhe fornecer outros recursos entre os quais escolher ao trabalhar com pacientes em risco de suicídio. Por exemplo, você pode iniciar um plano de ação comportamental para ajudar o paciente a sair das profundezas da desesperança. Se ele começar a tomar uma atitude que reduza a angústia ou mostrar um mínimo de prazer e de sensação de realização, sua esperança no futuro pode melhorar. Pode-se usar um método de redução da ansiedade, como o treinamento de relaxamento, como uma distração dos pensamentos suicidas e uma maneira de aliviar emoções dolorosas. Uma iniciativa de resolução de problemas pode ser benéfica para que ele encontre maneiras de enfrentar um estressor associado ao pensamento suicida. Os métodos cognitivos e comportamentais que você aprendeu desde que começou a trabalhar com este livro e outros treinamentos podem ter um uso excelente na prevenção de recaída – a próxima seção deste capítulo.

CONSOLIDANDO AS HABILIDADES E PREVENINDO A RECAÍDA

Consolidando as principais habilidades

Algumas semanas antes de encerrar ou reduzir o tratamento, o terapeuta deve solicitar aos pacientes que revisem e organizem suas anotações para que possam consultá-las facilmente no futuro. Se não tiver feito anotações durante as sessões, o paciente pode concentrar-se em criar um caderno de terapia ou um *kit* de esperança durante as últimas sessões. Terapeuta e paciente podem revisar e resumir juntos os pontos importantes que aprenderam durante a terapia. Às vezes, os pacientes resistem ou podem não conseguir escrever. Nesse caso, o terapeuta pode dar-lhes um resumo das habilidades que aprenderam por escrito ou gravado em áudio.

Orientando a tarefa de prevenção de recaída

Após a consolidação de habilidades específicas, o terapeuta deve introduzir a *tarefa de prevenção de recaída*, que consiste em vários exercícios de imagens mentais guiadas, nos quais o paciente imagina crises suicidas anteriores, bem como aquelas que podem ocorrer no futuro. O principal objetivo dessa intervenção é permitir que o paciente desenvolva um plano detalhado de como ele pode lidar com gatilhos ou crises em potencial. Assim, ele terá a oportunidade de praticar suas habilidades de enfrentamento em um ambiente seguro antes de aplicá-las quando estiver se sentindo angustiado. A tarefa de prevenção de recaída também facilita que o paciente "fixe o aprendizado" de uma habilidade específica para que ele se lembre de usá-la durante uma crise. Além disso, essa tarefa pode ajudar na avaliação do progresso do tratamento e fornecer informações valiosas quanto à possibilidade ou não de encerrar ou reduzir a frequência da terapia. Se o paciente tiver dificuldade para concluir a tarefa de prevenção de recaída com sucesso, é preciso trabalhar mais na terapia, adiando, assim, a finalização do tratamento até que essas habilidades possam ser aplicadas durante períodos de crise.

Consentimento e preparação

Antes de conduzir a tarefa de prevenção de recaída, o terapeuta deve preparar o paciente para vivenciar memórias dolorosas e emoções aversivas. Em primeiro lugar, o terapeuta obtém o consentimento verbal do paciente para conduzir a tarefa. O paciente é avisado de que essa tarefa tem o potencial de evocar sentimentos desagradáveis, mas que o terapeuta o guiará pela atividade e o auxiliará a resolver tais emoções até o final da sessão. Além disso, é importante dar uma justificativa sólida para a tarefa, a fim de motivá-lo a se envolver ativamente nesse procedimento potencialmente aversivo. O paciente é informado de que, ao imaginar a crise suicida e reviver a turbulência emocional, ele descobrirá se é capaz ou não de implementar as estratégias de enfrentamento discutidas na terapia. Depois de discutir sobre os riscos e os benefícios da tarefa, alguns pacientes podem preferir não prosseguir com ela. Nesse caso, a preferência do paciente é respeitada, porém o terapeuta pode revisar as habilidades de enfrentamento que ele aprendeu e como ele pode aplicá-las no futuro.

Sequência de imagens mentais guiadas

Com o consentimento do paciente para prosseguir com a tarefa de prevenção de recaída, o terapeuta utiliza métodos de imagens mentais (descritos no Capítulo 5) para auxiliar o paciente a desenvolver imagens vívidas dos eventos que levaram à crise suicida. O paciente é encorajado a fechar os olhos e a descrever em voz alta a sequência de eventos e a tentar reviver as emoções e os pensamentos que ocorreram no momento da crise. Em seguida, o terapeuta conduz o paciente por uma tarefa semelhante, mas, desta vez, o encoraja a descrever a cena utilizando habilidades cognitivas e comportamentais para lidar com o evento e mitigar o risco de suicídio. Depois, o paciente é instruído a imaginar em detalhes uma futura crise suicida e a descrever como ele aplicaria as habilidades aprendidas no tratamento para lidar com os pensamentos suicidas que possam ser ativados. Após finalizar os exercícios de imagens mentais guiadas, o terapeuta questiona o paciente, elogiando-o por se envolver com sucesso em uma atividade tão difícil, e obtém *feedback* sobre a utilidade da tarefa para reduzir o risco no futuro. Se tiver surgido ideação suicida durante a tarefa, o terapeuta, então, avalia o risco de suicídio quando a sessão estiver terminando e usa as estratégias apresentadas neste capítulo para abordá-lo (p. ex., revisando o plano de segurança). O terapeuta também pode propor outros cenários de crise para garantir que o paciente tenha a flexibilidade adequada para aplicar as habilidades aprendidas no tratamento para situações específicas. Descobrimos que, durante essa tarefa, novas informações sobre a crise suicida costumam ser reveladas. Os pacientes podem se sentir mais seguros para revelar tais informações depois de ter sido estabelecida uma forte aliança terapêutica.

Exercício 9.1
Uso dos métodos da TCC para reduzir o risco de suicídio

1. Solicite a um colega que faça o papel de um paciente com pensamentos suicidas. Use o formulário de planejamento de segurança (ver Apêndice I) para traçar um plano de segurança. Certifique-se de adicionar camadas de profundidade aos motivos para viver e tome precauções para reduzir o acesso a meios de cometer suicídio. Trabalhe na resolução das dificuldades para desenvolver um plano eficaz.
2. Use os métodos da TCC de prevenção do suicídio com um ou mais pacientes com pensamentos suicidas significativos.
3. Realize a tarefa de prevenção de recaída com seu paciente. Considere futuros gatilhos para maior pensamento suicida e auxilie o paciente a desenvolver um plano de enfrentamento para reduzir o risco de se ferir.

ENFRENTANDO OS RIGORES DE TRATAR PACIENTES COM TENDÊNCIAS SUICIDAS

Um dos problemas com os quais os terapeutas que trabalham com pacientes de alto risco podem se deparar envolve sentir que é demais para eles ou mesmo se sentir desesperançado quanto a realizar o tratamento com sucesso. Esse problema pode surgir ao trabalhar com pacientes que apresentam episódios crônicos ou recorrentes de pensamentos suicidas ou que fizeram várias tentativas de suicídio ou se feriram intencionalmente. O **Quadro 9.2** traz algumas sugestões para lidar com as dificuldades de se trabalhar com esses pacientes.

Incentivamos o uso de uma abordagem em equipe, se possível, ao empregar a TCC para pacientes com tendências suicidas. Nesse contexto, as equipes de tratamento normalmente são compostas do terapeuta, de um supervisor e um gestor de caso ou outro profissional

QUADRO 9.2 DICAS PARA TRABALHAR COM PACIENTES COM TENDÊNCIAS SUICIDAS

1. Os terapeutas devem estar cientes de suas próprias reações ao tratar pacientes com tendências suicidas. Tais reações podem incluir sentir que é demais para eles, sentir-se com medo, desconfortável ou ansioso por ser responsável pela vida de alguém; conectar-se com a dor e o sofrimento psicológicos profundos; ou prever responsabilização legal pelo bem-estar do paciente.
2. Terapeutas que têm tais reações ao trabalhar com pacientes com tendências suicidas devem identificar seus próprios pensamentos automáticos e emoções e usar métodos de TCC, como o exame de evidências, para considerar da forma mais racional e eficaz possível sobre trabalhar com esses casos. Eles também devem empregar comportamentos positivos de enfrentamento, como aqueles descritos na seção "Fadiga e esgotamento do terapeuta", no Capítulo 11.
3. Os terapeutas devem sempre manter a crença de que o suicídio não é uma solução aceitável para os problemas da vida. É essencial ser compreensivo e empático no tratamento de pacientes com tendências suicidas, porém o terapeuta precisa ter cuidado para não cair na armadilha de ser persuadido pela desesperança do paciente.
4. Os terapeutas precisam buscar o aconselhamento de seus supervisores ou pares quando tiverem reações de medo, raiva ou desesperança ao trabalharem com pacientes com tendências suicidas. Terapeutas que se sentem "emperrados" ao tratar pacientes com tendências suicidas provavelmente comunicarão sua frustração ou seu temor aos pacientes. Se não tiver esperança de que pode ajudá-los, como o terapeuta pode esperar que os pacientes tenham esperança de que podem ser ajudados?

envolvido no cuidado da saúde mental do paciente. Em nossa experiência, os terapeutas consideram os gestores de caso especialmente úteis, uma vez que auxiliam o terapeuta a manter contato com os pacientes ao lembrá-los das consultas, a fazer encaminhamentos a serviços sociais e de saúde mental e a servir de contato de apoio (Brown et al., 2005). Se você não trabalha em uma clínica que utiliza equipes de tratamento, pode ser útil se comunicar regularmente com outros provedores ou profissionais, como médicos de cuidado primário, pastores, rabinos ou imãs, ou outros terapeutas que estejam fornecendo uma rede de apoio e cuidado ao paciente.

RESUMO

Este capítulo descreve como a TCC pode ser adaptada a pacientes em risco de suicídio. Os aspectos inovadores do tratamento com pacientes de alto risco envolvem compreender as motivações do paciente para o suicídio, investigar e conduzir uma avaliação abrangente desse risco, desenvolver um plano de segurança colaborativo, identificar motivos para viver, criar um *kit* de esperança e consolidar e praticar as habilidades da TCC para prevenir o comportamento suicida no futuro. Recomendamos que os terapeutas adotem essas estratégias como elementos básicos de seu trabalho com pacientes que pensam em suicídio.

REFERÊNCIAS

Bateman A, Fonagy P: Effectiveness of partial hospitalization in the treatment of borderline personality disorder: a randomized controlled trial. Am J Psychiatry 156(10):1563–1569, 1999 10518167

Beck AT, Steer RA, Brown GK: The Beck Depression Inventory, 2nd Edition. San Antonio, TX, Pearson, 1996

Brown GK, Stanley B: The Safety Plan Intervention (SPI) Checklist. University of Pennsylvania and Columbia University, 2016

Brown GK, Ten Have T, Henriques GR, et al: Cognitive therapy for the prevention of suicide attempts: a randomized controlled trial. JAMA 294(5):563–570, 2005 16077050

Guthrie E, Kapur N, Mackway-Jones K, et al: Randomised controlled trial of brief psychological intervention after deliberate self poisoning. BMJ 323(7305):135–138, 2001 11463679

Hatcher S, Sharon C, Parag V, Collins N: Problem-solving therapy for people who present to hospital with self-

-harm: Zelen randomised controlled trial. Br J Psychiatry 199(4):310–316, 2011 21816868

Knox KL, Stanley B, Currier GW, et al: An emergency department–based brief intervention for veterans at risk for suicide (SAFE VET). Am J Public Health 102 (suppl 1): S33–S37, 2012 22390597

Linehan MM, Comtois KA, Murray AM, et al: Two-year randomized controlled trial and follow-up of dialectical behavior therapy vs therapy by experts for suicidal behaviors and borderline personality disorder. Arch Gen Psychiatry 63(7):757–766, 2006 16818865

Rudd MD, Bryan CJ, Wertenberger EG, et al: Brief cognitive-behavioral therapy effects on post-treatment suicide attempts in a military sample: results of a randomized clinical trial with 2-year follow-up. Am J Psychiatry 172(5):441–449, 2015 25677353

Slee N, Garnefski N, van der Leeden R, et al: Cognitive-behavioural intervention for self-harm: randomised controlled trial. Br J Psychiatry 192(3):202–211, 2008 18310581

Stanley B, Brown GK: Safety Planning Intervention: a brief intervention to mitigate suicide risk. Cogn Behav Pract 19(2):256–264, 2012

Stanley B, Brown G, Brent DA, et al: Cognitive-behavioral therapy for suicide prevention (CBT-SP): treatment model, feasibility, and acceptability. J Am Acad Child Adolesc Psychiatry 48(10):1005–1013, 2009 19730273

Wright JH, Turkington D, Kingdon DG, Basco MR: Cognitive-Behavior Therapy for Severe Mental Illness: An Illustrated Guide. Washington, DC, American Psychiatric Publishing, 2009

10

Tratando transtornos crônicos, graves ou complexos

Após completar seu treinamento inicial em terapia cognitivo-comportamental (TCC) – que normalmente é mais bem realizado por meio do trabalho supervisionado com pacientes com transtorno depressivo maior ou um dos transtornos de ansiedade comuns –, é hora de adquirir experiência trabalhando com pacientes com problemas mais complexos. Várias pesquisas vêm documentando a utilidade da TCC e dos modelos de terapia relacionados para aqueles com transtornos graves ou resistentes a tratamento, como depressão crônica, esquizofrenia e os transtornos bipolar e da personalidade.

Para essas populações de pacientes com quadros clínicos mais difíceis de tratar, vários elementos em comum norteiam a terapia. Estes incluem os seguintes:

- O modelo cognitivo-comportamental e todos os aspectos da TCC são totalmente compatíveis com as formas apropriadas de farmacoterapia.
- Independentemente do grau de gravidade ou comprometimento, a relação terapêutica caracteriza-se pela postura empírica colaborativa.
- As tarefas de casa são prescritas segundo o material abordado nas sessões.
- As estratégias terapêuticas têm como objetivo os aspectos de cognições, os sentimentos e os comportamentos problemáticos.
- Quando indicado, parentes e outras pessoas importantes podem ser convidados a se juntar à equipe terapêutica para facilitar o progresso na terapia.
- Os resultados são avaliados, e os métodos de terapia são ajustados para maximizar as chances de melhora.

Neste capítulo, examinamos brevemente a TCC e os modelos de terapia relacionados que foram adaptados para pacientes com quadros psiquiátricos graves, crônicos ou resistentes a tratamento. A ênfase está na discussão de evidências empíricas para essas abordagens e na apresentação de diretrizes gerais para trabalhar com aqueles com enfermidades mais complexas ou debilitantes. O Apêndice II traz uma lista de livros e manuais de tratamento em TCC para problemas como esquizofrenia e os transtornos bipolar e da personalidade.

TRANSTORNOS DEPRESSIVOS GRAVES, RECORRENTES, CRÔNICOS E RESISTENTES A TRATAMENTO

Os modelos tradicionais para o tratamento de transtornos depressivos sugerem, seja implícita ou explicitamente, que a depressão grave ou crônica é, em grande parte, de natureza biológica e, portanto, mais provavelmente requerem formas somáticas de terapia (American Psychiatric Association, 1993;

Rush e Weissenburger, 1994; Thase e Friedman, 1999). Embora os resultados de alguns estudos iniciais sugiram que pacientes ambulatoriais gravemente deprimidos possam ser menos responsivos à TCC do que aqueles com depressão mais leve (Elkin et al., 1989; Thase et al., 1991), a depressão grave não é contraindicada para a aplicação da TCC isoladamente. De fato, os resultados de várias metanálises de dados individuais de pacientes provenientes de estudos clínicos comparativos sugerem que a probabilidade de pacientes mais gravemente deprimidos responderem à TCC é a mesma que a de responderem à farmacoterapia com antidepressivos (DeRubeis et al., 1999; Weitz et al., 2015). Além disso, vários estudos demonstraram que a adição da TCC à farmacoterapia resultou em melhora significativa em pacientes com formas graves, recorrentes, resistentes a tratamento ou crônicas do transtorno depressivo maior (Hollon et al., 2014; Rush et al., 2006; Thase et al., 1997, 2007; Watkins et al., 2011; Wiles et al., 2013; Wong, 2008).

TCC padrão

Várias modificações na TCC padrão foram recomendadas para pacientes com transtornos depressivos graves ou crônicos (Fava et al., 1994; Thase e Howland, 1994; Wright et al., 2009). Os métodos-padrão da TCC são descritos juntamente com exemplos em vídeo no livro *Terapia cognitivo-comportamental para doenças mentais graves* (Wright et al., 2009). Essas modificações são destinadas a adaptar os métodos comumente utilizados para a TCC, conforme conceitualizada originalmente por A.T. Beck e colaboradores (1979) e descrita neste livro, para o tratamento de depressão crônica e grave. Essas adaptações estão centradas em várias observações:

1. pacientes com depressão mais difícil de tratar podem ficar desanimados, desesperançados ou esgotados com o tratamento;
2. a depressão crônica está associada a um risco significativo de suicídio;
3. pessoas com depressão resistente a tratamento são afetadas por pensamento e atividade lentos, pouca energia e anedonia;
4. sintomas como ansiedade e insônia podem exigir atenção especial;
5. a depressão crônica é frequentemente associada a problemas interpessoais e sociais importantes, como conflito conjugal, perda de emprego ou dificuldades financeiras.

Os alvos da TCC estão resumidos no **Quadro 10.1**.

Abordar a desesperança e a desmoralização com as técnicas de TCC e com os métodos para a redução do risco de suicídio, detalhados no Capítulo 9, são elementos-chave da TCC para a depressão crônica. As modificações no tratamento também podem incluir uma ênfase desde cedo em estratégias comportamentais, como a programação de atividades e de eventos prazerosos, sobretudo quando o paciente estiver profundamente deprimido e tendo dificuldades com a intensa anedonia e muito pouca energia. O terapeuta pode usar a reestruturação cognitiva para tratar os padrões desadaptativos de pensamento, mas pode precisar trabalhar de forma intensiva para auxiliar o paciente a realizar essas intervenções nas sessões de terapia e, depois, como tarefa de casa. Os métodos de resolução

QUADRO 10.1 ALVOS EM POTENCIAL DA TCC PARA DEPRESSÃO RESISTENTE AO TRATAMENTO

• Desesperança • Redução do risco de suicídio • Anedonia • Pouca energia • Ansiedade	• Pensamentos automáticos negativos • Crenças desadaptativas • Problemas interpessoais • Não aderência à farmacoterapia

de problemas também podem ser voltados para as dificuldades sociais e interpessoais.

O momento certo e o ritmo das sessões de TCC para pacientes gravemente deprimidos devem ser compatíveis com o grau de sintomas e com a capacidade de participar da terapia. Para alguns pacientes, podem ser realizadas duas sessões semanais no início do processo de tratamento. Se a concentração for um problema significativo, sessões breves e frequentes de 20 a 25 minutos podem ser mais úteis do que as sessões convencionais de 45 a 50 minutos. Métodos para conduzir sessões mais curtas de TCC são descritos no livro *Terapia cognitivo-comportamental de alto rendimento para sessões breves: um guia ilustrado* (Wright et al., 2010).

Terapia do bem-estar

Fava e colaboradores (Fava, 2016; Fava e Ruini, 2003; Fava et al., 1997, 1998a, 1998b, 2002) desenvolveram a terapia do bem-estar (TBE), uma variante da TCC, como um método de tratar a depressão crônica e reduzir o risco de recaída. Eles descrevem duas conceitualizações de bem-estar: hedônico e eudaimônico (Fava, 2016; Fava e Ruini, 2003). Do ponto de vista *hedônico*, o bem-estar está associado a emoções positivas, como felicidade e prazer, além de satisfação com diversos domínios da vida de uma pessoa. O ponto de vista *eudaimônico* refere-se à satisfação pela autorrealização possível e alcançada. Na TBE, tais pontos de vista se combinam enquanto o terapeuta auxilia o paciente a tomar atitudes positivas em seis domínios-chave: controle ambiental, crescimento pessoal, propósito de vida, autonomia, autoaceitação e relações interpessoais.

Os métodos básicos da TBE estão intimamente ligados à TCC padrão. Por exemplo, métodos comportamentais, como programação de atividades, exposição graduada e resolução de problemas, são utilizados para promover o controle ambiental e o crescimento pessoal. Utiliza-se o exame de evidências ou outras técnicas cognitivas para gerar pensamentos e emoções mais positivos. Contudo, a TBE acrescenta métodos específicos que normalmente não são usados na TCC padrão. Por exemplo, nas fases iniciais da TBE, é pedido aos pacientes que mantenham um diário de bem-estar. Esse método é semelhante ao registro de pensamentos utilizado na TCC padrão, mas o foco está na identificação dos estados de bem-estar, e não nos pensamentos e nas emoções angustiantes. Os pacientes são treinados a tentar identificar sentimentos de bem-estar e ligar essas experiências a eventos em suas vidas. Depois de desenvolverem habilidades nessas funções básicas da TBE, passam para diários de bem-estar, identificando os pensamentos ou comportamentos que interrompem ou estragam os estados de bem-estar. Quando conseguem reconhecer os pensamentos (p. ex., pensamentos automáticos negativos, crenças nucleares desadaptativas) ou comportamentos (p. ex., foco excessivo no controle ou no trabalho, procrastinação) interferentes, eles são incentivados a se tornarem "observadores" que sugerem maneiras de nutrir e sustentar experiências de bem-estar.

Depois que os pacientes aprenderam a identificar e a sustentar estados de bem-estar, a próxima fase da TBE é trabalhar nos seis domínios de funcionamento (Fava, 2016). Os métodos-padrão da TCC são a plataforma básica para modificar cognições ou comportamentos que estejam interferindo no progresso em qualquer um dos domínios. Entretanto, o terapeuta pode empregar uma série de outros métodos, como aqueles descritos por Viktor Frankl (1959), para encontrar significado e propósito ou as estratégias da terapia interpessoal para intensificar os relacionamentos positivos com os outros. A principal diferença em relação à TCC padrão é a maior atenção à promoção do crescimento pessoal, à autorrealização e ao viver uma vida com propósito.

Sistema psicoterápico de análise cognitivo-comportamental

McCullough (1991, 2001) sugeriu um conjunto diferente de modificações da TCC para o trabalho com pacientes com transtornos depressivos crônicos. Sua abordagem, sistematizada como Sistema Psicoterápico de Análise Cognitivo-Comportamental (CBASP; McCullough, 2001), baseia-se em observações de que pessoas com depressão crônica desenvolvem dificuldades persistentes em definir e resolver problemas interpessoais. O método CBASP objetiva ensinar os pacientes a lidar de maneira eficaz com situações sociais, além de revisar as cognições disfuncionais. No entanto, é dada menos atenção à reestruturação cognitiva do que na abordagem da TCC padrão utilizada em outros estudos de TCC para depressão resistente a tratamento (Thase et al., 2007; Watkins et al., 2011; Wiles et al., 2013; Wong, 2008). Um grande estudo de formas crônicas de depressão encontrou um forte efeito aditivo para a combinação de CBASP e farmacoterapia (Keller et al., 2000), ao passo que um estudo que usou uma estratégia mais complexa de medicações deixou de documentar o benefício agregado (Kocsis et al., 2009). Aos leitores interessados na CBASP, indicamos McCullough (2001) para uma explicação detalhada sobre como implementar essa abordagem de tratamento para a depressão crônica.

Terapia cognitiva baseada em *mindfulness*

Outra abordagem, a terapia cognitiva baseada em *mindfulness* (TCBM), foi desenvolvida por John Teasdale, Zindel Segal e J. Mark Williams (Segal et al., 2002; Williams et al., 2007) para complementar as estratégias convencionais da TCC para a prevenção de recaída/recorrência. Assim como nas abordagens mais tradicionais à prevenção de recaída, a TCBM postula que as pessoas vulneráveis à depressão têm propensão a reagir a estressores ou sinais relevantes por processos cognitivos automáticos (p. ex., pensamentos automáticos negativos ou ativação de crenças nucleares depressivas). Ao contrário da TCC convencional, uma meta principal da TCBM é ensinar as pessoas a observarem e a aceitarem essas cognições negativas sem julgá-las ou tentar corrigi-las (Segal et al., 2002).

Somando-se aos métodos de redução de estresse baseados em *mindfulness* popularizados por Kabat-Zinn (1990), a TCBM ensina as pessoas a usarem a meditação e outras estratégias relacionadas para elevar a consciência sobre os pensamentos e sentimentos que são habitualmente associados aos estados depressivos e praticar a aceitação. Ocasionalmente chamada de ganho de consciência metacognitiva, essa estratégia descentralizadora ajuda o indivíduo a perceber e a aceitar os pensamentos e os sentimentos como ocorrências não permanentes e objetivas na mente, e não como fatos sobre seu verdadeiro *self*. Para além das evidências experienciais de que essa abordagem possa reduzir o sofrimento emocional e diminuir ou prevenir os sintomas depressivos, estudos que utilizaram neuroimagens daqueles que praticam meditação *mindfulness* mostram melhoras nos mecanismos relacionados com a regulação das emoções e com o controle da atenção (p. ex., ver Ives-Deliperi et al., 2013).

A TCBM normalmente é conduzida em grupos que podem variar desde um tamanho mais tradicional (p. ex., 4 a 6 participantes) até um auditório repleto de participantes. Os protocolos mais bem estudados de TCBM para prevenção de recaída depressiva têm geralmente 8 semanas de duração, com sessões de 1 a 2 horas. Alguns programas começam a terapia com um *workshop* introdutório de um dia inteiro. Assim como na TCC convencional, há grande ênfase no valor da tarefa de casa para praticar as habilidades em situações do mundo real. Estão surgindo evidências que sugerem que a quantidade de tempo gasto na prática das estratégias de TCBM é um moderador-chave do benefício terapêutico.

Com respeito à eficácia na prevenção de recaídas ou recorrências depressivas, foi conduzida uma metanálise dos resultados de nove estudos controlados com um total combinado de 1.258 pacientes (Kuyken et al.,

2016). Os autores constataram que a TCBM reduziu significativamente o risco de recaída depressiva quando comparada com aqueles que não receberam esse mesmo tratamento. Não obstante, os resultados de um grande estudo conduzido por Huijbers e colaboradores (2016) indicaram que a TCBM não normaliza totalmente o risco de recaída/recorrência após a descontinuação dos antidepressivos. Pacientes que suspenderam os antidepressivos apresentaram um risco de recaída/recorrência de mais de 25% do que aqueles que permaneceram tomando a medicação.

TRANSTORNO BIPOLAR

Evidências convergentes estabeleceram que:

1. apenas uma minoria de pacientes com transtorno bipolar responde às farmacoterapias padronizadas por longos períodos de remissão;
2. a não aderência ao tratamento medicamentoso é uma causa importante de recaída;
3. o estresse aumenta a probabilidade de episódios da doença, ao passo que o apoio social tem efeitos benéficos;
4. a maioria das pessoas com transtorno bipolar tem de enfrentar altos níveis de estresse devido a dificuldades conjugais ou relacionais, desemprego ou subemprego, períodos de total incapacidade e outros problemas que comprometem a qualidade de vida.

Assim, há múltiplos motivos para avaliar os benefícios potenciais da TCC e outras psicoterapias para pessoas com transtorno bipolar.

Os resultados gerais das pesquisas sobre a efetividade da TCC para o transtorno bipolar têm sido positivos. Embora um grande estudo (Scott et al., 2006) tenha constatado que a TCC era mais útil do que o tratamento habitual apenas para aqueles pacientes com menos de 12 episódios e outro estudo (Parikh et al., 2012) tenha relatado que a TCC não era melhor do que a psicoeducação, a maioria das investigações tem observado benefícios na redução dos sintomas, diminuindo o tempo para a recuperação e/ou melhorando o funcionamento dos pacientes (Gregory, 2010; Isasi et al., 2010; Jones et al., 2015; Lam et al., 2003; Miklowitz et al., 2007a, 2007b; Szentagotai e David, 2010). Por exemplo, o estudo multicêntrico do Systematic Treatment Enhancement Program for Bipolar Disorder (STEP-BD; Programa Sistemático de Melhoria do Tratamento para Transtorno Bipolar) constatou que a TCC melhorou mais o funcionamento total, o funcionamento nos relacionamentos e a satisfação com a vida do que a farmacoterapia isoladamente (Miklowitz et al., 2007b), e Jones e colaboradores (2015) relataram melhor recuperação e maior tempo até a recaída em pacientes com transtorno bipolar.

Basco e Rush (1996) e Newman e colaboradores (2002) desenvolveram métodos abrangentes de TCC para o transtorno bipolar. Esses métodos são explicados e demonstrados em vídeos no livro *Terapia cognitivo-comportamental para doenças mentais graves: um guia ilustrado* (Wright et al., 2009). A TCC do transtorno bipolar começa com o pressuposto de que a farmacoterapia com um estabilizador de humor (e possivelmente uma medicação antipsicótica atípica) é uma pré-condição necessária à eficácia do tratamento; a psicoterapia é, assim, vista como tendo um papel adjuvante ou intensificador do tratamento. Embora se possa fazer uma tentativa de utilizar apenas a TCC para pacientes deprimidos bipolares que recusam a farmacoterapia, recomendamos o uso concomitante de lítio, divalproato ou outro estabilizador de humor ou medicação antipsicótica atípica com efeitos profiláticos comprovados contra a mania.

As metas da TCC no transtorno bipolar estão resumidas no **Quadro 10.2**. Cada meta é mais profundamente discutida no texto a seguir.

A primeira meta é desenvolver a **psicoeducação** sobre o transtorno bipolar. O processo

QUADRO 10.2 METAS DA TCC PARA O TRANSTORNO BIPOLAR
1. Educar o paciente e a família sobre o transtorno bipolar.
2. Ensinar o automonitoramento.
3. Restabelecer a rotina do ritmo circadiano.
4. Desenvolver estratégias de prevenção de recaídas.
5. Intensificar a aderência aos tratamentos medicamentosos.
6. Aliviar os sintomas por meio de métodos cognitivos e comportamentais.
7. Desenvolver um plano para o controle de longo prazo do transtorno bipolar.

de psicoeducação inclui ensinar ao paciente sobre:

1. a biologia do transtorno bipolar;
2. a farmacoterapia desse transtorno (se o profissional for também médico ou da área de enfermagem);
3. os efeitos do estresse na expressão dos sintomas;
4. o impacto das alterações do sono e da atividade no bem-estar;
5. os elementos cognitivos e comportamentais tanto da depressão como da mania.

O envolvimento no **automonitoramento** é a segunda meta da TCC para o transtorno bipolar. Logo no início do curso da terapia, ensina-se aos pacientes a monitorar várias manifestações de sua doença (p. ex., sintomas, atividades e humor). O automonitoramento tem diversos propósitos:

1. auxiliar a separar os aspectos sintomáticos da doença dos estados de humor e comportamentos normais;
2. avaliar como a doença afeta o dia a dia do paciente;
3. desenvolver um sistema de alerta para sinais de recaída;
4. identificar alvos para a intervenção psicoterápica.

Como as pessoas com transtorno bipolar têm propensão para viver estilos de vida caóticos e desorganizados e ter dificuldade para dormir, a terceira meta da TCC concentra-se nos esforços para **promover a regularidade** na programação diária. O monitoramento e a programação de atividades podem incluir metas de ter horários consistentes para ir para cama e levantar-se nos sete dias da semana, além de horários regulares para as refeições e outras atividades comuns.

Desenvolver estratégias de prevenção de recaídas é a quarta e crucial meta da TCC para o transtorno bipolar. Um método utilizado é a produção de um registro personalizado para o resumo dos sintomas, o qual delineie claramente as mudanças que o paciente e sua família observam quando ele está começando a dar os primeiros sinais de alerta de mania ou depressão. Esse registro é empregado como um sistema de aviso precoce para identificar mudanças de humor ou comportamento antes de ocorrer um episódio grave. O terapeuta, então, auxilia o paciente a planejar estratégias cognitivas e comportamentais voltadas para a limitação ou a reversão da progressão dos sintomas. Por exemplo, uma tendência a pensar em esquemas para ganhar dinheiro rapidamente pode ser combatida com uma lista de vantagens e desvantagens de se perseguir essas ideias e um plano comportamental para relatá-las ao terapeuta antes de começar a agir.

A **Figura 10.1** ilustra um formulário de resumo dos sintomas para um homem com sintomas hipomaníacos e maníacos. Esse homem de 33 anos com transtorno bipolar conseguiu colocar no papel as mudanças específicas que normalmente ocorriam quando ele começava a entrar em um episódio maníaco. Instruções detalhadas sobre como aplicar essa técnica e outros métodos da TCC para a prevenção de recaídas podem ser encontradas em Basco e Rush (2007).

Sintomas leves	Sintomas moderados	Sintomas severos
Começo a pensar em ideias e esquemas para ganhar muito dinheiro, mas não faço nada a respeito.	*Estou ativamente procurando invenções ou investimentos que renderão muito dinheiro ou que me tornarão famoso.*	*Tento retirar dinheiro do FGTS, conseguir empréstimos ou encontrar alguma outra maneira de conseguir dinheiro para investir em um grande negócio ou abrir um novo negócio.*
Posso ter problemas para adormecer porque minha cabeça está cheia de ideias, mas eu tento dormir sete horas para estar descansado para ir trabalhar.	*Eu postergo ir para a cama por uma ou duas horas depois do horário normal. Estou muito ocupado com outras coisas para querer dormir.*	*Durmo apenas de 2 a 4 horas por noite.*
Sinto-me mais vivo do que o habitual. Não me importo tanto com meus problemas do dia a dia. Quero me divertir.	*Saio muito à noite e ignoro os relatórios de trabalho e planejamento estratégico que eu deveria estar fazendo em casa. Não bebo demais, mas realmente tomo três ou quatro cervejas quando saio com os amigos.*	*Gasto dinheiro demais com diversão, indo a restaurantes chiques, etc. Dei-me ao luxo de pegar um avião até Nova York para passar o fim de semana e ultrapassei o limite de meus cartões de crédito.*
Estou mais criativo do que o habitual. As ideias simplesmente me vêm.	*Estou muito acelerado. Não presto atenção a outras pessoas. Cometo erros no trabalho porque não presto atenção.*	*Estou realmente animado. Estou pensando em tantas coisas diferentes que fico pulando de uma para outra.*
Estou um pouco mais irritado do que o habitual. Não tenho muita tolerância com pessoas que acho que são preguiçosas. Estou sendo mais crítico em relação à minha namorada do que o habitual.	*Entro em muitas discussões no trabalho e com minha namorada.*	*Estou insuportável.*
As pessoas que eu conheço bem (minha namorada e minha mãe) me dizem que preciso desacelerar. Elas dizem que estou falando mais rápido e que pareço estar ligado na tomada.	*Estou definitivamente falando mais rápido e mais alto que o habitual. Os outros parecem ficar irritados com o jeito como falo com eles.*	*Estou falando rápido demais. Frequentemente, sou mal--educado. Interrompo os outros e começo a gritar nas conversas.*

FIGURA 10.1 Formulário de resumo dos sintomas de um paciente: um exemplo de sintomas hipomaníacos e maníacos.

A quinta meta da TCC para o transtorno bipolar é uma das mais importantes: **aumentar a aderência à farmacoterapia**. Do ponto de vista da TCC, a não aderência é um problema comum e compreensível que frequentemente complica o tratamento de transtornos crônicos. A aderência ao tratamento pode ser intensificada ao se identificar os obstáculos para a ingestão regular da medicação e, em seguida, ao se abordar sistematicamente tais barreiras. O Guia de resolução de problemas 5 traz dicas úteis para promover a aderência ao tratamento em todos os transtornos psiquiátricos.

A sexta meta é o **alívio dos sintomas por meio de intervenções cognitivo-comportamentais**. Os métodos utilizados para abordar sintomas depressivos são os mesmos da TCC padrão. Ao tratar sintomas hipomaníacos, o terapeuta pode se concentrar na prática de estratégias comportamentais para tratar a insônia, a superestimulação, a hiperatividade e a fala apressada. Por exemplo, os métodos da TCC para insônia (reduzir as distrações no ambiente onde se dorme, instruir sobre padrões saudáveis de sono e praticar a interrupção de pensamentos ou distrações mentais para diminuir a taxa de pensamentos intrusivos ou acelerados) demonstraram ser eficazes para restaurar padrões normais de sono (Siebern e Manber, 2011; Taylor e Pruiksma, 2014). Além disso, pode-se estabelecer metas comportamentais para reduzir atividades estimulantes ou monitorar e controlar o fluxo da fala.

Podem ser utilizados métodos de reestruturação para ajudar indivíduos hipomaníacos a identificarem e modificarem o modo distorcido de pensar (Newman et al., 2002). Exemplos dessas intervenções são:

1. identificar erros cognitivos do paciente (p. ex., maximizar a própria percepção de competência ou poder, ignorar riscos, hipergeneralizar uma característica positiva para dar uma visão mais grandiosa de si mesmo);
2. utilizar técnicas de registro de pensamentos para reconhecer cognições de expansividade ou irritabilidade;
3. listar as vantagens e as desvantagens para avaliar as implicações de se apegar a uma crença ou previsão excessivamente positiva.

A sétima meta da TCC para o transtorno bipolar é **ajudar os pacientes no controle da doença por um longo prazo**, incluindo fazer modificações no estilo de vida, enfrentar e lidar com o estigma e manejar de maneira mais eficaz os problemas estressantes da vida. Nessas capacidades, a TCC distingue-se de modelos de terapia de apoio pelo uso continuado da monitoração do humor e de atividades, uma abordagem gradual para solução de problemas e métodos cognitivos, como ponderar as evidências para nortear a tomada de decisão.

TRANSTORNOS DA PERSONALIDADE

É possível que de 30 a 60% dos pacientes com transtornos de humor e de ansiedade também preencham os critérios para um ou mais transtornos da personalidade relacionados no DSM-5 (American Psychiatric Association, 2013; Grant et al., 2005). Embora nem todos os estudos estejam em concordância, os transtornos da personalidade normalmente têm prognóstico negativo, diminuindo a probabilidade de resposta ao tratamento para transtornos de humor e de ansiedade, tornando a recuperação mais lenta ou aumentando a probabilidade de recaídas (Thase, 1996). É interessante que os achados de vários estudos da TCC para o transtorno depressivo maior sugerem que o transtorno da personalidade comórbido pode não afetar adversamente a resposta à terapia (Shea et al., 1990; Stuart et al., 1992). Embora esses estudos não tenham levado em conta pacientes com transtornos da personalidade mais graves, os achados sugerem que os métodos estruturados utilizados na TCC podem ser particularmente adequados para pacientes com transtornos da personalidade.

A presença de um transtorno da personalidade geralmente se evidencia no início da idade adulta. Contudo, a patologia da personalidade não é um processo estático, podendo ser exagerado pela ansiedade (p. ex., maior evitação), depressão (p. ex., maior dependência ou exacerbação de traços *borderline*) ou hipomania (p. ex., maiores traços narcisistas ou histriônicos). Se seu paciente se apresentar para o tratamento de depressão ou ansiedade, geralmente é recomendável adiar a avaliação definitiva de transtornos da personalidade até resolver pelo menos parcialmente o transtorno de humor ou de ansiedade. Às vezes, as evidências clínicas de um transtor-

Guia de resolução de problemas 5

Problemas de aderência à farmacoterapia

1. **Aderência não avaliada regularmente.** Você pode se surpreender com a frequência com que as pessoas deixam de tomar as doses das medicações. Estudos constataram que pacientes com transtorno bipolar ou depressão unipolar apresentam taxas de não aderência de cerca de 50% (Akincigil et al., 2007; Keck et al., 1997). Portanto, é uma boa ideia questionar rotineiramente sobre a aderência, mesmo com pacientes que você supõe que estejam tomando a medicação conforme a prescrição. Faça perguntas que convidem o paciente a falar sobre sua medicação de maneira colaborativa. Por exemplo, você poderia perguntar: "Como vai sua medicação, está tomando direitinho? Você está tendo problemas para tomá-la regularmente? Qual é a porcentagem da medicação que você acha que toma a cada semana?".
2. **O paciente tem pensamentos negativos sobre tomar medicação.** Incentive seu paciente a se abrir para a possibilidade de que a ingestão irregular da medicação pode representar uma daquelas cadeias de "pensamentos/sentimentos/comportamentos" que podem ser abordados na terapia. Pode ser usada uma tarefa de casa para acompanhar tais pensamentos e examiná-los utilizando os métodos-padrão da TCC (p. ex., verificação de erros cognitivos, uso de registro de pensamentos). Entre os pensamentos mais comuns associados aos problemas de aderência, estão "sinto-me bem, então não preciso mais desta medicação... Eu deveria conseguir fazer isso sozinho... Detesto esta medicação porque me faz [preencha com os efeitos colaterais mais desagradáveis]".
3. **A medicação não está ajudando.** Um dos motivos mais citados para a falta de aderência é a conclusão do paciente de que a medicação não está funcionando ou que é pouco provável que funcione. Se o regime farmacoterápico não for eficaz, o terapeuta (se for o prescritor) precisa pensar em modificações no plano de tratamento. Contudo, os pacientes podem se beneficiar pelo ensino sobre o tempo que certas medicações levam para começar a funcionar. Você pode encorajá-los a falar sobre suas preocupações com a efetividade antes de interromper o tratamento por conta própria. A desesperança e o pessimismo com os quais são vistos os possíveis benefícios da medicação podem ser modificados com os métodos da TCC.
4. **O paciente se critica pela falta de aderência e pode ter vergonha de admitir seus problemas para tomar a medicação.** Normalmente, é bom normalizar as dificuldades de aderência. Discuta como são comuns esses problemas para tomar as medicações em diversas doenças. Você pode usar de uma revelação pessoal adequada para mostrar que também já passou por momentos em que não conseguiu tomar alguma medicação perfeitamente. Talvez possa compartilhar alguma história sobre quando precisou tomar antibióticos e, no final dos 7 a 10 dias, algumas doses ficaram esquecidas. Pode ser bom pensar na aderência à medicação dentro de um *continuum* de sucesso, e não como nuances de preto ou branco.
5. **O paciente tem dificuldades com o complicado regime medicamentoso.** Quanto maior o número de medicações prescritas e quanto maior a frequência em que as medicações são tomadas, maior será a probabilidade de erros, enganos e omissões. Hoje, a maioria dos pacientes com transtorno bipolar está tomando duas, três, quatro ou até mais medicações psicotrópicas. Busquem juntos maneiras de otimizar o regime medicamentoso. Caso você não seja o médico prescritor, determine se seu paciente precisa de ajuda para negociar alterações.
6. **Esquecimento.** Quando o esquecimento é um problema, busque soluções juntamente com seu paciente. Por exemplo, medicações tomadas uma vez ao dia podem ser programadas junto com um evento regular, como ao escovar os dentes (de manhã ou antes de dormir) ou no café da manhã. Pode ser usado um porta-comprimidos do dia ou da semana. Além disso, a maioria das pessoas tem acesso a uma ou mais formas de tecnologia que podem ser usadas para fornecer lembretes discretos.

no da personalidade não são visíveis até que o tratamento já tenha sido iniciado. Em tais casos, seu plano de tratamento pode precisar ser revisado.

O modelo da TCC para o tratamento de transtornos da personalidade coloca seu foco nas interações entre as crenças ou os esquemas do indivíduo que norteiam o comportamento, as estratégias interpessoais disfuncionais (e geralmente excessivas) e as influências ambientais (A.T. Beck et al., 2015; J.S. Beck, 2011). Acredita-se que os transtornos da personalidade são influenciados por experiências adversas durante o desenvolvimento. Young e colaboradores (2003) descreveram cinco áreas temáticas:

1. desconexão e rejeição;
2. autonomia e desempenho prejudicados;
3. limites prejudicados;
4. orientação para o outro;
5. hipervigilância e inibição.

Em geral, a terapia de transtornos da personalidade utiliza muitos dos mesmos métodos desenvolvidos para o tratamento de transtornos de humor e de ansiedade, mas com maior ênfase no trabalho com os esquemas e no desenvolvimento de estratégias de enfrentamento mais eficazes (J.S. Beck, 2011). Outras diferenças entre a TCC para o tratamento de transtornos da personalidade e para o de depressão e ansiedade são as seguintes:

1. a terapia normalmente é mais longa (i.e., um ano ou mais);
2. é dada mais atenção à relação terapêutica e às reações de transferência no trabalho em direção à mudança;
3. é necessária a prática repetida de métodos da TCC para modificar problemas crônicos relativos ao conceito de si mesmo, aos relacionamentos com os outros, à regulação emocional e às habilidades sociais.

Algumas das crenças nucleares predominantes, crenças compensatórias e estratégias comportamentais comuns associadas aos transtornos da personalidade específicos são apresentadas no **Quadro 10.3**. Uma vez identificado um esquema ou uma crença nuclear problemática, estratégias da TCC, como o exame de evidências e a consideração de explicações alternativas, podem ser implementadas.

QUADRO 10.3 TRANSTORNOS DA PERSONALIDADE: CRENÇAS E ESTRATÉGIAS

Transtorno da personalidade	Crença nuclear sobre si mesmo	Crença sobre os outros	Pressupostos	Estratégia comportamental
Esquiva	Sou indesejável.	Os outros vão me rejeitar.	Se conhecerem meu verdadeiro "eu", as pessoas vão me rejeitar. Se eu usar uma fachada, elas talvez me aceitem.	Evitar a intimidade.
Dependente	Sou uma pessoa desamparada.	Os outros devem cuidar de mim.	Se eu ficar por minha conta, vou fracassar. Se eu contar com os outros, vou sobreviver.	Contar com os outros.
Obsessivo-compulsiva	Meu mundo pode sair do controle.	Os outros podem ser irresponsáveis.	Se eu não estiver no controle total, meu mundo pode desabar. Se eu impuser regras e estruturas rígidas, as coisas ficarão bem.	Manter o controle de mim mesmo e dos outros.

(Continua)

QUADRO 10.3 TRANSTORNOS DA PERSONALIDADE: CRENÇAS E ESTRATÉGIAS (*Continuação*)

Transtorno da personalidade	Crença nuclear sobre si mesmo	Crença sobre os outros	Pressupostos	Estratégia comportamental
Paranoide	Sou vulnerável.	Os outros são mal-intencionados.	Se eu confiar nos outros, eles vão me prejudicar. Se eu mantiver minha guarda, posso me proteger.	Ser desconfiado.
Antissocial	Posso fazer o que eu quiser.	Os outros não têm importância.	Se eu explorar os outros, vou conseguir o que eu quero.	Explorar os outros.
Narcisista	Sou superior (uma crença subjacente pode ser "sou inferior").	Os outros são inferiores (uma crença nuclear subjacente pode ser "os outros são superiores").	Se os outros não me virem de uma maneira especial, isso significa que me consideram inferior. Se eu conquistar o que me é de direito, isso mostra que sou especial.	Exigir tratamento especial.
Histriônica	Não sou ninguém.	Os outros podem não me valorizar apenas por mim mesmo.	Se eu não for divertido, os outros não se sentirão atraídos por mim. Se eu for dramático, vou atrair a atenção e a aprovação dos outros.	Entreter.
Esquizoide	Sou um desajustado social.	Os outros não têm nada a me oferecer.	Se eu mantiver distância dos outros, vou me sair melhor. Se eu tentar ter relacionamentos, não vai dar certo.	Distanciar-se dos outros.
Esquizotípica	Sou cheio de defeitos.	Os outros são uma ameaça para mim.	Se eu perceber que os outros têm um sentimento negativo em relação a mim, isso deve ser verdade. Se eu for desconfiado, vou conseguir detectar suas verdadeiras intenções.	Supor motivações ocultas.
Borderline	Sou cheio de defeitos. Sou uma pessoa desamparada. Sou vulnerável. Sou mau.	Os outros vão me abandonar. As pessoas não são confiáveis.	Se eu contar comigo mesmo, não vou sobreviver. Seu eu confiar nos outros, eles vão me abandonar. Se eu contar com os outros, vou sobreviver, mas vou acabar sendo abandonado.	Vacilar entre extremos de comportamento.

Fonte: adaptado de Beck, J.S.: "Cognitive Approaches to Personality Disorders", in: *American Psychiatric Press Review of Psychiatry*, vol. 16. Editado por Dickstein, L.J.; Riba, M.B.; Oldham, J.M. Washington, DC, American Psychiatric Press, 1997, pp. 73-106. Copyright 1997 American Psychiatric Press. Usado com permissão.

Terapia comportamental dialética

A terapia comportamental dialética (DBT) de Linehan (1993) é uma das principais adaptações da TCC para os transtornos da personalidade. Desenvolvida especificamente para o tratamento de indivíduos com transtorno da personalidade *borderline*, a DBT distingue-se por quatro características-chave:

1. aceitação e validação do comportamento da pessoa naquele momento;
2. ênfase na identificação e no tratamento de comportamentos que interferem na terapia;
3. uso da relação terapêutica como veículo essencial para a mudança de comportamento;
4. foco nos processos dialéticos (definidos a seguir nesta seção).

As evidências de ensaios clínicos controlados randomizados (Bohus et al., 2004; Linehan e Wilks, 2015; Linehan et al., 1991; Robins e Chapman, 2004) demonstram que a DBT pode reduzir efetivamente o comportamento autodestrutivo e parassuicida, um achado que tem estimulado a ampla utilização desses métodos na prática clínica. A DBT também foi adaptada com sucesso para o trabalho com pacientes com transtornos alimentares e de abuso de substâncias, bem como da personalidade (Linehan e Wilks, 2015; Linehan et al., 2002; Palmer et al., 2003).

Além de auxiliar a dar nome à DBT, o termo *dialético* descreve os alicerces básicos dessa abordagem. Linehan (1993) escolheu esse termo para descrever uma abordagem holística à psicopatologia, aproximando-se tanto da filosofia ocidental como da oriental. Em vez de ver o comportamento disfuncional simplesmente como um sintoma de uma doença, a DBT segue o princípio de que mesmo o comportamento muito problemático serve a certas funções. Por exemplo, a manobra do paciente de dividir os diversos profissionais ou cuidadores pode minimizar (pelo menos em curto prazo) as chances de receber críticas e comentários não desejados e maximizar as chances de obter o resultado desejado. Uma estratégia semelhante é, às vezes, referida no mundo dos negócios como "acender uma vela a Deus e outra ao diabo". O progresso na terapia inclui ajudar o paciente a reconhecer seus objetivos finais e a ser capaz de considerar e implementar, por fim, métodos alternativos mais socialmente aceitáveis de conquistar esses objetivos.

A DBT também se destina a treinar o paciente na aquisição de uma melhor percepção de equilíbrio entre objetivos concorrentes; por exemplo, entre aceitação e mudança, flexibilidade e estabilidade ou entre chamar a atenção e obter autonomia. Práticas de *mindfulness* (atenção plena) são comumente usadas para ajudar a alcançar esses objetivos (ver seção "Terapia cognitiva baseada em *mindfulness*", anteriormente neste capítulo). O conceito de *mindfulness* em DBT refere-se a ensinar os pacientes a se concentrarem melhor na atividade do momento (i.e., observar, descrever e participar), em vez de serem inundados por fortes emoções (Linehan, 1993). Os terapeutas também utilizam métodos comportamentais da TCC (descritos no Capítulo 7), como o treinamento de relaxamento, a interrupção de pensamentos e o retreinamento da respiração para auxiliar os pacientes no controle de emoções dolorosas. Além disso, são empregadas estratégias de treinamento de habilidades sociais, incluindo o ensaio cognitivo e comportamental, a fim de auxiliar os pacientes a aprenderem métodos mais eficazes de lidar com os embates interpessoais.

TRANSTORNOS DE ABUSO DE SUBSTÂNCIAS

As evidências da utilidade das terapias cognitivas e comportamentais para os transtornos de abuso de substâncias aumentaram desde que os primeiros estudos foram conduzidos nas décadas de 1980 e 1990 (p. ex., Carroll et al., 1994, Woody et al., 1984). Embora nem todos os estudos tenham produzido resultados inequivocamente positivos (p. ex., ver Crits-

-Christoph et al., 1999; Projeto do Grupo de Pesquisas MATCH, 1998), o peso das evidências confirma o uso da TCC como parte de um programa abrangente de tratamento para o transtorno de uso de álcool e outros transtornos de uso de substâncias (Carroll, 2014). Como mostra a **Figura 10.2**, o modelo de TCC para abuso de substâncias reconhece o caráter altamente interdependente e recíproco dos afetos, comportamentos e cognições associados ao uso problemático de drogas ou álcool. Embora haja diferenças sociodemográficas, fisiológicas e clínicas importantes entre os diversos transtornos de uso de substâncias, o modelo cognitivo-comportamental postula que um processo subjacente em comum liga o ato de usar substâncias intoxicantes a crenças subjacentes, desejos e fissuras evocados por deixas e pensamentos automáticos negativos (A.T. Beck et al., 1993; Thase, 1997).

Várias tarefas importantes precedem o início da terapia formal com a TCC para o abuso de substâncias. Primeiro, se o transtorno de uso de substâncias se caracterizar por uma síndrome de abstinência potencialmente perigosa, pode ser necessária a hospitalização em um programa de desintoxicação com supervisão médica. Depois, deve-se avaliar se o paciente está pronto para a mudança (Prochaska e DiClemente, 1992). A motivação para a terapia deve ser entendida como ocorrendo em um *continuum*, partindo da pré-contemplação (i.e., "Eu não tenho um problema – simplesmente fui pego dirigindo depois de beber um pouco a mais"), passando pela contemplação e pela preparação até chegar à ação. Os métodos de entrevista motivacional (Miller et al., 2004; Strang e McCambridge, 2004) são especialmente adequados para auxiliar os pacientes a passarem dos estágios de pré-contemplação e contemplação para os de preparação e ação. Uma terceira pré-condição é estabelecer um contrato de abstinência. De modo específico, os pacientes devem se comprometer a não comparecer às sessões sob o uso de drogas ou álcool e os terapeutas precisam aprender a se sentirem confortáveis em dizer "não, hoje não", quando esse contrato for violado.

Um aspecto importante do modelo da TCC é ajudar o paciente a reconhecer que suas premências e fissuras de beber álcool ou usar

FIGURA 10.2 Modelo cognitivo-comportamental do abuso de substâncias.
Fonte: adaptada de Thase, 1997.

drogas geralmente estão associadas à ativação de crenças relevantes sobre o abuso de drogas ou álcool. As cognições relativas ao abuso de substâncias podem ocorrer quase simultaneamente em resposta aos gatilhos relevantes para o indivíduo (i.e., "pessoas, lugares e coisas" popularizados pelos Alcoólicos Anônimos). Embora a distinção seja algo artificial, as premências podem ser conceitualizadas como as predisposições cognitivas e comportamentais para usar drogas ou álcool, ao passo que as fissuras são as experiências afetivas e fisiológicas que acompanham as premências. Além dos gatilhos situacionais, como passar por um bar ou assistir a um comercial de televisão, premências e fissuras também podem ser ativadas por devaneios, lembranças ou emoções disfóricas (mais comumente raiva, ansiedade, tristeza ou mesmo tédio). Exemplos de crenças relevantes para o início ou a manutenção dos transtornos por abuso de substâncias são apresentados no **Quadro 10.4**.

À medida que a frequência e a intensidade do abuso de substâncias aumentam, mais mudanças cognitivas podem desempenhar um papel na evolução do transtorno. Por exemplo, pode haver uma tendência para desvalorizar crenças sobre metas e conquistas mais convencionais, incluindo o desejo de manter o amor, o apoio e a aprovação das pessoas importantes. Da mesma forma, crenças sobre as consequências adversas das drogas e do álcool tendem a ser minimizadas, e as atitudes pertinentes aos efeitos positivos de beber ou usar drogas são exageradas. Crenças secundárias ou permissivas (p. ex., "Posso ficar alto essa última vez e retomar meu programa de abstinência amanhã" e "Quando começo a usar, não consigo parar – então, posso muito bem ir em frente e curtir") também tendem a se desenvolver. Tais crenças ajudam a explicar a tendência muito comum de um único uso ou lapso evoluir para uma franca recaída.

A terapia, portanto, segue em duas direções simultâneas:

1. alcançar e manter a sobriedade;
2. identificar e modificar as crenças relevantes que predispõem e mantêm o uso problemático de substâncias (ver A.T. Beck et al., 1993).

Conforme se obtém sucesso nessas áreas, podem ser abordadas outras metas da terapia de alcance mais amplo, incluindo mudanças vocacionais e no estilo de vida. O pilar da TCC bem-sucedida para o abuso de substâncias é a prevenção da recaída (Marlatt e Gordon, 1985). Os métodos de prevenção de recaídas tanto incluem estratégias comportamentais para minimizar a probabilidade de enfrentar premências e fissuras quanto exercícios de reestruturação cognitiva para combater pensamentos negativos distorcidos sobre beber ou usar drogas. Em geral, também é uma boa ideia incentivar os pacientes a participarem de programas de autoajuda, como os Alcoólicos Anônimos.

TRANSTORNOS ALIMENTARES

A TCC tornou-se aceita como um dos principais métodos de tratamento para os transtornos alimentares, e muitas revisões e metanálises concluíram que há fortes evidências da

QUADRO 10.4 EXEMPLOS DE CRENÇAS SOBRE O ABUSO DE SUBSTÂNCIAS

- Não tenho nenhum controle sobre as minhas fissuras.
- O único jeito de lidar com a fissura é "curtir".
- Não consigo aprender a parar de beber – isso faz parte de quem eu sou.
- As pessoas que param de usar têm força de vontade, coisa que me falta.
- A vida fica chata se você não ficar "alto".
- Já estraguei minha vida, então o que tenho que fazer é seguir em frente e ficar "alto".
- Posso parar depois – ainda não estou pronto.

efetividade da TCC para a bulimia nervosa e para o transtorno de compulsão alimentar (Hay et al., 2014; Hofmann et al., 2012; McElroy et al., 2015; Vocks et al., 2010). No entanto, a efetividade da TCC para a anorexia nervosa ainda não foi estabelecida (Hay et al., 2015), recomendando-se uma abordagem multidimensional que inclua elementos médicos, nutricionais e cognitivo-comportamentais (Hay et al., 2014, 2015).

O modelo de TCC para tratar transtornos alimentares baseia-se na noção de que crenças disfuncionais sobre a magreza e a insatisfação resultante com a forma e o peso corporais norteiam e mantêm o comportamento alimentar anormal e suas características associadas, como purgação e abuso de laxantes, diuréticos e remédios para emagrecer. Os padrões contemporâneos da sociedade que reforçam metas não realistas em relação à magreza interagem com as vulnerabilidades individuais (p. ex., perfeccionismo, dificuldade de regular os sentimentos ou propensão para a depressão) no desenvolvimento desses quadros.

Antes de trabalhar com um indivíduo com transtorno alimentar, pode ser bom revisar os resultados do clássico estudo de Keys e colaboradores (Keys, 1950; Taylor e Keys, 1950), que examinou os efeitos da "semi-inanição" nas atitudes e nos comportamentos de homens jovens saudáveis. Embora esses voluntários praticamente não corressem nenhum risco de desenvolver espontaneamente um transtorno alimentar, durante o curso da restrição calórica marcante e da perda significativa de peso, eles desenvolveram preocupações com a comida, tiveram a libido diminuída, perturbações de sono e humor e intolerância ao frio. Quando a restrição calórica experimental terminou, eles desenvolveram comportamento de compulsão e purgação, acumulação de alimentos e sensações desordenadas de fome e saciedade. A maioria dos indivíduos recuperou o peso acima do que havia perdido e levou semanas para se estabilizar totalmente. Essas observações salientam o fato de que qualquer que seja a vulnerabilidade do indivíduo, o processo de sentir fome e de comportamento alimentar desordenado pode ter um papel significativo na manutenção do transtorno alimentar.

A abordagem da TCC é necessariamente multimodal e inclui aconselhamento nutricional, além de psicoeducação, automonitoração e intervenções cognitivas e comportamentais. Em geral, é uma boa ideia trabalhar com um nutricionista experiente. Um objetivo inicial do tratamento é determinar, de maneira colaborativa, uma faixa de peso almejado e um plano de refeições. É imperativo que seja identificada uma meta realista e que seja implementado um método consistente para que o peso seja monitorado. Em geral, é suficiente medir o peso semanalmente. Um plano de refeições em geral consiste em três refeições regulares e pelo menos dois lanches, dividindo-se as calorias para minimizar as sensações de fome. Durante a negociação dessas combinações de tratamento, você terá grandes oportunidades de discutir qualquer preocupação do paciente de que o plano não dê certo. Além disso, compartilhar os fatos sobre a inutilidade das estratégias comuns que supostamente facilitam a perda de peso, como purgar ou usar laxantes, é um aspecto importante da psicoeducação.

A automonitoração, inicialmente, requer o acompanhamento dos horários das refeições e do comportamento alimentar problemático, bem como de potenciais sinais e gatilhos ambientais. Posteriormente, são utilizados registros de três colunas para ajudar a estabelecer as ligações entre pensamentos negativos, sentimentos disfóricos e comportamento alimentar problemático. São aplicadas várias estratégias para mudar ou, se necessário, evitar respostas aos gatilhos. A prevenção de resposta (ver Capítulo 7) é uma ferramenta importante para auxiliar os pacientes a aprenderem a prolongar o intervalo entre a premência (i.e., comer compulsivamente, purgar ou restringir) e o comportamento problemático. São, então, empregados exercícios de reestruturação cognitiva para facilitar que os pacientes lidem com pensamentos negativos distorcidos sobre as consequências de não se envolver em comportamentos alimentares desordenados.

ESQUIZOFRENIA

A esquizofrenia está associada a uma probabilidade significativamente maior de incapacidade e uma probabilidade menor de períodos de remissão total e sustentada do que a maioria dos outros transtornos psiquiátricos graves, incluindo o transtorno bipolar do tipo I. O caráter crônico dessa doença devastadora proporcionou um impulso para o desenvolvimento de terapias psicossociais adjuvantes. Essa necessidade persistiu, apesar da introdução de uma geração mais nova de fármacos antipsicóticos.

A TCC para a esquizofrenia foi estabelecida em meados da década de 1990 (Beck e Rector, 2000; Garety et al., 1994; Kingdon e Turkington, 2004). Hoje, existem evidências sólidas provenientes de vários estudos clínicos de que a TCC pode ter efeitos significativos para melhorar o resultado do tratamento para esquizofrenia (Burns et al., 2014; Mehl et al., 2015; Rector e Beck, 2001; Sensky et al., 2000; Turkington et al., 2004; Turner et al., 2014). Embora nem todos os estudos tenham encontrado efetividade para a TCC, as metanálises concluíram que a TCC tem um impacto moderado nos sintomas positivos da esquizofrenia (Burns et al., 2014; Jauhar et al., 2014; Mehl et al., 2015; Turner et al., 2014) e um efeito significativo, porém menos robusto, nos sintomas negativos (Jauhar et al., 2014; Turner et al., 2014; Velthorst et al., 2015). A abordagem da TCC para a esquizofrenia é detalhada e ilustrada com vídeos no livro *Terapia cognitivo-comportamental para doenças mentais graves: um guia ilustrado* (Wright et al., 2009).

Assim como quando se usa a TCC para o transtorno bipolar, a terapia para a esquizofrenia deve ser iniciada depois que o paciente tiver começado a se estabilizar na medicação psicotrópica. As sessões podem ser breves no início. Em alguns casos, duas ou três sessões de 20 minutos durante uma ou duas semanas podem ser mais úteis do que uma única sessão de 45 a 50 minutos. Também é razoável prever que um curso ideal da terapia será mais longo do que seria indicado para o transtorno depressivo maior ou o de pânico.

Além do estabelecimento de uma relação terapêutica, os objetivos iniciais normalmente incluem a psicoeducação sobre o transtorno (incluindo a evocação das crenças do paciente sobre a natureza da esquizofrenia e do seu tratamento), maior envolvimento em atividades e melhor aderência aos tratamentos farmacoterápicos. À medida que a terapia progredir, o trabalho muda para a identificação e a modificação de delírios e para o auxílio à redução ou manejo das alucinações. Os delírios podem ser vistos como uma forma extrema do erro lógico de tirar conclusões apressadas, no sentido de que o indivíduo faz inferências com base em uma avaliação incompleta dos fatos e ignora ou minimiza as evidências não confirmatórias. Se for possível estabelecer uma relação terapêutica colaborativa, o paciente pode ser capaz de se beneficiar com o uso de métodos de análise lógica, como o exame de evidências e a busca de soluções alternativas.

A **Figura 10.3** traz um exemplo de um exercício de exame de evidências feito por um homem de 27 anos de idade com esquizofrenia. Ted fazia trabalho voluntário na secretaria de um centro de saúde comunitário e desenvolveu delírios sobre esse local. Um dos gatilhos foi o aparecimento de uma mensagem diária na tela de seu computador. Embora a mensagem diária – normalmente uma citação humorística – fosse enviada para todos os computadores do lugar, Ted interpretou as mensagens de uma forma delirante. Ele também começou a pensar que havia um complô da Máfia ou de uma agência de inteligência estrangeira para tomar o centro de saúde comunitária. A técnica de exame de evidências

Pensamento perturbador: *A Máfia ou uma agência de inteligência estrangeira se infiltrou no centro de saúde e está controlando tudo.*

Evidências a favor desse pensamento:	Evidências contra esse pensamento:
1. *Mensagens de computador são suspeitas.*	1. *Mensagens de computador são enviadas ao computador de todo mundo. São apenas frases ou piadas. Provavelmente não significam nada.*
2. *Dois funcionários foram demitidos na semana passada.*	2. *As pessoas que foram demitidas estavam sempre faltando ao trabalho.*
3. *Parece que há escutas implantadas nos aparelhos de TV.*	3. *Desmontei uma TV e não encontrei nada suspeito. Tenho a tendência de ficar paranoico.*
4. *Não tenho nenhum amigo próximo no centro de saúde. As pessoas raramente falam comigo.*	4. *É verdade que não tenho muitos amigos, mas isso não significa que há um complô para tomar o centro de saúde. Eu gosto desse trabalho, e todos me tratam bem.*

Pensamentos alternativos: *Sei que tenho um desequilíbrio químico que me deixa paranoide. Ficar sentado em frente a um computador algumas horas por dia me deixou mais desconfiado. Esse emprego vale meu esforço para tentar aquietar meus medos.*

FIGURA 10.3 Exame de evidências para delírios: o exemplo de Ted.

facilitou que ele reconhecesse as distorções em seu modo de pensar e que desenvolvesse uma maneira alternativa de enxergar a situação. Nesse caso, Ted foi estimulado a rotular o delírio como um *pensamento perturbado* e a aplicar métodos-padrão da TCC para testar essa cognição.

Ao tratar alucinações, geralmente é útil introduzir um *raciocínio normalizador* – isto é, com a ideia de que todo mundo experimenta alucinações em circunstâncias extremas (p. ex., intoxicação por drogas ou privação marcante de sono; Kingdon e Turkington, 2004; Wright et al., 2009). Esse conceito pode ajudar as pessoas com esquizofrenia a se sentirem menos estigmatizadas e a se disporem a prestar atenção em possíveis influências ambientais que poderiam estar agravando as alucinações ou a explorarem explicações alternativas para o seu surgimento (para substituir conceitos como "É o demônio", "Deus está falando comigo" ou "A voz de uma mulher está me torturando"). Os objetivos gerais, ao tratar as alucinações com a TCC, são auxiliar o paciente a:

1. aceitar um modelo explicativo racional para as alucinações (p. ex., o raciocínio normalizador ou uma vulnerabilidade biológica);
2. desenvolver métodos para reduzir ou limitar o impacto das alucinações.

Uma das estratégias mais úteis ao trabalhar com alucinações é gerar uma lista de comportamentos que silenciem as vozes ou que as tornam menos intrusivas ou controladoras. O paciente também pode se beneficiar com a elaboração de uma lista de atividades que pioram as vozes. Ele pode, então, desenvolver um plano comportamental para aumentar os comportamentos úteis e diminuir as atividades que amplificam as alucinações. Um exemplo dessa lista de comportamentos é apresentado na **Figura 10.4**. Bárbara, uma mulher de 38 anos de idade com esquizofrenia, fez essa lista de comportamentos que a ajudavam a lidar com as vozes. Ela conseguiu identificar várias estratégias úteis, incluindo atividades de lazer, treinar a si mesma sobre a natureza de sua doença (p. ex., "Tenho um

Pensamento perturbador: *A Máfia ou uma agência de inteligência estrangeira se infiltrou no centro de saúde e está controlando tudo.*

Ações que amenizam as vozes ou as fazem sumir:	Ações que estimulam as vozes ou as deixam mais altas:
1. *Ouvir músicas suaves.* 2. *Fazer trabalhos manuais.* 3. *Imaginar que as vozes estão entrando em um armário de minha casa, um cobertor é colocado sobre elas e a porta é trancada.* 4. *Fazer trabalho voluntário na igreja.* 5. *Ler uma revista ou um livro.* 6. *Dizer a mim mesma que tenho um desequilíbrio químico e não preciso prestar atenção nas vozes.* 7. *Ir à terapia de grupo no centro de tratamento.*	1. *Discussões com meu namorado ou parentes.* 2. *Dormir pouco.* 3. *Esquecer de tomar a medicação.* 4. *Assistir a filmes ou a seriados de TV violentos ou perturbadores.*

FIGURA 10.4 Ações que fazem as vozes melhorarem ou piorarem: o exemplo de Bárbara.

desequilíbrio químico e não preciso prestar atenção nas vozes"), e uma técnica de geração de imagens mentais que ela elaborou sozinha, sem ajuda de seu terapeuta. Seu plano incluía também aprender a lidar melhor com as situações e questões que pareciam agravar suas alucinações.

Sintomas negativos podem ser abordados com programação de atividades, prescrição de tarefas graduais, ensaio comportamental, treinamento de habilidades e estratégias relacionadas. Todavia, os especialistas no tratamento da esquizofrenia com a TCC geralmente recomendam uma abordagem de "ir devagar", na qual se dá ao paciente bastante tempo para começar a modificar sintomas, como o isolamento social e a falta de iniciativa (Kingdon e Turkington, 2004). Deve-se ter em mente que, embora os sintomas negativos possam muito bem refletir a neuropatologia subjacente, indivíduos que apresentam formas ainda mais debilitantes de lesão cerebral, incluindo acidente vascular cerebral ou esclerose múltipla, podem aprender a usar estratégias compensatórias de enfrentamento em abordagens sistemáticas de reabilitação.

RESUMO

Os métodos cognitivo-comportamentais foram desenvolvidos e testados para uma ampla gama de transtornos psiquiátricos graves, como a depressão resistente a tratamento, os transtornos bipolar e da personalidade e a esquizofrenia. Além disso, as técnicas de TCC são um tratamento de primeira linha para a bulimia nervosa, podendo oferecer ferramentas úteis para o manejo dos problemas de abuso de substâncias. Embora muitos dos métodos cognitivos e comportamentais padronizados para a depressão e a ansiedade também possam ser utilizados no tratamento de quadros mais difíceis, são recomendadas modificações específicas para aplicações avançadas da TCC. Além disso, descrevemos os conceitos básicos de terapias relacionadas (i.e., TBE, TCBM e DBT) que podem oferecer abordagens alternativas, se assim se desejar.

Neste capítulo, descrevemos as pesquisas que dão validade à aplicação da TCC para doenças mentais crônicas e graves e detalhamos brevemente algumas das estratégias que podem ser empregadas para atender aos desafios de se trabalhar com esses transtornos.

No Capítulo 11, descrevemos leituras adicionais, *workshops* e supervisão clínica que podem ser úteis para desenvolver competência na utilização da TCC para transtornos psiquiátricos graves.

REFERÊNCIAS

Akincigil A, Bowblis JR, Levin C, et al: Adherence to antidepressant treatment among privately insured patients diagnosed with depression. Med Care 45(4):363–369, 2007 17496721

American Psychiatric Association: Practice guideline for major depressive disorder in adults. Am J Psychiatry 150(4) (suppl):1–26, 1993 8465906

American Psychiatric Association: Diagnostic and Statistical Manual of Mental Disorders, 5th Edition. Arlington, VA, American Psychiatric Association, 2013

Basco MR, Rush AJ: Cognitive-Behavioral Therapy for Bipolar Disorder, 2nd Edition. New York, Guilford, 2007

Beck AT, Rector NA: Cognitive therapy of schizophrenia: a new therapy for the new millennium. Am J Psychother 54(3):291–300, 2000 11008627

Beck AT, Rush AJ, Shaw BF, et al: Cognitive Therapy of Depression. New York, Guilford, 1979

Beck AT, Wright FD, Newman CF, et al: Cognitive Therapy of Substance Abuse. New York, Guilford, 1993

Beck AT, Davis DD, Freeman A: Cognitive Therapy of Personality Disorders, 3rd Edition. New York, Guilford, 2015

Beck JS: Cognitive Behavior Therapy: Basics and Beyond, 2nd Edition. New York, Guilford, 2011

Bohus M, Haaf B, Simms T, et al: Effectiveness of inpatient dialectical behavioral therapy for borderline personality disorder: a controlled trial. Behav Res Ther 42(5):487–499, 2004 15033496

Burns AMN, Erickson DH, Brenner CA: Cognitive-behavioral therapy for medication- resistant psychosis: a meta-analytic review. Psychiatr Serv 65(7):874–880, 2014 24686725

Carroll KM: Lost in translation? Moving contingency management and cognitive behavioral therapy into clinical practice. Ann N Y Acad Sci 1327:94–111, 2014 25204847

Carroll KM, Rounsaville BJ, Gordon LT, et al: Psychotherapy and pharmacotherapy for ambulatory cocaine abusers. Arch Gen Psychiatry 51(3):177–187, 1994 8122955

Crits-Christoph P, Siqueland L, Blaine J, et al: Psychosocial treatments for cocaine dependence: National Institute on Drug Abuse Collaborative Cocaine Treatment Study. Arch Gen Psychiatry 56(6):493–502, 1999 10359461

DeRubeis RJ, Gelfand LA, Tang TZ, Simons AD: Medications versus cognitive behavior therapy for severely depressed outpatients: mega-analysis of four randomized comparisons. Am J Psychiatry 156(7):1007–1013, 1999 10401443

Elkin I, Shea MT, Watkins JT, et al: National Institute of Mental Health Treatment of Depression Collaborative Research Program: general effectiveness of treatments. Arch Gen Psychiatry 46(11):971–982, discussion 983, 1989 2684085

Fava GA: Well-Being Therapy: Treatment Manual and Clinical Applications. New York, Karger, 2016

Fava GA, Ruini C: Development and characteristics of a well-being enhancing psychotherapeutic strategy: well-being therapy. J Behav Ther Exp Psychiatry 34(1):45–63, 2003 12763392

Fava GA, Grandi S, Zielezny M, et al: Cognitive behavioral treatment of residual symptoms in primary major depressive disorder. Am J Psychiatry 151(9):1295–1299, 1994 8067483

Fava GA, Savron G, Grandi S, Rafanelli C: Cognitive-behavioral management of drug-resistant major depressive disorder. J Clin Psychiatry 58(6):278–282, quiz 283–284, 1997 9228899

Fava GA, Rafanelli C, Cazzaro M, et al: Well-being therapy: a novel psychotherapeutic approach for residual symptoms of affective disorders. Psychol Med 28(2): 475–480, 1998a 9572104

Fava GA, Rafanelli C, Grandi S, et al: Prevention of recurrent depression with cognitive behavioral therapy: preliminary findings. Arch Gen Psychiatry 55(9):816–820, 1998b 9736008

Fava GA, Ruini C, Rafanelli C, Grandi S: Cognitive behavior approach to loss of clinical effect during long-term antidepressant treatment: a pilot study. Am J Psychiatry 159(12):2094–2095, 2002 12450962

Frankl VE: Man's Search for Meaning. Boston, MA, Karger, 1959

Garety PA, Kuipers L, Fowler D, et al: Cognitive behavioural therapy for drugresistant psychosis. Br J Med Psychol 67 (Pt 3):259–271, 1994 7803318

Grant BF, Hasin DS, Stinson FS, et al: Co-occurrence of 12-month mood and anxiety disorders and personality disorders in the US: results from the National Epidemiologic Survey on Alcohol and Related Conditions. J Psychiatr Res 39(1):1–9, 2005 15504418

Gregory VL Jr: Cognitive-behavioral therapy for depression in bipolar disorder: a meta-analysis. J Evid Based Soc Work 7(4):269–279, 2010 20799127

Hay P, Chinn D, Forbes D, et al; Royal Australian and New Zealand College of Psychiatrists: Royal Australian and New Zealand College of Psychiatrists clinical practice guidelines for the treatment of eating disorders. Aust N Z J Psychiatry 48(11):977–1008, 2014 25351912

Hay PJ, Claudino AM, Touyz S, Abd Elbaky G: Individual psychological therapy in the outpatient treatment of adults with anorexia nervosa. Cochrane Database Syst Rev 7(7):CD003909, 2015 26212713

Hofmann SG, Asnaani A, Vonk IJ, et al: The efficacy of cognitive behavioral therapy: a review of meta-analyses. Cognit Ther Res 36(5):427–440, 2012 23459093

Hollon SD, DeRubeis RJ, Fawcett J, et al: Effect of cognitive therapy with antidepressant medications vs antidepressants alone on the rate of recovery in major depressive disorder: a randomized clinical trial. JAMA Psychiatry 71(10):1157–1164, 2014 25142196

Huijbers MJ, Spinhoven P, Spijker J, et al: Discontinuation of antidepressant medication after mindfulness-based cognitive therapy for recurrent depression: randomised controlled non-inferiority trial. Br J Psychiatry 208(4):366–373, 2016 26892847

Isasi AG, Echeburúa E, Limiñana JM, González-Pinto A: How effective is a psychological intervention program for patients with refractory bipolar disorder? A randomized controlled trial. J Affect Disord 126(1–2):80–87, 2010 20444503

Ives-Deliperi VL, Howells F, Stein DJ, et al: The effects of mindfulness-based cognitive therapy in patients with bipolar disorder: a controlled functional MRI investigation. J Affect Disord 150(3):1152–1157, 2013 23790741

Jauhar S, McKenna PJ, Radua J, et al: Cognitive-behavioural therapy for the symptoms of schizophrenia: systematic review and meta-analysis with examination of potential bias. Br J Psychiatry 204(1):20–29, 2014 24385461

Jones SH, Smith G, Mulligan LD, et al: Recovery-focused cognitive-behavioural therapy for recent-onset bipolar disorder: randomised controlled pilot trial. Br J Psychiatry 206(1):58–66, 2015 25213157

Kabat-Zinn J: Full Catastrophe Living: How to Cope With Stress, Pain and Illness Using Mindfulness Meditation. New York, Dell, 1990

Keck PE Jr, McElroy SL, Strakowski SM, et al: Compliance with maintenance treatment in bipolar disorder. Psychopharmacol Bull 33(1):87–91, 1997 9133756

Keller MB, McCullough JP, Klein DN, et al: A comparison of nefazodone, the cognitive behavioral-analysis system of psychotherapy, and their combination for the treatment of chronic depression. N Engl J Med 342(20): 1462– 1470, 2000 10816183

Keys A: The residues of malnutrition and starvation. Science 112(2909):371– 373, 1950 14781769

Kingdon DG, Turkington D: Cognitive Therapy of Schizophrenia. New York, Guilford, 2004

Kocsis JH, Gelenberg AJ, Rothbaum BO, et al; REVAMP Investigators: Cognitive behavioral analysis system of psychotherapy and brief supportive psychotherapy for augmentation of antidepressant nonresponse in chronic depression: the REVAMP Trial. Arch Gen Psychiatry 66(11):1178–1188, 2009 19884606

Kuyken W, Warren FC, Taylor RS, et al: Efficacy of mindfulness-based cognitive therapy in prevention of depressive relapse: an individual patient data metaanalysis from randomized trials. JAMA Psychiatry 73(6):565–574, 2016 27119968

Lam DH, Watkins ER, Hayward P, et al: A randomized controlled study of cognitive therapy for relapse prevention for bipolar affective disorder: outcome of the first year. Arch Gen Psychiatry 60(2):145–152, 2003 12578431

Linehan MM: Cognitive-Behavioral Treatment of Borderline Personality Disorder. New York, Guilford, 1993

Linehan MM, Wilks CR: The course and evolution of dialectical behavior therapy. Am J Psychother 69(2):97–110, 2015 26160617

Linehan MM, Armstrong HE, Suarez A, et al: Cognitive-behavioral treatment of chronically parasuicidal borderline patients. Arch Gen Psychiatry 48(12):1060–1064, 1991 1845222

Linehan MM, Dimeff LA, Reynolds SK, et al: Dialectical behavior therapy versus comprehensive validation therapy plus 12-step for the treatment of opioid dependent women meeting criteria for borderline personality disorder. Drug Alcohol Depend 67(1):13–26, 2002 12062776

Marlatt GA, Gordon JR (eds): Relapse Prevention: Maintenance Strategies in the Treatment of Addictive Behaviors. New York, Guilford, 1985

McCullough JP: Psychotherapy for dysthymia: a naturalistic study of ten patients. J Nerv Ment Dis 179(12): 734–740, 1991 1744631

McCullough JP Jr: Skills Training Manual for Diagnosing and Treating Chronic Depression: Cognitive Behavioral Analysis System of Psychotherapy. New York, Guilford, 2001

McElroy SL, Guerdjikova AI, Mori N, et al: Overview of the treatment of binge eating disorder. CNS Spectr 20(6):546–556, 2015 26594849

Mehl S, Werner D, Lincoln TM: Does cognitive behavior therapy for psychosis (CBTp) show a sustainable effect on delusions? A meta-analysis. Front Psychol 6:1450, 2015 26500570

Miklowitz DJ, Otto MW, Frank E, et al: Intensive psychosocial intervention enhances functioning in patients with bipolar depression: results from a 9- month randomized controlled trial. Am J Psychiatry 164(9):1340–1347, 2007a 17728418

Miklowitz DJ, Otto MW, Frank E, et al: Psychosocial treatments for bipolar depression: a 1-year randomized trial from the Systematic Treatment Enhancement Program. Arch Gen Psychiatry 64(4):419–426, 2007b 17404119

Miller WR, Yahne CE, Moyers TB, et al: A randomized trial of methods to help clinicians learn motivational interviewing. J Consult Clin Psychol 72(6):1050–1062, 2004 15612851

Newman CF, Leahy RL, Beck AT, et al: Bipolar Disorder: A Cognitive Therapy Approach. Washington, DC, American Psychological Association, 2002

Palmer RL, Birchall H, Damani S, et al: A dialectical behavior therapy program for people with an eating disorder and borderline personality disorder— description and outcome. Int J Eat Disord 33(3):281–286, 2003 12655624

Parikh SV, Zaretsky A, Beaulieu S, et al: A randomized controlled trial of psychoeducation or cognitive-behavioral therapy in bipolar disorder: a Canadian Network for Mood and Anxiety Treatments (CANMAT) study [CME]. J Clin Psychiatry 73(6):803–810, 2012 22795205

Prochaska JO, DiClemente CC: The transtheoretical approach, in Handbook of Psychotherapy Integration. Edited by Norcross JC, Goldfried MR. New York, Basic Books, 1992, pp 301–334

Project MATCH Research Group: Matching alcoholism treatments to client heterogeneity: treatment main effects and matching effects on drinking during treatment. J Stud Alcohol 59(6):631–639, 1998 9811084

Rector NA, Beck AT: Cognitive behavioral therapy for schizophrenia: an empirical review. J Nerv Ment Dis 189(5):278–287, 2001 11379970

Robins CJ, Chapman AL: Dialectical behavior therapy: current status, recent developments, and future directions. J Pers Disord 18(1):73–89, 2004 15061345

Rush AJ, Weissenburger JE: Melancholic symptom features and DSM-IV. Am J Psychiatry 151(4):489–498, 1994 8147445

Rush AJ, Trivedi MH, Wisniewski SR, et al: Acute and longer-term outcomes in depressed outpatients requiring one or several treatment steps: a STAR*D report. Am J Psychiatry 163(11):1905–1917, 2006 17074942

Scott J, Paykel E, Morriss R, et al: Cognitive-behavioural therapy for severe and recurrent bipolar disorders: randomised controlled trial. Br J Psychiatry 188:313–320, 2006 16582056

Segal ZV, Williams JMG, Teasdale JD: Mindfulness-Based Cognitive Therapy for Depression: A New Approach to Preventing Relapse. New York, Guilford, 2002

Sensky T, Turkington D, Kingdon D, et al: A randomized controlled trial of cognitive- behavioral therapy for persistent symptoms in schizophrenia resistant to medication. Arch Gen Psychiatry 57(2):165–172, 2000 10665619

Shea MT, Pilkonis PA, Beckham E, et al: Personality disorders and treatment outcome in the NIMH Treatment of Depression Collaborative Research Program. Am J Psychiatry 147(6):711–718, 1990 2343912

Siebern AT, Manber R: New developments in cognitive behavioral therapy as the first-line treatment of insomnia. Psychol Res Behav Manag 4:21–28, 2011 22114532

Strang J, McCambridge J: Can the practitioner correctly predict outcome in motivational interviewing? J Subst Abuse Treat 27(1):83–88, 2004 15223098

Stuart S, Simons AD, Thase ME, Pilkonis P: Are personality assessments valid in acute major depression? J Affect Disord 24(4):281–289, 1992 1578084

Szentagotai A, David D: The efficacy of cognitive-behavioral therapy in bipolar disorder: a quantitative meta-analysis. J Clin Psychiatry 71(1):66–72, 2010 19852904

Taylor HL, Keys A: Adaptation to caloric restriction. Science 112(2904):215– 218, 1950 15442306

Taylor DJ, Pruiksma KE: Cognitive and behavioural therapy for insomnia (CBT-I) in psychiatric populations: a systematic review. Int Rev Psychiatry 26(2):205–213, 2014 24892895

Thase ME: The role of Axis II comorbidity in the management of patients with treatment-resistant depression. Psychiatr Clin North Am 19(2):287–309, 1996 8827191

Thase ME: Cognitive-behavioral therapy for substance abuse, in American Psychiatric Press Review of Psychiatry, Vol 16. Edited by Dickstein LJ, Riba MB, Oldham JM. Washington, DC, American Psychiatric Press, 1997, pp 45–71

Thase ME, Friedman ES: Is psychotherapy an effective treatment for melancholia and other severe depressive states? J Affect Disord 54(1–2):1–19, 1999 10403142

Thase ME, Howland R: Refractory depression: relevance of psychosocial factors and therapies. Psychiatr Ann 24:232–240, 1994

Thase ME, Simons AD, Cahalane J, et al: Severity of depression and response to cognitive behavior therapy. Am J Psychiatry 148(6):784–789, 1991 2035722

Thase ME, Greenhouse JB, Frank E, et al: Treatment of major depression with psychotherapy or psychotherapy-pharmacotherapy combinations. Arch Gen Psychiatry 54(11):1009–1015, 1997 9366657

Thase ME, Friedman ES, Biggs MM, et al: Cognitive therapy versus medication in augmentation and switch strategies as second-step treatments: a STAR*D report. Am J Psychiatry 164(5):739–752, 2007 17475733

Turkington D, Dudley R, Warman DM, Beck AT: Cognitive-behavioral therapy for schizophrenia: a review. J Psychiatr Pract 10(1):5–16, 2004 15334983

Turner DT, van der Gaag M, Karyotaki E, Cuijpers P: Psychological interventions for psychosis: a meta-analysis of comparative outcome studies. Am J Psychiatry 171(5):523–538, 2014 24525715

Velthorst E, Koeter M, van der Gaag M, et al: Adapted cognitive-behavioural therapy required for targeting negative symptoms in schizophrenia: metaanalysis and meta-regression. Psychol Med 45(3):453–465, 2015 24993642

Vocks S, Tuschen-Caffier B, Pietrowsky R, et al: Meta-analysis of the effectiveness of psychological and pharmacological treatments for binge eating disorder. Int J Eat Disord 43(3):205–217, 2010 19402028

Watkins ER, Mullan E, Wingrove J, et al: Rumination-focused cognitive-behavioural therapy for residual depression: phase II randomised controlled trial. Br J Psychiatry 199(4):317–322, 2011 21778171

Weitz ES, Hollon SD, Twisk J, et al: Baseline depression severity as moderator of depression outcomes between cognitive behavioral therapy vs pharmacotherapy: an individual patient data meta-analysis. JAMA Psychiatry 72(11):1102- 1109, 2015 26397232

Wiles N, Thomas L, Abel A, et al: Cognitive behavioural therapy as an adjunct to pharmacotherapy for primary care based patients with treatment resistant depression: results of the CoBalT randomised controlled trial. Lancet 381(9864):375–384, 2013 23219570

Williams JMG, Teasdale JD, Segal ZV, Kabat-Zinn J: The Mindful Way Through Depression: Freeing Yourself From Chronic Unhappiness. New York, Guilford, 2007

Wong DFK: Cognitive behavioral treatment groups for people with chronic depression in Hong Kong: a randomized wait-list control design. Depress Anxiety 25(2):142–148, 2008 17340612

Woody GE, McLellan AT, Luborsky L, et al: Severity of psychiatric symptoms as a predictor of benefits from psychotherapy: the Veterans Administration–Penn study. Am J Psychiatry 141(10):1172–1177, 1984 6486249

Wright JH, Turkington D, Kingdon DG, Basco MR: Cognitive-Behavior Therapy for Severe Mental Illness: An Illustrated Guide. Washington, DC, American Psychiatric Publishing, 2009

Wright JH, Sudak DM, Turkington D, Thase ME: High-Yield Cognitive-Behavior Therapy for Brief Sessions: An Illustrated Guide. Washington, DC, American Psychiatric Publishing, 2010

Young JE, Klosko JS, Weishaar ME: Schema Therapy: A Practitioner's Guide. New York, Guilford, 2003

11

Desenvolvendo competência na terapia cognitivo-comportamental*

Se você fez um curso básico de terapia cognitivo-comportamental (TCC), estudou este livro e usou os exercícios para praticar suas habilidades terapêuticas, provavelmente deu passos largos em direção a se tornar um terapeuta cognitivo-comportamental competente. Contudo, é bem provável que você precise de mais treinamento e mais experiência para dominar bem essa abordagem (Rakovshik e McManus, 2010). Recomendamos que você busque obter competência total na TCC por três motivos principais. O primeiro é que você pode obter melhores resultados (Rakovshik e McManus, 2010; Strunk et al., 2010; Westbrook et al., 2008). O segundo é que o conhecimento e a experiência do terapeuta são muito importantes para os pacientes. Juntamente com excelentes habilidades para ouvir, correta empatia e outros atributos terapêuticos gerais, sua capacidade de administrar os métodos específicos da TCC pode significar muito para as pessoas que você trata. O terceiro é que você poderá ter mais satisfação no seu trabalho diário – um fenômeno que nós vivenciamos à medida que fomos nos tornando mais proficientes na TCC e sendo capazes de oferecer mais auxílio aos pacientes. Neste capítulo, detalhamos as diretrizes de competência, descrevemos os métodos para medir seu progresso na aprendizagem da TCC, sugerimos algumas maneiras de dar continuidade a seu desenvolvimento como terapeuta e oferecemos dicas sobre como evitar a fadiga e o esgotamento do terapeuta.

COMPETÊNCIAS NUCLEARES NA TERAPIA COGNITIVO-COMPORTAMENTAL

A American Association of Directors of Psychiatric Residency Training (AADPRT; www.aadprt.org) tem enfatizado a importância de ganhar competência em psicoterapia e publicou diretrizes para avaliar o conhecimento, as habilidades e as atitudes daqueles que estão aprendendo a TCC. Os padrões de competência da AADPRT para residentes de psiquiatria (Sudak et al., 2001) estão resumidos no **Quadro 11.1**. Como são bastante abrangentes, esses padrões podem ser úteis para educadores e para aqueles em treinamento de TCC em diversas disciplinas.

O principal valor dos padrões de competência da AADPRT está no estabelecimento de metas específicas para aprender essa forma de terapia. Para ter uma ideia de onde você se encontra no aprendizado da TCC, sugerimos que faça o Exercício 11.1:

*Os itens mencionados neste capítulo, disponíveis no Apêndice I, também estão disponíveis para *download* em um formato maior em http://apoio.grupoa.com.br/wright2ed.

Exercício 11.1
Autoavaliação da competência em TCC

1. Examine cada item no Quadro 11.1.
2. Avalie seu conhecimento, suas habilidades e atitudes na TCC, dando a si mesmo uma nota de excelente (E), satisfatório (S) ou insatisfatório (I) para cada item. O padrão para sua autoavaliação não deve estar no nível de terapeuta-mestre, mas no nível de um profissional que concluiu cursos de residência, treinamento em cursos de graduação ou outros cursos educacionais de TCC.
3. Se você observou problemas no conhecimento, nas habilidades ou nas atitudes para qualquer um dos itens, pense em um plano para elevar sua competência. Algumas ideias incluem ler novamente as seções deste livro, estudar as anotações de aula, obter supervisão adicional ou estudar outros materiais.

QUADRO 11.1 CRITÉRIOS DE COMPETÊNCIA PARA A TERAPIA COGNITIVO-COMPORTAMENTAL

Conhecimento	**Habilidades**	**Atitudes**
O terapeuta deve demonstrar o entendimento	*O terapeuta deve ser capaz de*	*O terapeuta deve ser*
___ 1. do modelo cognitivo-comportamental; ___ 2. de conceitos de pensamentos automáticos, erros cognitivos, esquemas e princípios do comportamento; ___ 3. de formulações cognitivo-comportamentais para transtornos comuns; ___ 4. de indicações para TCC; ___ 5. de justificativas para estruturar as sessões, a colaboração e a resolução de problemas; ___ 6. dos princípios básicos da psicoeducação; ___ 7. dos princípios básicos dos métodos comportamentais; ___ 8. dos princípios básicos de técnicas cognitivas, como a modificação de pensamentos automáticos e esquemas; ___ 9. da importância da educação continuada em TCC.	___ 1. avaliar e conceitualizar os pacientes com o modelo da TCC; ___ 2. estabelecer e manter uma relação terapêutica colaborativa; ___ 3. ensinar o modelo da TCC ao paciente; ___ 4. ensinar ao paciente sobre esquemas e auxiliá-lo a entender a origem dessas crenças; ___ 5. estruturar as sessões, incluindo o estabelecimento de agenda, a revisão e a prescrição de tarefas de casa, o trabalho nos problemas-chave e o uso de *feedback*; ___ 6. utilizar a programação de atividades e a tarefa gradual; ___ 7. utilizar as técnicas de treinamento de relaxamento e exposição gradual; ___ 8. empregar técnicas de registro de pensamentos; ___ 9. usar técnicas de prevenção de recaída; ___ 10. reconhecer seus próprios pensamentos e sentimentos acionados pela terapia; ___ 11. escrever uma formulação de TCC; ___ 12. buscar supervisão adequada, quando necessário.	___ 1. empático, respeitoso, não crítico e colaborativo; ___ 2. sensível às questões socioculturais, socioeconômicas e educacionais; ___ 3. aberto ao exame de observações ao vivo ou gravadas em vídeo ou áudio das sessões de tratamento.

Fonte: adaptado de Sudak D.M., Wright J.H., Beck J.S., et al: "AADPRT Cognitive Behavioral Therapy Competencies". Farmington, CT, American Association of Directors of Psychiatric Residency Training, 2001.

TORNANDO-SE UM TERAPEUTA COGNITIVO-COMPORTAMENTAL COMPETENTE

A maioria dos educadores experientes em TCC acredita que é necessária uma combinação de experiências de aprendizagem (Sudak et al., 2003, 2009). Para estudantes graduandos, residentes ou outros profissionais em treinamento, essas experiências normalmente incluem:

1. um curso básico (a Academy of Cognitive Therapy [ACT] recomenda pelo menos 40 horas de curso);
2. leituras obrigatórias (pelo menos um texto principal sobre a teoria e os métodos da TCC, como este livro, e outras leituras para tópicos especiais);
3. formulações de caso por escrito;
4. *role-plays* experienciais para praticar a implementação das habilidades em TCC;
5. supervisão de caso (seja em formato individual ou em grupo, ou ambos);
6. uso de sessões gravadas em vídeo ou áudio que são revisadas e pontuadas por um terapeuta cognitivo-comportamental experiente;
7. prática significativa no tratamento de pacientes com TCC (tratamento de 10 casos ou mais com diagnósticos variados, incluindo depressão e diferentes tipos de transtornos de ansiedade).

Várias opções estão disponíveis para profissionais que acreditam que precisam de treinamento adicional para se tornarem qualificados na TCC. O programa mais rigoroso e bem estabelecido de treinamento para profissionais é ministrado no Beck Institute, na Filadélfia, Pensilvânia (www.beckinstitute.org). É oferecido um treinamento no local ou um programa de extensão universitária. Em cada um desses programas, o terapeuta recebe extensa instrução didática por pelo menos seis meses, além de supervisão individual semanal. Nesses programas, o terapeuta normalmente recebe extensas instruções didáticas, além de atendimento individual sobre casos.

Um método alternativo para treinar terapeutas já praticantes é organizar ou agenciar um programa de treinamento customizado. Por exemplo, um de nós (J.H.W.) desenvolveu um curso de um ano para terapeutas de um grande centro de saúde mental comunitário. Nenhum dos terapeutas do curso havia tido anteriormente qualquer treinamento substancial em TCC. Como parte do curso, quatro terapeutas sêniores realizaram o programa de extensão universitária do Beck Institute e, depois, tornaram-se assistentes do autor na condução do treinamento para um grupo de mais de 40 profissionais. Esse treinamento iniciou com um *workshop* de oito horas, ministrado pelo autor e por Judith Beck, do Beck Institute, o qual foi seguido por aulas semanais dadas pelo autor, quatro seminários intensivos adicionais e supervisão semanal fornecida pelos terapeutas treinados no programa de extensão universitária. Ao final desse ano de treinamento, os terapeutas do programa de extensão universitária estavam capacitados para continuar o ensino dos outros terapeutas na instituição, fazendo supervisão de caso contínua. Embora fossem necessários recursos significativos para implementar esse programa, ele foi bem-sucedido em treinar muitos terapeutas em TCC.

Outros terapeutas vêm obtendo competência básica em TCC ao participar de *workshops* em importantes encontros científicos, assistir a vídeos de terapeutas-mestres, participar de retiros ou acampamentos planejados para ensinar a TCC (p. ex., campos de treinamento e outros *workshops* ministrados por Christine Padesky, Ph.D., e associados; visite www.padesky.com) e obter supervisão individual em TCC (ver Apêndice II). A ACT, uma organização que certifica terapeutas em TCC, traz uma lista em seu *website* de oportunidades de treinamento e uma lista de terapeutas cognitivo-comportamentais certificados que podem oferecer supervisão ou outros treinamentos (www.academyofct.org).

AVALIANDO SEU PROGRESSO

A TCC destaca-se por ter uma longa tradição de avaliar as habilidades dos terapeutas e fornecer *feedback* construtivo. Ao estudar a TCC, é importante avaliar cuidadosamente e identificar habilidades específicas que precisam de melhorias, bem como desenvolver objetivos específicos de aprendizagem para avaliar o progresso. Existem várias escalas de avaliação, inventários e testes disponíveis (Sudak et al., 2003). Aqui, descrevemos quatro instrumentos que podem ser úteis para avaliar o seu progresso no aprendizado da TCC.

Escala de Terapia Cognitiva

A principal medida utilizada para dar *feedback* sobre a proficiência em TCC é a Escala de Terapia Cognitiva (ETC; ver Apêndice deste capítulo), desenvolvida por Young e Beck, em 1980 (Vallis et al., 1986). A ETC contém 11 itens (p. ex., estabelecimento e estruturação de agenda, colaboração, ritmo e uso eficiente do tempo, descoberta guiada, foco nas principais cognições e comportamentos, habilidade em aplicar técnicas da TCC e tarefa de casa) que são usados para classificar o desempenho de um terapeuta em funções cruciais da TCC. São dados até seis pontos a cada item na ETC, produzindo, assim, um escore máximo de 66 pontos. Normalmente, considera-se que um escore geral de 40 representa desempenho satisfatório em TCC. A ACT exige que os candidatos à certificação atinjam um escore de 40 na pontuação da ETC de uma sessão gravada em vídeo. Além disso, é comum que seja exigido um escore de 40 na ETC como medida para qualificar-se como terapeuta cognitivo-comportamental para pesquisas que estudam a efetividade dessa abordagem (Wright et al., 2005).

A ETC pode auxiliá-lo a aprender sobre seus pontos fortes e fracos ao realizar a TCC, além de estimular ideias para fazer melhorias. No próximo exercício de aprendizagem, você deve pontuar uma de suas sessões na ETC e discutir essa pontuação com um colega ou supervisor.

Exercício 11.2
Aplicação da escala de terapia cognitiva

1. Grave uma de suas sessões de TCC em vídeo ou áudio. Essa sessão deve, preferencialmente, ser com um paciente real. Entretanto, também se pode usar um *role-play* de uma sessão para esse exercício.
2. Faça uma autoavaliação dessa sessão, aplicando a ETC. Também peça a um supervisor ou colega para pontuar a sessão.
3. Discuta as pontuações com seu supervisor ou colega.
4. Identifique alguns de seus pontos fortes na sessão.
5. Se você ou um colega ou supervisor identificar alguma área em que você poderia melhorar seu desempenho, faça uma lista de ideias para fazer as coisas de maneira diferente.
6. Faça regularmente outras avaliações de sessões gravadas em áudio ou vídeo, até que possa pontuar rotineiramente um escore de 40 ou mais nessa escala.

Escala de avaliação de formulação cognitiva

A ACT desenvolveu diretrizes específicas para redigir conceitualizações de caso e satisfazer seus critérios para a certificação em TCC. Instruções detalhadas para formular casos e planejar tratamentos podem ser encontradas no *website* da ACT (www.academyofct.org). Lá, também é apresentado um exemplo de formulação de caso. Vários programas de treinamento em TCC adotaram as diretrizes e o sistema de pontuação da ACT para conceitualizações de caso e exigem o preenchimento de uma ou mais formulações por escrito.

O sistema para formular casos que apresentamos no Capítulo 3 baseia-se diretamente nas diretrizes da ACT. Portanto, você já deve conhecer os fundamentos do desenvolvimento de conceitualizações de caso que satisfazem os padrões da ACT. Cada componente de uma conceitualização de caso é classificado pela ACT em uma escala de 0 a 2 (0 = não presente; 1 = presente, mas inadequado; 2 = presente e adequado). São avaliadas três áreas gerais de desempenho: história do caso (dois itens), formulação cognitiva (cinco itens) e plano de tratamento e curso de terapia (cinco itens). O padrão da ACT para aprovação é de 20 em 24 pontos possíveis. Os critérios para pontuação nessa escala estão disponíveis no *website* da ACT.

Descobrimos que redigir formulações de caso é um dos exercícios mais valiosos para aprender a TCC. Se dispensar tempo para refletir cuidadosamente sobre as formulações, colocá-las no papel e obtiver *feedback* de supervisores ou outros terapeutas cognitivo-comportamentais experientes, você será capaz de desenvolver considerável sofisticação e habilidade nessa abordagem de tratamento. Embora fazer isso exija algum esforço, a recompensa pode ser grande.

Exercício 11.3
Prática das formulações de caso

1. Baixe as instruções para redigir uma conceitualização de caso no *website* da ACT (www.academyofct.org). Também revise o exemplo de uma formulação redigida e os critérios de pontuação lá fornecidos.
2. Utilize o formulário de formulação de caso para organizar suas principais observações e planos.* Depois, siga as diretrizes da ACT para escrever uma conceitualização de caso completa.
3. Utilize os critérios de pontuação da ACT para realizar uma autoavaliação de sua conceitualização de caso.
4. Peça a um supervisor ou terapeuta cognitivo-comportamental experiente para dar um escore para sua conceitualização e discutir suas ideias para entender e tratar esse caso.

*Para uma cópia em branco do formulário, consulte o Apêndice I. Para mais informações sobre o formulário, incluindo exemplos de formulários preenchidos, consulte o Capítulo 3.

Escala de conhecimentos de terapia cognitiva

Embora tenha sido originalmente desenvolvida para avaliar o conhecimento dos princípios da TCC em pacientes tratados com essa forma de terapia (Wright et al., 2002), a escala de conhecimentos de terapia cognitiva (ECTC) passou a ser usada em programas de treinamento como um teste prévio e posterior do conhecimento sobre conceitos e termos básicos. A ECTC não é uma medida abrangente de conhecimento da TCC, mas pode ser útil para mensurar o progresso no aprendizado das teorias e dos métodos principais. A escala inclui 40 perguntas do tipo verdadeiro ou falso sobre tópicos como pensamentos automáticos, erros cognitivos, esquemas, registro de pensamentos, programação de atividades e identificação de distorções cognitivas.

É dado um ponto para cada resposta correta às 40 perguntas da ECTC. Portanto, pode-se esperar um escore de 20 se a pessoa que está fazendo o teste não tiver conhecimento anterior da TCC. O escore máximo nessa escala é de 40. Pesquisas da ECTC com pacientes mostraram aumentos significativos nos escores após o tratamento com a TCC (Wright et al., 2002, 2005). Por exemplo, em uma pesquisa com 96 pacientes que fizeram a TCC assistida por computador para depressão ou ansiedade, os escores médios melhoraram de 24,2, antes do tratamento, para 32,5, após o uso do programa de computador (Wright et al., 2002). Estudos da ECTC para avaliar o conhecimento de TCC dos treinandos também demonstraram mudanças positivas significativas (Fujisawa et al., 2011; Macrodimitris et al., 2010, 2011; Reilly e McDanel, 2005). Nossa experiência na utilização dessa escala com residentes de psiquiatria sugere que os escores médios antes de um curso básico em TCC normalmente variam de 20 e tantos a 30 e poucos. Como esperado, os escores da ECTC geralmente aumentam substancialmente após o trabalho de conclusão do curso, leituras e outras experiências educacionais em TCC. A ECTC foi publicada em Wright e colaboradores (2002).

Inventário para supervisão em terapia cognitivo-comportamental

Se estiver recebendo ou dando supervisão em TCC, talvez você esteja interessado em usar o Inventário para Supervisão em Terapia Cognitiva, um formulário desenvolvido pelos membros do grupo de trabalho dos critérios de competência da AADPRT (Sudak et al., 2001). Esse inventário divide-se em duas seções:

1. competências que devem ser demonstradas em cada sessão (p. ex., "mantém o empirismo colaborativo", "demonstra capacidade para utilizar a descoberta guiada" e "estabelece efetivamente a agenda e estrutura a sessão");
2. competências que podem ser demonstradas durante o curso da(s) terapia(s) (p. ex., "estabelece metas e planeja o tratamento com base na formulação da TCC", "educa o paciente sobre o modelo da TCC e/ou intervenções da terapia" e "consegue utilizar a programação de atividades ou eventos prazerosos").

O Inventário para Supervisão em Terapia Cognitiva está disponível no Apêndice I.

EXPERIÊNCIA E TREINAMENTO CONTINUADOS EM TCC

Para consolidar suas habilidades em TCC, será importante treinar as intervenções cognitivo-comportamentais regularmente e aproveitar as ofertas de cursos de pós-graduação. Além disso, se desejar dar profundidade e amplitude às suas habilidades, você precisará explorar as opções para melhorar a aprendizagem. Nossa experiência em treinamento e supervisão de profissionais em TCC sugere que as habilidades podem se atrofiar se não forem usadas regularmente e estimuladas por atividades de educação continuada.

Já sugerimos anteriormente, neste capítulo, que participar de *workshops* em encontros científicos, assistir a vídeos de terapeutas cognitivo-comportamentais experientes e ir a seminários de treinamento podem auxiliar a desenvolver competência básica (ver "Tornando-se um terapeuta cognitivo-comportamental competente"). Essas mesmas experiências podem ter um papel útil ao apoiar os terapeutas a manter suas habilidades em TCC e desenvolver novas áreas de competência. Por exemplo, cursos e *workshops* sobre métodos de TCC para depressão resistente a tratamento, esquizofrenia, dor crônica, transtornos bipolar, alimentar, de estresse pós-traumático e outros são comumente oferecidos em congressos nacionais e internacionais (p. ex., congressos anuais da American Psychiatric Association, da American Psychological Association e da Association for Behavioral and Cognitive Therapies; ver Apêndice II).

Leituras sobre a TCC também podem ajudar a aprender novas maneiras de aplicar esses métodos. Uma lista de livros que podem expandir seu conhecimento da TCC é apresentada no Apêndice II. Incluímos textos clássicos, como os de A.T. Beck e colaboradores sobre a depressão e os transtornos de ansiedade e da personalidade, além de livros sobre diversos tópicos, como terapias de grupo e de casal, tratamento de psicose e técnicas avançadas de TCC.

Uma outra maneira de trabalhar para aprimorar a proficiência em TCC é se candidatar para a certificação da ACT. Foram discutidos anteriormente neste capítulo alguns dos critérios dessa organização para a certificação, entre eles, a submissão de material gravado em vídeo para a classificação na ETC e a redação de uma formulação de caso que acompanha as diretrizes da ACT (ver seção "Escala de terapia cognitiva" e Exercício 11.2). Estudar e se preparar para uma prova para certificação pela ACT pode ser uma estratégia valiosa para aprimorar sua capacidade de conduzir a TCC. Membros com certificado da ACT também têm acesso a várias oportunidades excelentes de educação continuada, incluindo o recebimento de *e-mails* com dicas de TCC e de atualizações sobre novos desenvolvimentos em TCC e sobre a realização de palestras especiais de importantes terapeutas e pesquisadores.

Nossa última sugestão para dar continuidade a seu crescimento como terapeuta cognitivo-comportamental é participar de grupos de estudos ou de supervisão em grupo de TCC. Essas experiências de aprendizagem em grupo são frequentemente oferecidas nos centros de TCC, nas instituições educacionais e em outros centros clínicos e de pesquisas. O grupo de supervisão semanal na clínica do autor principal oferece revisões e avaliações de sessões gravadas em vídeo, demonstrações de *role-play* e módulos de aprendizagem destinados a ajudar os profissionais a expandir suas habilidades em aplicações específicas da TCC (p. ex., depressão resistente a tratamento, transtornos de personalidade, TCC para pacientes hospitalizados, terapia em grupo e fibromialgia). Embora o grau de experiência em TCC normalmente varie de novato a especialista, a responsabilidade de trazer material para os encontros e contribuir para o processo educacional é alternada entre todos os participantes. Se não houver um grupo semelhante disponível em sua comunidade, você poderia pensar em iniciar um. Muitos terapeutas cognitivo-comportamentais valorizam muito esses grupos de supervisão continuada, pois eles proporcionam um fórum estimulante e propício para a aprendizagem.

FADIGA OU ESGOTAMENTO DO TERAPEUTA

A energia, a concentração, a esperança de bons resultados, a manutenção da autoridade com pacientes difíceis e muitas outras capacidades do terapeuta podem se deteriorar pelo esgotamento – um problema que pode comprometer a administração competente de uma TCC eficaz.

O esgotamento é um risco para todos os terapeutas, independentemente do grau de experiência. Quando está se iniciando na TCC e não está totalmente confiante de suas habilidades, você pode se sentir frustrado com pacientes que não progridem. O sentimento temporário de esgotamento pode levá-lo a querer desistir dos pacientes ou de ser terapeuta. Se conseguir perseverar no processo de treinamento até que tenha refinado suas habilidades e adquirido confiança, é provável que esse sentimento temporário de esgotamento se dissipe. No entanto, o caráter mentalmente intenso da psicoterapia pode, periodicamente, levar à fadiga.

Há várias coisas que você pode fazer para prevenir ou limitar o esgotamento ao realizar psicoterapia. O Guia de resolução de problemas 6 traz algumas ideias para evitar essa situação e, ao mesmo tempo, manter o entusiasmo e o envolvimento durante uma longa carreira como terapeuta cognitivo-comportamental.

RESUMO

Neste capítulo, descrevemos várias maneiras úteis de avaliar a proficiência e sugerimos métodos para expandir o conhecimento e para desenvolver competências em TCC. O empenho para continuar ampliando suas habilidades nessa abordagem terapêutica pode ter muitos benefícios. Ser capaz de oferecer tratamento de maneira competente e consistente deve auxiliá-lo a alcançar bons resultados. Além disso, os métodos específicos da TCC estão agora disponíveis para praticamente todos os transtornos psiquiátricos para os quais a psicoterapia é indicada. Estudar esses métodos pode favorecer a expansão de suas habilidades para tratar diversos grupos de pacientes de maneira eficaz. Embora haja um risco de esgotamento ao longo do caminho em direção à competência em TCC, existem várias medidas que você pode tomar para evitar esse problema e obter satisfação e prazer em seu trabalho de maneira duradoura. Esperamos que o maior treinamento nessa forma de terapia lhe proporcione um entendimento mais profundo do paradigma cognitivo-comportamental e seu poder de mudar a vida dos pacientes.

Guia de resolução de problemas 6

Evitando o esgotamento

1. **Você está cuidado de suas necessidades básicas?** Terapeutas ocupados que estão acostumados a trabalhar muito podem se esforçar tanto que negligenciam suas próprias necessidades pessoais diárias. Os sinais que denunciam esse problema incluem atrasar-se pela manhã e não ter tempo para tomar café da manhã, marcar atendimentos em excesso ou atrasar-se entre as sessões, não ter nenhum intervalo entre os pacientes e concordar em atender pacientes no horário de almoço. Para ser eficaz como terapeuta, você precisa estar com sua mente aguçada e focada e não se distrair devido a estressores físicos e mentais que ocorrem ao mesmo tempo. Se quiser dar seu melhor a seus pacientes, agende um horário para cuidar de si mesmo.
2. **Você está ultrapassando os limites razoáveis de carga de trabalho?** O número de horas de prática clínica que os terapeutas podem conduzir a cada dia ou a cada semana sem ficar excessivamente fatigados é muito variável. Você terá ultrapassado seu limite quando perceber que está exausto demais para ser eficaz, cansado demais para fazer qualquer coisa depois do trabalho, não tem interesse em ouvir os problemas de seus familiares ou amigos ou está se automedicando após o trabalho para descomprimir. Outro indicador de que você ultrapassou os limites é quando você não tem mais prazer no trabalho que faz. Descubra seus limites e crie uma programação diária que lhe permita respeitá-los.
3. **Há um equilíbrio saudável entre sua dedicação ao trabalho e outras partes de sua vida?** Desenvolva um *hobby* ou interesse que traga variedade à sua agenda. Tenha outras coisas a almejar durante sua semana além de seus pacientes. Dedique tempo a outras coisas que sejam significativas para você.
4. **Você está descansando o suficiente?** Melhore seus hábitos de sono. Encontre atividades relaxantes que recarreguem suas energias. Tire férias ou um final de semana prolongado longe do trabalho para descansar a mente e reabastecer o espírito. Quando não estiver trabalhando, envolva-se em atividades que utilizem outras habilidades cognitivas ou que sejam mais físicas. Essa mudança dará um breve descanso às partes de escuta empática e resolução de problemas de seu cérebro. Evite pensar em trabalho durante esse tempo de folga.
5. **Está precisando de supervisão?** Se achar que sua fadiga está concentrada em um determinado paciente, converse com um supervisor ou colega sobre seu trabalho. Se estiver passando por contratransferência, discuta essa questão na supervisão e desenvolva uma estratégia para chegar a uma resposta. Talvez você considere certas doenças ou conjuntos de sintomas difíceis ou chatos de lidar ou talvez ainda não possua as habilidades necessárias para tratá-los. Alguns terapeutas, por exemplo, não gostam de trabalhar com pessoas que tenham problemas de abuso de substâncias ou transtornos da personalidade. Se você considerar esse tipo de trabalho desagradável ou desinteressante, encontre colegas que tenham se especializado nessas áreas para encaminhar os pacientes.
6. **Aprender algo novo ajudaria?** Fadiga ou esgotamento podem estar associados a fazer a mesma coisa repetidamente. Na TCC, há o risco de os métodos para determinados transtornos tornarem-se tão estruturados e parecidos que você pode se ver entediado com a rotina. Se este for o caso, aprenda algo novo. Faça um curso, leia um livro ou converse com outros terapeutas sobre suas abordagens terapêuticas. Desde que permaneça dentro do modelo conceitual da TCC, há muitas maneiras criativas de aplicar os métodos. Entre os exemplos estão:
   - **a.** implementar uma nova técnica (p. ex., terapia comportamental dialética para o transtorno da personalidade *borderline*, terapia cognitiva baseada em *mindfulness* para a depressão, reestruturação cognitiva para psicoses; ver Capítulo 10);
   - **b.** usar programas de computador para TCC (ver Capítulo 4);
   - **c.** usar dispositivos de ensino, como *flipcharts* ou materiais para desenho;
   - **d.** sugerir livros de autoajuda que incentivem os pacientes a trazerem ideias alternativas às sessões de tratamento.

REFERÊNCIAS

Fujisawa D, Nakagawa A, Kikuchi T, et al: Reliability and validity of the Japanese version of the Cognitive Therapy Awareness Scale: a scale to measure competencies in cognitive therapy. Psychiatry Clin Neurosci 65(1):64–69, 2011 21265937

Macrodimitris SD, Hamilton KE, Backs-Dermott BJ, et al: CBT basics: a group approach to teaching fundamental cognitive-behavioral skills. J Cogn Psychother 24(2): 132–146, 2010

Macrodimitris S, Wershler J, Hatfield M, et al: Group cognitive-behavioral therapy for patients with epilepsy and comorbid depression and anxiety. Epilepsy Behav 20(1):83–88, 2011 21131237

Rakovshik SG, McManus F: Establishing evidence-based training in cognitive behavioral therapy: a review of current empirical findings and theoretical guidance. Clin Psychol Rev 30(5):496–516, 2010 20488599

Reilly CE, McDanel H: Cognitive therapy: a training model for advanced practice nurses. J Psychosoc Nurs Ment Health Serv 43(5):27–31, 2005 15960032

Strunk DR, Brotman MA, DeRubeis RJ, Hollon SD: Therapist competence in cognitive therapy for depression: predicting subsequent symptom change. J Consult Clin Psychol 78(3):429–437, 2010 20515218

Sudak DM: Training and cognitive behavioral therapy in psychiatry residence: an overview for educators. Behav Modif 33(1):124–137, 2009 18723836

Sudak DM, Wright JH, Bienenfeld D, et al: AADPRT Cognitive Behavioral Therapy Competencies. Farmington, CT, American Association of Directors of Psychiatric Residency Training, 2001

Sudak DM, Beck JS, Wright J: Cognitive behavioral therapy: a blueprint for attaining and assessing psychiatry resident competency. Acad Psychiatry 27(3):154–159, 2003 12969838

Vallis TM, Shaw BF, Dobson KS: The Cognitive Therapy Scale: psychometric properties. J Consult Clin Psychol 54(3):381–385, 1986 3722567

Westbrook D, Sedgwick-Taylor A, Bennett-Levy J, et al: A pilot evaluation of a brief CBT training course: impact on trainees' satisfaction, clinical kkills and patient outcomes. Behav Cogn Psychother 36:569–579, 2008

Wright JH, Wright AS, Salmon P, et al: Development and initial testing of a multimedia program for computer-assisted cognitive therapy. Am J Psychother 56(1):76–86, 2002 11977785

Wright JH, Wright AS, Albano AM, et al: Computer-assisted cognitive therapy for depression: maintaining efficacy while reducing therapist time. Am J Psychiatry 162(6):1158–1164, 2005 15930065

Young J, Beck AT: Cognitive Therapy Scale Rating Manual. Philadelphia, PA, Center for Cognitive Therapy, 1980

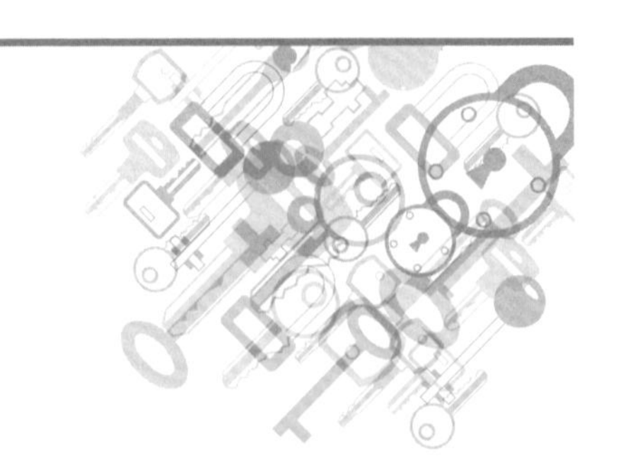

Apêndice 11A

Escala de Terapia Cognitiva*

Terapeuta:______________________ Paciente: ______________________

Data da sessão: ______________________ Sessão Nº: ______________________

Instruções: Classifique o desempenho em uma escala de 0 a 6 e registre a classificação na linha ao lado do número do item. São apresentadas descrições para os pontos pares na pontuação da escala. Se acreditar que a classificação recai entre dois dos descritores, selecione o ponto ímpar entre eles (1, 3, 5).

Se, eventualmente, as descrições para um item não parecerem se aplicar à sessão que está classificando, você pode desconsiderá-las e usar a escala mais geral a seguir:

0	1	2	3	4	5	6
Ruim	**Pouco adequado**	**Medíocre**	**Satisfatório**	**Bom**	**Muito bom**	**Excelente**

PARTE I. HABILIDADES TERAPÊUTICAS GERAIS

____ 1. Agenda

0	O terapeuta não estabeleceu uma agenda.
2	O terapeuta estabeleceu uma agenda, mas foi vaga ou incompleta.
4	O terapeuta trabalhou com o paciente para estabelecer uma agenda satisfatória para ambos, que incluiu problemas específicos a abordar (p. ex., ansiedade no trabalho, insatisfação com o casamento).
6	O terapeuta trabalhou com o paciente para estabelecer uma agenda apropriada com problemas a abordar, adequada para o tempo disponível, estabeleceu prioridades e depois seguiu a agenda.

*Reproduzida de Young J.E., Beck A.T.: Cognitive Therapy Scale. Philadelphia, University of Pennsylvania, 1980. Utilizada com permissão.

____ 2. *Feedback*

0	O terapeuta não pediu *feedback* para determinar o quanto o paciente entendeu ou respondeu à sessão.
2	O terapeuta solicitou algum *feedback* do paciente, mas não fez perguntas suficientes para ter certeza de que este tenha entendido a sua linha de raciocínio durante a sessão ou para verificar se o paciente ficou satisfeito ela.
4	O terapeuta fez perguntas suficientes para ter certeza de que o paciente entendeu a sua linha de raciocínio durante toda a sessão e para determinar as reações do paciente à sessão. O terapeuta ajustou seu comportamento em resposta ao *feedback*, quando apropriado.
6	O terapeuta foi especialmente hábil em evocar e responder ao *feedback* verbal e não verbal durante toda a sessão (p. ex., evocou reações à sessão, verificou a compreensão regularmente, ajudou a resumir os principais pontos ao final da sessão).

____ 3. Compreensão

0	O terapeuta repetidamente fracassou em entender o que o paciente disse explicitamente e, portanto, perdeu o ponto em questão de maneira consistente. Habilidades de empatia insuficientes.
2	O terapeuta geralmente foi capaz de refletir ou parafrasear o que o paciente disse de modo explícito, mas fracassou repetidamente em compreender a comunicação mais sutil. Capacidade limitada de ouvir e ser empático.
4	O terapeuta, de modo geral, pareceu assimilar a "realidade interna" do paciente, conforme refletida tanto pelo que foi explicitamente dito e pelo o que o paciente comunicou de maneira mais sutil. Boa capacidade de ouvir e ser empático.
6	O terapeuta pareceu entender totalmente a "realidade interna" do paciente e foi hábil em comunicar sua compreensão por meio de respostas verbais e não verbais apropriadas (p. ex., o tom da resposta do terapeuta transmitiu uma compreensão solidária da "mensagem" do paciente). Excelentes habilidades para ouvir e ser empático.

____ 4. Efetividade interpessoal

0	O terapeuta apresentou habilidades interpessoais pobres. Pareceu hostil, arrogante ou, de alguma outra maneira, destrutivo para o paciente.
2	O terapeuta não pareceu destrutivo, mas apresentou problemas interpessoais significativos. Por vezes, pareceu desnecessariamente impaciente, distante ou insincero ou teve dificuldade para transmitir confiança e competência.
4	O terapeuta exibiu um grau satisfatório de afeto, preocupação, confiança, autenticidade e profissionalismo. Sem problemas interpessoais significativos.
6	O terapeuta exibiu um grau excelente de afeto, preocupação, confiança, autenticidade e profissionalismo, apropriado para este paciente em particular nesta sessão.

____ 5. Colaboração

0	O terapeuta não tentou estabelecer colaboração com o paciente.
2	O terapeuta tentou colaborar com o paciente, mas teve dificuldade para definir um problema que o paciente considerava importante ou para estabelecer *rapport*.
4	O terapeuta foi capaz de colaborar com o paciente, de focar em um problema que tanto ele como o paciente consideravam importante e de estabelecer *rapport*.
6	A colaboração pareceu excelente; o terapeuta incentivou o paciente o máximo possível a assumir um papel ativo durante a sessão (p. ex., oferecendo opções) para que eles pudessem trabalhar como uma equipe.

____ 6. Ritmo e uso eficiente do tempo

0	O terapeuta não fez nenhuma tentativa de estruturar o tempo de terapia. A sessão pareceu sem direcionamento.
2	A sessão teve algum direcionamento, mas o terapeuta teve problemas significativos para estruturar ou dar o ritmo (p. ex., pouca estrutura, inflexível quanto à estrutura, ritmo muito lento, ritmo muito acelerado).
4	O terapeuta teve sucesso razoável em usar o tempo de maneira eficiente. Manteve controle apropriado do fluxo da discussão e do ritmo.
6	O terapeuta usou o tempo de maneira eficiente, delicadamente limitando a discussão periférica e improdutiva e ditando o ritmo da sessão na velocidade apropriada para o paciente.

PARTE II. CONCEITUALIZAÇÃO, ESTRATÉGIA E TÉCNICA

____ 7. Descoberta guiada

0	O terapeuta utilizou principalmente o debate, a persuasão ou o tom professoral. O terapeuta pareceu estar interrogando o paciente, colocando-o na defensiva ou impondo seu ponto de vista.
2	O terapeuta utilizou demais a persuasão e o debate, em vez de a descoberta guiada. No entanto, o estilo do terapeuta foi suficientemente solidário, e o paciente não pareceu se sentir atacado ou ficar na defensiva.
4	O terapeuta, na maior parte do tempo, auxiliou o paciente a enxergar novas perspectivas por meio de descoberta guiada (p. ex., examinando as evidências, considerando as alternativas, ponderando as vantagens e desvantagens), em vez de debatendo. Usou o questionamento de maneira apropriada.
6	O terapeuta foi especialmente hábil em usar a descoberta guiada durante a sessão para explorar os problemas e auxiliar o paciente a chegar às suas próprias conclusões. Atingiu um equilíbrio excelente entre questionamento habilidoso e outros modos de intervenção.

____ 8. Foco nas cognições ou nos comportamentos principais

0	O terapeuta não tentou evocar pensamentos, pressupostos, imagens, significados ou comportamentos específicos.
2	O terapeuta utilizou técnicas apropriadas para evocar cognições ou comportamentos; no entanto, teve dificuldade de encontrar um foco ou concentrou-se em cognições e comportamentos que eram irrelevantes para os principais problemas do paciente.
4	O terapeuta focou em cognições ou comportamentos específicos que eram relevantes para o problema em questão. No entanto, poderia ter focado em cognições ou comportamentos mais centrais, cujo progresso era mais promissor.
6	O terapeuta focou de maneira muito habilidosa nos principais pensamentos, pressupostos, comportamentos, etc., que eram os mais relevantes para a área problemática, cujo progresso era consideravelmente promissor.

____ 9. Estratégia para a mudança

(*Nota*: para este item, concentre-se na qualidade da estratégia do terapeuta para a mudança, e não em como a estratégia foi implementada de maneira eficaz ou se a mudança realmente aconteceu.)

0	O terapeuta não selecionou técnicas cognitivo-comportamentais.
2	O terapeuta selecionou técnicas cognitivo-comportamentais; no entanto, a estratégia geral para ocasionar a mudança pareceu vaga ou não pareceu promissora em ajudar o paciente.
4	De modo geral, o terapeuta pareceu ter uma estratégia para a mudança coerente que apresentava promessa razoável e incorporou as técnicas cognitivo-comportamentais.
6	O terapeuta seguiu uma estratégia para a mudança consistente, que pareceu muito promissora, e incorporou as técnicas cognitivo-comportamentais mais apropriadas.

____ 10. Aplicação das técnicas cognitivo-comportamentais

(*Nota*: para este item, concentre-se na habilidade com que as técnicas foram aplicadas, e não em sua adequação para o problema em questão ou se a mudança realmente aconteceu.)

0	O terapeuta não aplicou nenhuma técnica cognitivo-comportamental.
2	O terapeuta usou técnicas cognitivo-comportamentais, mas houve falhas significativas na maneira como foram aplicadas.
4	O terapeuta aplicou técnicas cognitivo-comportamentais com habilidade moderada.
6	O terapeuta empregou técnicas cognitivo-comportamentais de maneira muito habilidosa e engenhosa.

____ 11. Tarefa de casa

0	O terapeuta não tentou incorporar uma tarefa de casa relevante para a terapia cognitiva.
2	O terapeuta teve dificuldades de incorporar tarefa de casa (p. ex., não revisou a tarefa de casa anterior, não explicou a tarefa de casa de maneira suficientemente detalhada, passou tarefa de casa inadequada).
4	O terapeuta revisou a tarefa de casa anterior e passou tarefa de casa "padrão" de terapia cognitiva relevante, de modo geral, para as questões discutidas na sessão. A tarefa de casa foi explicada de maneira suficientemente detalhada.
6	O terapeuta revisou a tarefa de casa anterior e passou tarefa de casa adequada de terapia cognitiva para a semana seguinte. A tarefa designada pareceu ser personalizada para ajudar o paciente a incorporar novas perspectivas, testar hipóteses, experimentar novos comportamentos discutidos durante a sessão, entre outros.

____ Escore total

Apêndice I*

Formulários e inventários

*O Apêndice I está disponível para *download* em http://apoio.grupoa.com.br/wright2ed.

**Adaptado, com permissão, de Wright J.H., Wright A.S., Beck A.T.: *Good Days Ahead*. Moraga, CA, Empower Interactive, 2016. Os leitores têm permissão para usar estes itens na prática clínica.

FICHA DE FORMULAÇÃO DE CASO EM TCC		
Nome do paciente:______________________________		Data:______________
Diagnósticos/Sintomas:		
Influências do desenvolvimento:		
Questões situacionais:		
Fatores biológicos, genéticos e médicos:		
Pontos fortes/Recursos		
Objetivos do tratamento:		
Evento 1	**Evento 2**	**Evento 3**
Pensamentos automáticos	**Pensamentos automáticos**	**Pensamentos automáticos**
Emoções	**Emoções**	**Emoções**
Comportamentos	**Comportamentos**	**Comportamentos**
Esquemas:		
Hipótese de trabalho:		
Plano de tratamento:		

INVENTÁRIO DE PENSAMENTOS AUTOMÁTICOS

Instruções: marque com um X cada pensamento automático negativo que você tenha tido nas duas últimas semanas.

__________ Eu deveria estar me dando melhor na vida.

__________ Ele/ela não me entende.

__________ Eu o/a decepcionei.

__________ Eu simplesmente não consigo mais achar graça em nada.

__________ Por que sou tão fraco(a)?

__________ Eu sempre estrago tudo.

__________ Minha vida está sem rumo.

__________ Não consigo lidar com isso.

__________ Estou fracassando.

__________ Isso é demais para mim.

__________ Não tenho muito futuro.

__________ As coisas estão fora de controle.

__________ Tenho vontade de desistir.

__________ Com certeza, alguma coisa de ruim vai acontecer.

__________ Deve ter alguma coisa errada comigo.

REGISTRO DE PENSAMENTOS DISFUNCIONAIS

Situação	Pensamentos automáticos	Emoção	Resposta racional	Resultado
a. *Descreva* o evento que levou à emoção *ou* b. Fluxo de pensamentos que levou à emoção *ou* c. Sensações fisiológicas.	a. *Escreva* os pensamentos automáticos que precederam a emoção. b. *Classifique* a crença no pensamento automático, de 0 a 100%.	a. *Especifique* se triste, ansioso, com raiva, etc. b. *Classifique* o grau de emoção, de 0 a 100%.	a. *Identifique* os erros cognitivos. b. *Escreva* a resposta racional ao pensamento automático. c. *Classifique* o grau de crença na resposta racional, de 0 a 100%.	a. *Especifique e classifique* a emoção subsequente, de 0 a 100%. b. *Descreva* as mudanças no comportamento.

Fonte: adaptado de Beck A.T., Rush A.J., Shaw B.F., et al.: *Cognitive Therapy of Depression*. New York, Guilford, 1979, pp. 164.165. Reproduzido, com permissão, da Guilford Press.

DEFINIÇÕES DE ERROS COGNITIVOS

Abstração seletiva (às vezes chamada de *ignorar as evidências*, ou *filtro mental*): tirar uma conclusão depois de ver apenas uma pequena parte das informações disponíveis. Dados evidentes são descartados ou ignorados, de modo a confirmar a visão enviesada do paciente sobre a situação.

Exemplo: um homem deprimido com baixa autoestima não recebe um cartão de Natal de um velho amigo. Ele pensa: "Estou perdendo todos os meus amigos; ninguém se importa mais comigo". Ele está ignorando as evidências de que ele recebeu vários outros cartões, de que seu velho amigo tem enviado cartões todos os anos nos últimos 15 anos, de que seu amigo esteve ocupado no último ano com uma mudança de cidade e um novo emprego e de que ele ainda tem bons relacionamentos com outros amigos.

Inferência arbitrária: chegar a uma conclusão devido a evidências contraditórias ou à ausência de evidências.

Exemplo: é pedido a uma mulher com medo de elevadores que preveja quais são as chances de um elevador cair se ela estiver nele. Ela responde que as chances são de 10% ou mais de que o elevador caia e ela se machuque. Muitas pessoas tentaram convencê-la de que a probabilidade de um acidente catastrófico com um elevador acontecer é mínima.

Supergeneralização: chegar a uma conclusão sobre um ou mais incidentes isolados e ilogicamente estendê-la para áreas amplas do funcionamento.

Exemplo: um universitário deprimido tira uma nota B em uma prova. Ele considera essa nota insatisfatória. Ele supergeneraliza quando tem estes pensamentos automáticos: "Estou encrencado nessa matéria... Vou estar sempre para trás na minha vida... Não consigo fazer nada certo".

Magnificação e minimização: o significado de um atributo, evento ou sensação é exagerado ou minimizado.

Exemplo: uma mulher com transtorno de pânico começa a se sentir atordoada durante um ataque de pânico. Ela pensa, "Vou desmaiar... Eu posso ter um ataque cardíaco ou um AVC".

Personalização: eventos externos são relacionados a si mesmo quando há poucas evidências para isso. Assume-se responsabilidade excessiva ou a culpa por eventos negativos.

Exemplo: houve uma recessão econômica, e uma empresa que um dia fez sucesso agora luta para manter-se dentro do caixa anual. Demissões estão sendo consideradas. Vários fatores levaram à crise de caixa, mas um dos gerentes pensa: "Tudo isso é minha culpa... Eu deveria ter previsto o que iria acontecer e ter feito alguma coisa... Eu falhei com todos na empresa".

Pensamento absolutista (também chamado de *pensamento do tipo "tudo ou nada"*): os julgamentos sobre si mesmo, sobre as experiências pessoais ou sobre os outros recaem em uma das duas categorias: tudo ruim ou tudo bom; fracasso total ou completo sucesso; totalmente defeituoso ou absolutamente perfeito.

Exemplo: Dan, um homem com depressão, compara-se com Ed, um amigo que parece ter um bom casamento e cujos filhos estão indo bem na escola. Embora o amigo tenha uma boa quantidade de felicidade doméstica, sua vida está longe do ideal. Ed tem problemas no trabalho, restrições financeiras e indisposições físicas, entre outras dificuldades. Dan está tendo um pensamento absolutista quando diz a si mesmo: "Ed tem tudo... Eu não tenho nada".

FORMULÁRIO PARA EXAME DE EVIDÊNCIAS DE PENSAMENTOS AUTOMÁTICOS

Instruções:

1. Identifique um pensamento automático negativo ou preocupante.
2. Em seguida, faça uma lista de todas as evidências que você possa encontrar que confirme ("evidências a favor") ou desconfirme ("evidências contra") o pensamento automático.
3. Depois de tentar encontrar erros cognitivos na coluna de "evidências a favor", você pode escrever pensamentos revisados ou alternativos na parte inferior da página.

Pensamento automático:

Evidências a favor do pensamento automático:	Evidências contra o pensamento automático:
1.	1.
2.	2.
3.	3.
4.	4.
5.	5.

Erros cognitivos:

Pensamentos alternativos:

PROGRAMAÇÃO SEMANAL DE ATIVIDADES

Instruções: anote suas atividades para cada hora e depois as classifique em uma escala de 0 a 10 para domínio **(h)**, ou grau de realização, e para prazer **(p)**, ou o quanto gostou de fazê-las. Uma classificação de 0 significa que você não sentiu nenhuma habilidade ou prazer. Uma classificação de 10 significa que você sentiu máxima habilidade, ou prazer.

	Domingo	Segunda-feira	Terça-feira	Quarta-feira	Quinta-feira	Sexta-feira	Sábado
8h							
9h							
10h							
11h							
12h							
13h							
14h							
15h							
16h							
17h							
18h							
19h							
20h							
21h							

INVENTÁRIO DE ESQUEMAS

Instruções: utilize o inventário para procurar possíveis regras subjacentes no seu modo de pensar. Assinale cada esquema que você acredita que possui.

Esquemas saudáveis

___ Não importa o que aconteça, posso enfrentar de alguma maneira.

___ Se eu me dedicar a algo, vou conseguir ganhar maestria.

___ Sou um sobrevivente.

___ As pessoas confiam em mim.

___ Sou uma pessoa íntegra.

___ As pessoas me respeitam.

___ Eles podem me derrubar, mas não podem me derrotar.

___ Importo-me com os outros.

___ Sempre que me preparo com antecedência, me saio melhor.

___ Eu mereço ser respeitado.

___ Eu gosto de ser desafiado.

___ Poucas coisas me assustam.

___ Sou inteligente.

___ Consigo resolver as coisas.

___ Sou simpático.

___ Consigo lidar com o estresse.

___ Quanto mais difícil o problema, mais forte me torno.

___ Consigo aprender com os meus erros e me tornar uma pessoa melhor.

___ Sou um bom cônjuge (e/ou pai, mãe, filho, amigo, amante).

___ Tudo vai ficar bem.

Esquemas desadaptativos

___ Tenho de ser perfeito para ser aceito.

___ Se eu decidir fazer alguma coisa, tenho de ter sucesso.

___ Sou um idiota.

___ Sem uma mulher (um homem), não sou ninguém.

___ Sou uma farsa.

___ Nunca demonstre fraqueza.

___ Não sou digno de ser amado.

___ Se eu cometer um único erro, vou perder tudo.

___ Nunca vou me sentir à vontade com as pessoas.

___ Nunca consigo terminar nada.

___ Não importa o que eu faça, nunca dá certo.

___ O mundo é muito assustador para mim.

___ Não dá para confiar em ninguém.

___ Tenho sempre de estar no controle.

___ Não tenho nenhum atrativo.

___ Nunca demonstre suas emoções.

___ As pessoas vão se aproveitar de mim.

___ Sou preguiçoso.

___ Se realmente me conhecessem, as pessoas não gostariam de mim.

___ Para ser aceito, sempre tenho de agradar os outros.

FORMULÁRIO PARA EXAME DE EVIDÊNCIAS DE ESQUEMAS

Instruções:

1. Identifique um esquema negativo ou desadaptativo que você gostaria de mudar. Anote neste formulário.
2. Anote as evidências que confirmem ou desconfirmem esse esquema.
3. Procure por erros cognitivos nessas evidências a favor do esquema desadaptativo.
4. Por fim, anote suas ideias para mudar o esquema e seus planos para colocá-las em prática.

Esquema que quero mudar:

Evidências a favor desse esquema:	Evidências contra esse esquema:
1.	1.
2.	2.
3.	3.
4.	4.
5.	5.

Erros cognitivos:

Agora que examinei as evidências, meu grau de crença no esquema é de:

Ideias que tenho para modificar esse esquema:

Atitudes que tomarei para mudar meu esquema e agir de maneira mais saudável:

DIÁRIO DE BEM-ESTAR: CRIANDO E SUSTENTANDO O BEM-ESTAR

Situação	Experiências e sentimentos de bem-estar	Intensidade (0-100)	Pensamentos e/ ou comportamentos interferentes	Observador

FORMULÁRIO DE PLANEJAMENTO DE SEGURANÇA

Passo 1
Sinais de advertência:

1. ______________________________
2. ______________________________
3. ______________________________

Passo 2
Estratégias internas de enfrentamento – coisas que posso fazer para distrair minha mente dos problemas sem entrar em contato com alguém:

1. ______________________________
2. ______________________________
3. ______________________________

Passo 3
Pessoas e ambientes sociais que proporcionam distração:

1. Nome ______________ Telefone ______________
2. Nome ______________ Telefone ______________
3. Local ______________ 4. Local ______________

Passo 4
Pessoas para quem posso pedir ajuda:

1. Nome ______________ Telefone ______________
2. Nome ______________ Telefone ______________
3. Nome ______________ Telefone ______________

Passo 5
Profissionais ou centros que posso contatar durante uma crise:

1. Nome do terapeuta/centro______________Telefone______________
   WhatsApp ou número de emergência do terapeuta ______________
2. Nome do terapeuta/centro______________Telefone______________
   WhatsApp ou número de emergência do terapeuta ______________
3. Departamento de emergência local ______________
   Endereço do departamento de emergência ______________
   Telefone do departamento de emergência______________
4. Telefone do Centro de Valorização da Vida (prevenção de suicídio): 188
5. Outros:______________

(*Continua*)

FORMULÁRIO DE PLANEJAMENTO DE SEGURANÇA (*Continuação*)	
Passo 6 Tornar o ambiente seguro:	
1. ____	
2. ____	
3. ____	
Passo 7 Motivos para viver – as coisas que são mais importantes para mim e pelas quais vale a pena viver:	
1. ____	4. ____
2. ____	5. ____
3. ____	6. ____
Fonte: reproduzido com permissão (© 2008, 2012, 2016, Barbara Stanley, Ph.D. e Gregory K. Brown, Ph.D.). Para inscrever-se para usar este formulário e para outros recursos de treinamento, visite: www.suicidesafetyplan.com (conteúdo em inglês).	

INVENTÁRIO PARA SUPERVISÃO EM TERAPIA COGNITIVO-COMPORTAMENTAL[a]

Terapeuta ____________________

Supervisor ____________________ Data ____________________

Instruções: use este inventário para monitorar e avaliar as competências em TCC. Na Parte A, estão listadas as competências que devem ser normalmente demonstradas em cada sessão. A Parte B traz as competências que podem ser demonstradas ao longo da terapia ou terapias. O inventário não se destina à avaliação do desempenho na primeira ou na última sessão.

Parte A: Competências que devem ser normalmente demonstradas em cada sessão

Competência	Superior	Satisfatória	Precisa melhorar	Não tentou ou N/A
1. Mantém uma aliança empírica colaborativa				
2. Expressa empatia e autenticidade apropriadas				
3. Demonstra forte compreensão				
4. Mantém profissionalismo e limites apropriados				
5. Solicita e fornece *feedback* apropriado				
6. Demonstra conhecimento do modelo de TCC				
7. Demonstra capacidade para usar a descoberta guiada				
8. Estabelece a agenda com eficácia e estrutura a sessão				
9. Revisa e prescreve tarefa de casa útil				
10. Identifica os pensamentos automáticos e/ou crenças (esquemas)				
11. Modifica os pensamentos automáticos e/ou crenças (esquemas)				
12. Utiliza intervenção comportamental ou auxilia o paciente na resolução de problemas				
13. Aplica os métodos de TCC de maneira flexível, que atende às necessidades do paciente				

(*Continua*)

INVENTÁRIO PARA SUPERVISÃO EM TERAPIA COGNITIVO-COMPORTAMENTAL[a] *(Continuação)*

Parte B: Competências que podem ser demonstradas ao longo da terapia ou terapias

Competência	Superior	Satisfatória	Precisa melhorar	Não tentou ou N/A
1. Estabelece metas e planeja o tratamento com base em formulação de TCC				
2. Ensina ao paciente o modelo de TCC e/ou das intervenções terapêuticas				
3. Demonstra capacidade para usar o registro de pensamento ou outro método estruturado de reagir às cognições disfuncionais				
4. Consegue utilizar a programação de atividades ou eventos prazerosos				
5. Consegue utilizar exposição e prevenção de resposta ou tarefa gradual				
6. Consegue utilizar técnicas de relaxamento e/ou controle do estresse				
7. Consegue utilizar métodos de prevenção de recaída da TCC				

Comentários:

[a]Inventário desenvolvido por Donna Sudak, M.D., Jesse H. Wright, M.D., Ph.D., David Bienenfeld, M.D. e Judith Beck, Ph.D., 2001.

Apêndice II

Recursos de terapia cognitivo-comportamental

LIVROS DE AUTOAJUDA

Basco MR: Never Good Enough: How to Use Perfectionism to Your Advantage Without Letting It Ruin Your Life. New York, Free Press, 1999

Burns DD: Feeling Good: The New Mood Therapy, Revised. New York, HarperCollins, 2008

Clark DA, Beck AT: The Anxiety and Worry Workbook: The Cognitive Behavioral Solution. New York, Guilford, 2012

Craske MG, Barlow DH: Mastery of Your Anxiety and Panic, 4th Edition. Oxford, UK, Oxford University Press, 2006

Foa EB, Wilson R: Stop Obsessing! How to Overcome Your Obsessions and Compulsions, Revised Edition. New York, Bantam, 2001

Greenberger D, Padesky CA: Mind Over Mood: Change How You Feel by Changing the Way You Think, 2nd Edition. New York, Guilford, 2015

Hayes SC, Smith S: Get Out of Your Mind and Into Your Life: The New Acceptance and Commitment Therapy (A New Harbinger Self-Help Workbook). Oakland, CA, New Harbinger Publications, 2005

Kabat-Zinn J: Full Catastrophe Living: Using the Wisdom of Your Body to Fight Stress, Pain, and Illness. New York, Hyperion, 1990

Kabat-Zinn J: Wherever You Go, There You Are: Mindfulness Meditation in Everyday Life. New York, Hyperion, 2005

Leahy RL: The Worry Cure: Seven Steps to Stop Worry from Stopping You. New York, Three Rivers Press, 2005

Linehan MM: DBT Skills Training Manual, 2nd Edition. New York, Guilford, 2015

Siegel RD: The Mindfulness Solution. New York, Guilford, 2010

Williams M, Teasdale JD, Segal ZV, Kabat-Zinn J: The Mindful Way Through Depression. New York, Touchstone, 2002

Wright JH, McCray LW: Breaking Free from Depression: Pathways to Wellness. New York, Guilford, 2012

PROGRAMAS DE COMPUTADOR

Beating the Blues: U Squared Interactive.
Disponível em: http://beatingthebluesus.com

FearFighter. CCBT Ltd.
Disponível em: http://fearfighter.cbtprogram.com

Good Days Ahead. Empower Interactive.
Disponível em: http://empower-interactive.com

MoodGYM. Australian National University.
Disponível em: http://moodgym.anu.edu.au

Programas de realidade virtual de Rothbaum B e colaboradores. Decatur, GA, Virtually Better, 1996.
Disponível em: http://virtuallybetter.com

WEBSITES

Academy of Cognitive Therapy:
www.academyofct.org

American Psychiatric Association:
www.psychiatry.org

American Psychological Association:
www.apa.org

Association for Behavioral and Cognitive Therapies:
www.abct.org

Beck Institute:
https://beckinstitute.org

Terapia comportamental dialética:
www.linehaninstitute.org

Terapia cognitiva baseada em *mindfulness*:
http://mbct.com

Recursos para planejamento de segurança:
www.suicidesafetyplan.com

Centro de Depressão da University of Louisville:
https://louisville.edu/depression

VÍDEOS DE MESTRES EM TERAPIA COGNITIVO-COMPORTAMENTAL

Aaron T. Beck, M.D.: Advances in Cognitive Therapy. DVD. Bala Cynwyd, PA, Beck Institute for Cognitive Therapy and Research. Disponível em: https:// beckinstitute.org

Aaron T. Beck, M.D.: Cognitive Therapy of Depression: Interview #1 (Patient with Hopelessness Problem). DVD. Bala Cynwyd, PA, Beck Institute for Cognitive Therapy and Research. Disponível em: https://beckinstitute.org

Aaron T. Beck, M.D.: Demonstration of the Cognitive Therapy of Depression: Interview #1 (Patient with Family Problem). DVD. Bala Cynwyd, PA, Beck Institute for Cognitive Therapy and Research. Disponível em: https:// beckinstitute.org

Judith S. Beck, Ph.D.: Brief Therapy Inside Out: Cognitive Therapy of Depression. DVD. Bala Cynwyd, PA, Beck Institute for Cognitive Therapy and Research. Disponível em: https://beckinstitute.org

David M. Clark, Ph.D.: Cognitive Therapy for Panic Disorder. Disponível em: www.apa.org.pubs/videos

Michelle G. Craske, Ph.D.: Treating Clients with Generalized Anxiety Disorder. Disponível em: www.apa.org.pubs/videos

Keith S. Dobson, Ph.D.: Cognitive-Behavioral Treatment Strategies. Disponível em: www.apa.org.pubs/videos

Arthur Freeman, Ed.D.: CBT for Personality Disorders. Disponível em: https:// www.psychotherapy.net

Steven Hayes: Facing the Struggle. Disponível em: https:// www.psychotherapy.net Marsha Linehan, Ph.D.: Dialectical Behavior Therapy. Disponível em: https://www.psychotherapy.net

Donald Meichenbaum, Ph.D.: Mixed Anxiety and Depression: A Cognitive-Behavioral Approach. Disponível em: https://www.psychotherapy.net

Christine Padesky, Ph.D.: Cognitive Therapy for Panic Disorder. Huntington Beach, CA. Disponível em: http:// store.padesky.com

Christine Padesky, Ph.D.: Constructing New Core Beliefs. Huntington Beach, CA. Disponível em: http://store.padesky.com

Christine Padesky, Ph.D.: Guided Discovery Using Socratic Dialogue. Huntington Beach, CA. Disponível em: http://store.padesky.com

Jacqueline Persons, Ph.D.: Cognitive-Behavior Therapy. Disponível em: www.apa.org.pubs/videos

Zindel V. Segal, Ph.D.: Mindfulness-Based Cognitive Therapy for Depression. Disponível em: www.apa.org.pubs/videos

Jeffrey E. Young, Ph.D.: Schema Therapy. Disponível em: www.apa.org.pubs/videos

ORGANIZAÇÕES PROFISSIONAIS COM INTERESSE ESPECIAL NA TERAPIA COGNITIVO-COMPORTAMENTAL

Academy of Cognitive Therapy (www.academyofct.org)

Association for Behavioral and Cognitive Therapies (www.abct.org)

British Association for Behavioural and Cognitive Psychotherapies (www.babcp.com)

European Association for Behavioural and Cognitive Therapies (www.eabct.eu)

International Association for Cognitive Psychotherapy (www.the-iacp.com)

LEITURAS RECOMENDADAS

Alford BA, Beck AT: The Integrative Power of Cognitive Therapy. New York, Guilford, 1997

Barlow DH, Cerney JA: Psychological Treatment of Panic. New York, Guilford, 1988

Basco MR, Rush AJ: Cognitive-Behavioral Therapy for Bipolar Disorder, 2nd Edition. New York, Guilford, 2005

Beck AT: Love Is Never Enough: How Couples Can Overcome Misunderstandings, Resolve Conflicts, and Solve Relationship Problems Through Cognitive Therapy. New York, Harper & Row, 1988

Beck AT, Rush AJ, Shaw BF, et al: Cognitive Therapy of Depression. New York, Guilford, 1979

Beck AT, Davis DD, Freeman A: Cognitive Therapy of Personality Disorders, 3rd Edition. New York, Guilford, 2015

Beck JS: Cognitive Therapy: Basics and Beyond, 2nd Edition. New York, Guilford, 2011

Brown GK, Wright JH, Thase ME, Beck AT: Cognitive therapy for suicide prevention, in The American Psychiatric Publishing Textbook of Suicide Assessment and Management, 2nd Edition. Edited by Simon RI, Hales RE. Washington, DC, American Psychiatric Publishing, 2012, pp 233–249

Clark DA, Beck AT: Cognitive Therapy of Anxiety Disorders: Science and Practice. New York, Guilford, 2010

Clark DA, Beck AT, Alford BA: Scientific Foundations of Cognitive Theory and Therapy of Depression. New York, Wiley, 1999

Dattilio FM: Cognitive-Behavioral Therapy with Couples and Families. New York, Guilford, 2010

Fava GA: Well-Being Therapy: Treatment Manual and Clinical Applications. Basel, Switzerland, Karger, 2016

Frankl VE: Man's Search for Meaning: An Introduction to Logotherapy, 4th Edition. Boston, MA, Beacon Press, 1992

Guidano VF, Liotti G: Cognitive Processes and Emotional Disorders: A Structural Approach to Psychotherapy. New York, Guilford, 1983

Hayes SC, Strosahl K, Wilson KG: Acceptance and Commitment Therapy: The Process and Practice of Mindful Change, 2nd Edition. New York, Guilford, 2012

Kingdon DG, Turkington D: Cognitive Therapy of Schizophrenia. New York, Guilford, 2005

Leahy RL (ed): Contemporary Cognitive Therapy: Theory, Research, and Practice. New York, Guilford, 2004

Linehan MM: Cognitive-Behavioral Treatment of Borderline Personality Disorder. New York, Guilford, 1993

Mahoney MJ, Freeman A (eds): Cognition and Psychotherapy. New York, Plenum, 1985

McCullough JP Jr: Skills Training Manual for Diagnosing and Treating Chronic Depression: Cognitive Behavioral Analysis System of Psychotherapy. New York, Guilford, 2001

Meichenbaum DB: Cognitive-Behavior Modification: An Integrative Approach. New York, Plenum, 1977

Persons JB: Cognitive Therapy in Practice: A Case Formulation Approach. New York, WW Norton, 1989

Safran JD, Segal ZV: Interpersonal Process in Cognitive Therapy. New York, Basic Books, 1990

Salkovskis PM (ed): Frontiers of Cognitive Therapy. New York, Guilford, 1996

Siegel RD: The Mindfulness Solution. New York, Guilford, 2010

Turk DC, Meichenbaum D, Genest M: Pain and Behavioral Medicine: A Cognitive-Behavioral Perspective. New York, Guilford, 1983

Wright JH, Thase ME, Beck AT, et al (eds): Cognitive Therapy with Inpatients: Developing a Cognitive Milieu. New York, Guilford, 1993

Wright JH, Turkington D, Kingdon DG, Basco MR: Cognitive-Behavior Therapy for Severe Mental Illness: An Illustrated Guide. Washington, DC, American Psychiatric Publishing, 2009

Wright JH, Sudak DM, Turkington D, Thase ME: High-Yield Cognitive-Behavior Therapy for Brief Sessions: An Illustrated Guide. Washington, DC, American Psychiatric Publishing, 2010

Young JE, Klosko JS, Weishaar ME: Schema Therapy: A Practitioner's Guide. New York, Guilford, 2003

Índice

Os números de páginas impressos em **negrito** *referem-se a tabelas ou figuras.*

D

F

G

H

I

K

L

M

N

O

P

Q

R

S

T

U

V

W